世界玉兰属植物种质资源志

赵天榜　任志锋　田国行　主编

黄 河 水 利 出 版 社

·郑州·

内 容 提 要

本书是一部全面系统地介绍世界玉兰属植物种质资源的专著。其内容丰富、论点明确、资料翔实、文图并茂，是作者 40 年来从事该属植物的科研成果和劳动结晶。全书分五章：第一章玉兰属分类系统；第二章玉兰属植物的地理分布；第三章玉兰属植物种质资源；第四章玉兰属植物开发利用与建议；第五章玉兰属植物部分分类群（1 属、6 组与亚组、25 种、5 亚种及 50 变种与变型）拉丁文描述文献。全书记述玉兰属 3 亚属、8 组（1 新组）、14 亚组、6 系、44 种和 50 杂交种（6 新改隶组合杂交种）、12 亚种（2 新亚种）及 94 变种（3 新改隶组合变种、1 新变种、1 新组合变种），并附该属各分类群中文名称与学名，以及其异名名称与异学名对照索引。

本书可供植物分类学、树木学、园林植物学、花卉学、经济林栽培学、中药学、园林设计等专业师生，科研单位工程技术人员，以及园林、花卉等爱好者阅读参考，也是研究玉兰属种质资源的一部重要工具书与参考书。

图书在版编目（CIP）数据

世界玉兰属植物种质资源志/赵天榜，任志锋，田国行主编. —郑州：黄河水利出版社，2013.12
ISBN 978-7-5509-0646-4

Ⅰ.①世… Ⅱ.①赵… ②任… ③田… Ⅲ.①玉兰-种质资源-世界 Ⅳ.①S685.15

中国版本图书馆 CIP 数据核字（2013）第 297356 号

出 版 社：黄河水利出版社
地址：河南省郑州市顺河路黄委会综合楼 14 层　　邮政编码：450003
发行单位：黄河水利出版社
发行部电话：0371-66026940、66020550、66028024、66022620（传真）
E-mail：hhslcbs@126.com
承印单位：河南地质彩色印刷厂
开本：787 mm×1 092 mm　1/16
印张：13.5
字数：312 千字　　印数：1—1 000
版次：2013 年 12 月第 1 版　　印次：2013 年 12 月第 1 次印刷

定价：32.00 元

世界玉兰属植物种质资源志

主编单位　河南农业大学

郑州植物园

主　　编　赵天榜　任志锋　田国行

副 主 编　宋良红　陈志秀　赵东武

编 著 者　田国行　河南农业大学

任志锋　郑州植物园

宋良红　郑州植物园

陈志秀　河南农业大学

杜书芳　郑州植物园

赵天榜　河南农业大学

赵东武　河南农大风景园林规划设计院

赵东欣　河南工业大学

绘 图 者　陈志秀　赵天榜

摄 影 者　谷复钧　河南农业大学

前 言

玉兰属 Yulania Spach 植物是被子植物中最原始的分类群之一。该属植物是一类生长迅速、适应性强、分布与栽培范围很广、寿命长、树姿雄伟、花色鲜艳、芳香四溢、材质优良、用途广泛、栽培与利用历史悠久的名贵花木、重要中药材、香精原料，绿化、美化荒山和平原的重要速生用材林、特用经济林和城乡风景林、水土保持林等多种用途的优良树种。该属植物玉蕾入药称“辛夷”，因此玉兰属植物又称辛夷植物。其中，多数树种是我国乃至世界北亚热带、温带地区园林建设中的传统名花。

世界玉兰属植物资源丰富。据作者统计，该属植物资源中自然种 44 种、杂交种 50 种。自然种 44 种，日本产 3 种、美国产 1 种、中国产 40 种。中国是玉兰属植物主要起源中心、分布中心和多样性中心，又是品种资源最富集的中心地区。其中，作者还发现一些形态特异的物种，如：（1）朝阳玉兰 Y. zhaoyangyulan T. B. Zhao et Z. X. Chen，单花具花被片 6~12 枚，2 种雌雄蕊群类型，即雌蕊群显著高于雄蕊群及雌蕊群与雄蕊群近等高。（2）莓蕊玉兰 Y. fragarigynandria T. B. Zhao，Z. X. Chen et H. T. Dai，玉蕾顶生和腋生，很大，陀螺状及长卵球状；芽鳞状托叶 2~3 枚，最外面 1 枚外面密被深褐色短柔毛，薄革质，花前脱落。花先叶开放，或花后叶开放。单花具花被片 9~18 枚，外面中部以下中间亮紫红色，或紫红色脉直达先端，有时具 1~3 枚肉质、披针形、亮紫红色花被片；雄蕊多数，有时达 336 枚，外面亮紫色，花丝粗壮，背面亮紫红色；离生单雌蕊子房无毛，花柱浅黄白色，外卷；雌雄蕊群草莓状而特异，有时具 2~5 枚雌蕊群；花梗中间具 1 枚佛焰苞状托叶；花梗和缩台枝密被白色长柔毛。生长期间开的花，无芽鳞状托叶，无缩台枝，具 1 枚革质、佛焰苞状托叶，稀有 1 枚淡黄白色、膜质、萼状花被片和特异肉质、紫红色花被片。（3）异花玉兰 Y. varians T. B. Zhao，Z. X. Chen et Z. F. Ren，花先叶开放及花后叶开放。花 5 种类型：① 单花具花被片 9 枚，花瓣状，匙状椭圆形；② 单花具花被片 9 枚，有萼、瓣状之分，萼状花被片 3 枚，小型，长约 3 mm，宽约 2 mm；③ 单花具花被片 9 枚，外轮 3 枚花被片狭披针形，长 3.5~6.5 cm，宽 3~5 mm，膜质；④ 单花具花被片 12 枚，外轮 3 枚花被片披针形，长 1.5~2.5 cm，宽 2~3 mm，膜质；⑤ 单花具花被片 11 枚，外轮 3 枚花被片披针形，变化极大，长 0.3~6.5 cm，宽 0.2~2.0 cm，膜质。花 5 种类型的外轮 3 枚花被片形状、大小及质地变化极大；内轮花被片除大小差异外，其形状、质地、颜色均相同；有时单花具 2 枚并生雌蕊群，或在离生雄蕊中混杂有离生单雌蕊，以及花丝亮粉色与花药近等长；离生单雌蕊子房疏被短柔毛，花柱淡紫色；花梗和缩台枝密被白色长柔毛。雌雄蕊群两种类型：① 雄蕊群与雌蕊群近等高；② 雌蕊群显著高于雄蕊群。夏花 3 种类型：① 单花具花被片 5 枚，匙状狭披针形，内卷，长 3.0~5.5 cm，宽 4~6 mm，肉质；② 单花具花被片 9 枚，花瓣状，匙状狭披针形，内卷，长 5.0~7.0 cm，宽 4~16 mm，肉质；③ 单花具花被片 12 枚，花瓣状，匙状狭披针形，内卷。3 种花离生单雌蕊多数；子房无毛。……这些特异的形态特征物种的发现，在形变理论、进化理论、亲缘关系等多学科理论研究中，具有重要的学术价值和开发利用前景。

40 多年来，赵天榜与高聚堂、黄桂生高级工程师和张天锡、赵杰工程师等，先后承担了"望春玉兰自然类型研究"、"望春玉兰品种资源调查研究"、"望春玉兰的研究"、"河南木兰属植物新品种选育及栽培技术的研究"、"玉兰属植物引种驯化试验"、"河南木兰属玉兰亚属植物的研究"、"玉兰品种资源调查研究"、"玉兰属植物挥发油化学成分的研究"等科研任务，触及该属植物起源、物种资源、分类系统、新品种选育、栽培技术及综合利用等多学科领域内的研究，从中发现许多新的资源，为进一步深入开展该属植物多学科理论研究和该属植物开发利用积累了非常宝贵的经验，奠定了科学基础。同时，阐述了该属植物分类系统建立的形态理论、系统分类理论（起源理论）、特征分析和模式理论，以及模式方法，提出其分类系统是：属、亚属、组、亚组、系、种、亚种及变种，使玉兰属植物自然种与杂交种形成一个自然的、完整的、进化的谱系。

多年来，作者从事玉兰属植物资源调查、标本采集、引种驯化、集约栽培、文献收集等试验研究工作，曾得到洪涛研究员、孙卫邦教授、朱长山教授、戴天澍高级工程师、高聚堂高级工程师、黄桂生高级工程师、傅大立研究员、赵东欣副教授、赵杰、李小康工程师等的大力支持和帮助，在此一并深表谢意！本书作者还选用与收录了《中国植物志》第三十卷 第一分册、《中国树木志》第一卷、《世界玉兰属植物资源与栽培利用》等著作与文献中有关玉兰属植物物种部分资料（包括拉丁文资料）和图片，特致谢意！

本书作者在整理、总结多年来进行玉兰属植物种质资源研究成果和经验过程中，虽付出了艰辛的劳动，但因经验不足、水平有限等，书中难免有不妥之处，敬请读者批评指正。

作　者

2013 年 3 月

凡　例

1. 玉兰属 Yulania Spach 属名称采用正体，而木兰属玉兰亚属 *Magnolia* Linn. subgen. *Yulania*（Spach）Reichenbach 作为玉兰属异属名称采用斜体。

2. 玉兰属属下分类群名称采用正体，如玉兰 Yulania denudata（Desr.）D. L. Fu，而异学名 *Magnolia denudata* Desr. 采用斜体，其他分类群名称、学名与异学名皆同。本书不收录品种群与品种。

3. 作者根据形态理论、系统分类理论（起源理论）、特征分析和模式理论，提出该属植物的新分类系统是：属、亚属、组、亚组、系、种、亚种及变种。同时，将该属植物种与种之间的杂交种等，均按杂交种处理，使该属植物自然种与杂交种形成一个自然的、完整的、进化的谱系。

4. 玉兰属属下各分类群，如亚属、组、亚组、系、种、亚种及变种，均按隶属关系归入。其中，种、亚种及变种的记载顺序为：名称、异名称、学名、异学名、形态特征、产地、模式标本、繁育与栽培技术及用途。

5. 玉兰属中作为种级的形态特征，必须与近似种有 3 个，或 3 个以上的显著形态特征相区别。凡是文献记载中，有关种、亚种及变种的原记载形态特征一般不变，但不妥之处，或不一致处，均加修改与补充，如“花蕾”改为“玉蕾”等；凡是立体部分，如玉蕾等的形态特征记载，均采用球状、卵球状、椭圆体状，而不采用球形、卵球形、椭圆形等。

6. 本书在收录玉兰属各分类单位植物的形态特征描述，以形态特征为准，其 DAN、酶谱分析、系统聚类等研究结果，仅作参考。本书中所录用的图片，均注明其引用的文献，或绘图者。

7. 本书中收录玉兰属植物 3 亚属、8 组（1 新亚组）、14 亚组、44 种、50 杂交种（6 新改隶组合杂交种）、12 亚种（2 新亚种）及 94 变种（3 新改隶组合杂交变种、1 新变种、1 新组合变种）。同时，收录该属植物 1 属、3 组、3 亚组、37 种、5 亚种、49 变种与 1 变型的拉丁文描述的文献，作为第五章内容，供从事玉兰属植物研究的人员的参考。

8. 本书中收录的玉兰属植物各分类群收录的原始文献，凡是玉兰属 Yulania Spach 的文献，均一一列出；凡是属于异学名的文献，仅收录最早的文献。该属植物种与变种没有拉丁文描述的文献，一律列入参考文献内。

9. 本书中玉兰属植物种、亚种及变种的繁育及栽培技术等均记其名称，如播种育苗、嫁接育苗、植苗技术、用途等。

目 录

第一章　玉兰属分类系统

一、玉兰属分类系统简史

玉兰属 Yulania Spach［木兰属玉兰亚属 *Magnolia* Linn. subgen. *Yulania*（Spach）Reichenbach］植物的分类，已有悠久的历史。我国古代把辛夷植物分为两类：一类是辛夷，或木笔；另一类是玉兰，或白辛夷。

玉兰属 Yulania Spach 是 1839 年由法国植物学家 E. Spach 以玉兰 *Yulania conspicua* Spach（*Magnolia denudata* Desr.）为模式建立的，然而，玉兰属并未被植物分类学家所承认，一直被作为木兰属玉兰亚属 *Magnolia* Linn. subgen. *Yulania*（Spach）Reichenbach 处理。

1753 年，首先由瑞典植物分类学家林奈 Caroli Linnaeus 发表美国木兰 Magnolia virginiana Linn. 及美国木兰变种 *M. virginiana* Linn. （ var.） e. *acuminata* Linn.，并以美国木兰为模式建立木兰属 Magnolia Linn.。

1779 年，P. J. Buc'hoz 以我国国画玉兰和辛夷为模式，发表 2 新种，即辛夷（望春玉兰）*Lassonia quinquepeta* Buc'hoz（*Magnolia biondii* Pamp.）和玉兰 *Lassonia heptapeta* Buc'hoz（*Magnolia denudata* Desr.），并建立了 1 新属 *Lassonia* Buc'hoz 属。

1807 年，R. A. Salisbury 发表了 Kubus Kaempfer ex Salisury 属。

1839 年，E. Spach 以玉兰 *Yulania conspicua* Spach（*Magnolia denudata* Desr.）为模式建立玉兰属 Yulania Spach。同时，还以渐尖玉兰 *Magnolia acuminata* （Linn.） Linn. 为模式建立渐尖玉兰属 *Tulipastrum* Spach（异属名）。

1841 年，H. G. L. Reichenbach 将玉兰属新改级组合为木兰属玉兰亚属 *Magnolia* Linn. subgen. *Yulania*（Spach）Reichenbach。

1845 年，F. A. M. v. Siebold 和 J. G. Zuccarini 以星花玉兰 *Buergeria stellata* Sieb. & Zucc.为模式建立 *Buergeria* Sieb. & Zucc. 属。

1950 年，J. E. Dandy 以玉兰 *Magnolia heptapeta*（Buc'hoz）Dandy（*M. denudata* Desr.）为模式建立一新亚属 *Magnolia* Linn. subgen. *pleurochasma* Dandy。同时，J. E. Dandy 将玉兰属改组为玉兰组 *Magnolia* Linn. sect. *Yulania*（Spach）Dandy，将 *Buergeria* Sieb. & Zucc. 属改组为望春玉兰组 *Magnolia* Linn. sect. *Buergeria*（Sieb. & Zucc.）Dandy，将渐尖玉兰属新改组为渐尖玉兰组（紫玉兰组）*Magnolia* Linn. sect. *Tulipastrum*（Spach）Dandy。

1976 年，S. A. Spongberg 以黄山玉兰 *Magnolia cylinardica* Wils.为模式，建立黄山玉兰组 *Magnolia* Linn. subgen. *Magnolia* Linn. sect. *Cylindrica* S. A. Spongberg。

1985 年，丁宝章，赵天榜等以腋花玉兰 *Magnolia axilliflora* B. C. Ding et T. B. Zhao 为模式创建腋花玉兰派（组）*Magnolia* Linn. sect. *Axilliflora* B. C. Ding et T. B. Zhao；以河南玉兰 *Magnolia honanensis* B. C. Ding et T. B. Zhao 为模式建立河南玉兰派（组）

Magnolia Linn. sect. *Trimorphaflora* B. C. Ding et T. B. Zhao［河南玉兰亚组 Yulania Spach subsect. Trimorphaflora（B. C. Ding et T. B. Zhao）T. B. Zhao，D. L. Fu et Z. X. Chen］。

1994 年，赵天榜、傅大立等进行“河南玉兰属植物过氧化物同工酶的分析”，结果认为，河南玉兰组和腋花玉兰组，均与望春玉兰组（星花玉兰组、星玉兰组）亲缘关系较近，作为组下分类单位处理较为适宜。

1998 年，闫双喜、赵天榜等根据“河南木兰属玉兰属树种数量分类的研究”结果，提出：以叶部及玉蕾特征性状作为玉兰属分组的依据和标准，并将望春玉兰组（星花玉兰组、星玉兰组）和木兰组（紫玉兰组）合并为木兰组（渐尖玉兰组）*Magnolia* Linn. sect. *Tulipastrum*（Spach）Dandy。

1999 年，傅大立、赵天榜等提出了木兰属玉兰亚属分类系统是：玉兰组 *Magnolia* Linn. sect. *Yulania*、木兰组 *Magnolia* Linn. sect. *Tulipastrum*（Spach）Dandy（渐尖玉兰组、望春玉兰组、紫玉兰组、星花玉兰组）、腋花玉兰组 *Magnolia* Linn. sect. *Axilliflora* B. C. Ding et T. B. Zhao、河南玉兰组 *Magnolia* Linn. sect. *Trimophaflora* B. C. Ding et T. B. Zhao 和朱砂玉兰组 *Magnolia* Linn. sect. × *Zhushayulania* W. B. Sun et T. B. Zhao。

2000 年，P. H. Nooteboom 将黄山玉兰组新组合为黄山玉兰亚组 *Magnolia* Linn. subsect. *Cylindrica*（S. A. Spongberg）Noot.。

2000 年，P. H. Nooteboom 将木兰属玉兰亚属 *Magnolia* Linn. subgen. *Yulania*（Spach）Reichenbach 分为玉兰组、望春玉兰组 *Magnolia* Linn. sect. *Buergeria*（Sieb. & Zucc.）Dandy。望春玉兰组又分为：望春玉兰亚组 *Magnolia* Linn. subsect. *Buergeria*（Sieb. & Zucc.）Dandy 及黄山玉兰亚组 *Magnolia* Linn. subsect. *Cylindrica*（S. A. Spongberg）Noot.。

2000 年，Zhao Tian-bang，Chen Zhi-xiu et Sun Wei-bang（赵天榜等）提出木兰属玉兰亚属分组的依据和标准，并将该亚属新组合为 2 组，即玉兰组 *Magnolia* Linn. sect. Yulania((Spach)Dandy)Sun et Zhao 和渐尖玉兰组 *Magnolia* Linn. sect. *Yulania*((Spach) Dandy) Sun et Zhao。

2001 年，傅大立在发表“玉兰属的研究”中，将该属分为 5 组，分别是：① 渐尖玉兰组 Yulania Spach. sect. *Tulipastrum*（Spach）D. L. Fu；② 望春玉兰组 Yulania Spach sect. *Buergeria*（Sieb. & Zucc.）D. L. Fu；③ 玉兰组 Yulania Spach sect. Yulania（Spach）D. L. Fu；④ 腋花玉兰组 Yulania Spach. sect. Axilliflora（B. C. Ding et T. B. Zhao）D. L. Fu；⑤ 朱砂玉兰组 Yulania Spach sect. × Zhushayulania（W. B. Sun et T. B. Zhao）D. L. Fu。

2002 年，王亚玲等在“玉兰亚属的研究”中，提出该亚属分为五大类群，分别是：白玉兰类群、紫玉兰类群、望春玉兰类群、武当玉兰类群、二乔玉兰类群。

2003 年，赵天榜等提出建立舞钢玉兰组 *Yulania* Spach sect. *Wugangyulaniae* T. B. Zhao，D. L. Fu et Z. X. Chen，sect. nov. ined.。

2006 年，田国行等在“玉兰属植物资源与新分类系统的研究”中，将玉兰属分为：玉兰组，包括：玉兰亚组 Yulania Spach subsect. Yulania（Spach）D. L. Fu et T. B. Zhao、罗田玉兰亚组 Yulania Spach subsect. Pilocarpa D. L. Fu et T. B. Zhao、舞钢玉兰亚组

Yulania Spach subsect. Wugangyulan T. B. Zhao，D. L. Fu et Z. X. Chen；渐尖玉兰组，包括：渐尖玉兰亚组 Yulania Spach subsect. Tulipastrum（Spach）D. L. Fu et T. B. Zhao、宝华玉兰亚组 Yulania Spach subsect. Baohuayulan D. L. Fu et T. B. Zhao、河南玉兰亚组 Yulania Spach subsect. Trimorphaflora（B. C. Ding et T. B. Zhao）T. B. Zhao，D. L. Fu et Z. X. Chen；朱砂玉兰组 Yulania Spach sect. × Zhushayulania（W. B. Sun et T. B. Zhao）D. L. Fu。

2006 年，王亚玲等在"玉兰亚属植物形态变异及种间界限探讨"中，提出该亚属 *Magnolia* Linn. subgen. *Yulania*（Spach）Reichenbach 分类系统是：美洲组 sect. *Tulipastrum*（Spach）Y. L. Wang，sect. nov. ined. 和亚洲组 sect. *Yulania* Y. L. Wang，sect. nov. ined.。亚洲组又称白玉兰组 sect. *Yulania*。白玉兰组又分为白玉兰亚组 subsect. *Yulania* Y. L. Wang，subsect. nov. ined.、武当木兰亚组 subsect. *Mutitepala* Y. L. Wang，subsect. nov. ined.、黄山木兰亚组 subsect. *Cylindraca* Y. L. Wang，subsect. nov. ined.和望春玉兰亚组 subsect. *Buergeria* Y. L. Wang，subsect. nov. ined.。

2013 年，赵天榜、田国行等在《世界玉兰属植物资源与栽培利用》中，提出玉兰属 Yulania Spach 分类系统建立的理论和依据，以及玉兰属分类系统是：I. 玉兰亚属 Yulania Spach subgen. Yulania（Spach）Z. B. Zhao et Z. X. Chen，玉兰亚属又分：1. 玉兰组 sect. Yulania（Spach）D. L. Fu：（1）玉兰亚组 subsect. Yulania（Spach）D. L. Fu et T. B. Zhan，其中又分为玉兰系 ser. Yulania（Spach）Z. B. Zhao et Z. X. Chen 及维持玉兰系 ser. × Veitchiyulan T. B. Zhao et Z. X. Chen；（2）北川玉兰亚组 subsect. Carnosa（D. L. Fu）T. B. Zhao et Z. X. Chen；（3）青皮玉兰亚组 subsect. Viridulayulan T. B. Zhao et Z. X. Chen；（4）簇花玉兰亚组 subsect. cespitosiflora T. B. Zhao et Z. X. Chen；（5）特异玉兰亚组 subsect. mira T. B. Zhao et Z. X. Chen。2. 罗田玉兰组 sect. Pilocarpa（D. L. Fu et T. B. Zhao）T. B. Zhao et Z. X. Chen：（1）罗田玉兰亚组 subsect. Pilocarpa D. L. Fu et T. B. Zhao；（2）舞钢玉兰亚组 subsect. Wugangyulania（T. B. Zhao，W. B. Sun et Z. X. Chen）T. B. Zhao，D. L. Fu et Z. X. Chen。II. 渐尖玉兰亚属 subgen. Tulipastrum（Spach）T. B. Zhao et Z. X. Chen，渐尖玉兰亚属又分：1. 宝华玉兰组 sect. Baohuayulan（D. L. Fu et T. B. Zhao）T. B. Zhao et Z. X. Chen。2. 渐尖玉兰组 sect. Tulipastrum（Spach）D. L. Fu：（1）渐尖玉兰亚组 subsect. Tulipastrum（Spach）D. L. Fu et T. B. Zhao，其中又分为渐尖玉兰系 ser. Tulipastrum（Spach）T. B. Zhao et Z. X. Chen 及布鲁克林玉兰系 ser. × brooklynyulan T. B. Zhao et Z. X. Chen；（2）望春玉兰亚组 subsect. Buergeria（Sieb. & Zucc.）T. B. Zhao et Z. X. Chen，其中又分为：望春玉兰系 ser. Buergeria（Sieb. & Zucc.）T. B. Zhao et Z. X. Chen 及洛内尔玉兰系 ser. × Loebneriyulan T. B. Zhao et Z. X. Chen；（3）腋花玉兰亚组 subsect. Axilliflora（B. C. Ding et T. B. Zhao）T. B. Zhao et Z. X. Chen；3. 黄山玉兰组 sect. Cylindrica（S. A. Spongberg）T. B. Zhao et Z. X. Chen；4. 河南玉兰组 sect. Trimophaflora（B. C. Ding et T. B. Zhao）T. B. Zhao et Z. X. Chen：（1）河南玉兰亚组 subsect. Trimophaflora（B. C. Ding et T. B. Zhao）T. B. Zhao，D. L. Fu et Z. X. Chen；（2）多型叶玉兰亚组 subsect. multiformis T. B. Zhao et Z. X. Chen。III. 朱砂玉兰亚属 subgen. × Zhushayulania（W. B. Sun et T. B. Zhao）T. B. Zhao et Z. X.

Chen，朱砂玉兰亚属又分：1. 朱砂玉兰组 sect. × Zhushayulania （W. B. Sun et T. B. Zhao）D. L. Fu：（1）朱砂玉兰亚组 subsect. × Zhushayulania（W. B. Sun et T. B. Zhao）T. B. Zhao et Z. X. Chen；（2）多亲本朱砂玉兰亚组 subsect. × multiparens T. B. Zhao et Z. X. Chen；2. 不知多亲本玉兰组 sect. × ignotimultiparens T. B. Zhao et Z. X. Chen，sect. nov.。同时，发表 12 新种、4 新亚种和 25 新变种。

二、玉兰属分类系统建立的理论

2013 年，赵天榜、田国行等在《世界玉兰属植物资源与栽培利用》中，提出玉兰属植物分类系统（分类群、分类等级）的建立，应遵照其形态理论、系统分类理论（起源理论）、特征分析和模式理论，以及模式方法进行。其理论依据简述如下：

1. 形态理论

形态理论（形变理论）是指植物（生物）的形态变异及其变异规律。研究植物的形态变异及其变异规律是玉兰属分类系统建立、物种起源与演化途径探讨，以及发现新分类群的重要理论之一。因为，任何植物（树种）在长期的系统发育过程中，受自然环境条件的影响、自然杂交，或人为的干预，一定会产生各种各样的形态变异。其变异显著性的不同，是决定玉兰属植物不同类群划分的理论基础之一。

2. 系统分类理论

系统分类理论（单元系统原理、起源理论）是探索和研究植物（生物）种的形成及其形成规律（系统发育），使建立的分类系统能充分反映出生物进化的历史过程。这一过程，包括从无到有、从少到多、从低级到高级三个环节，并从中得出共同起源、分支发展和阶段发展组成的系统分类学的理论基础。

1）共同起源

共同起源就是研究生物种的系统发育，探索其亲缘关系。研究生物种的共同起源，就是探索、研究其共同祖先，了解和掌握某类生物种的共同祖先，才能反映出某类生物种的自然谱系。共同起源作为系统分类理论，就是单元系统理论（原理）。探讨玉兰属植物共同起源，是因为它们有共同形态特征和特性。

2）分支发展

分支发展是指从少到多的发育过程。一个新物种的产生，最初总是少数，在理论上是一个物种。这个从少到多的过程，就是分支发展的过程，是物种形成的最基本过程。这条原理早已被人们所利用。一个类群（种、变种）随着历史的发展、生活条件的改变，以及人工选育，一些新的变异植株出现，一些适应性强的类群得到发展，另一些类群被淘汰。新的物种，或类群的出现、发展、淘汰是生物历史发展的规律和必然结果。

3）特征分析

物种、系统和特征三者相互联系、相互引申，组成生物分类学原理的一个整体。在生物界中，物种，或物类都是通过对立对比而互相区别的，通过对立对比而互为存在的条件。所以，生物分类学的工作实质在于从物种，或物类中通过对比，从中发现特征、分析特征。然后，根据其特征，分门别类，提出其新分类系统。特征分析的依据是：① 共性与特征：共性是归纳事物的依据，特征是区分事物的依据（条件）。共性与特征是对立统一的，是一切生物分类的依据。生物分类都有一个层次问题。层次关系，或分类级别（分类单元、分类群、分类等级），都是通过共性与特征的对立统一而实现的。② 祖先特征与新的特征：祖先特征是祖系传给的特征，新的特征是本系获得的特征。建立分类群（分类单元、分类级别、分类等级），必须采用新的特征，不取祖先特征。因为新的特征是新分类群产生的依据和标志，也是单源系统的自然标志。这是选用分类特征，建立新分类群、分类单元的基本原理。分类特征是生物物类（分类群）历史地位的标志，是随着新分类群如新种、新变种等的出现而出现，同样是长期历史形成的产物。但是，祖先特征与新的特性相结合，则是发现新分类群的重要依据。

3. 模式理论

模式理论（模式概念）是指形态相似的个体所组成的物种，同种个体符合于同一“模式”。这一概念（理论）是建立在物种不变的理论基础上的。因而，同一物种，不同学者采用不同的命名等级，甚至相差极大。所以，“模式理论”普遍受到世界上所有进化论者的批判。但是，作为一种方法和手段，却在植物分类的实践中普遍加以应用，并且在《国际植物命名法规》中有明确规定。

植物学经典分类方法（模式方法）在《国际植物命名法规》中明确规定，描述和命名新分类群（指新种、新变种等）所依据的标本，实指一份标本。这份标本，通常称为正模（holotypus）。这种方法，在植物分类工作中通称“模式方法”。模式标本必须是永久保存的。

模式方法在植物分类学上是一种行之有效的方法，植物分类学者采用模式方法，并纳入《国际植物命名法规》。其原因在于：个体不能代表群体，但又能代表群体，否则，鉴别，或发现新种、新变种就无所依据。为此，在鉴定，或区别物种时，必须以群体特征为基础，在群体中找出稳定、不变的形态特征，或特性，作为物种的形态特征，或特性，与同属其他物种（包括亚种、变种）相区别，确定其不同类群的级别。然后根据不同物种形态特征，或特性的相似和区别，加以归类，作为玉兰属属下分类群确定的依据。

总之，以上所述，就是玉兰属植物分类系统建立的理论基础。

三、玉兰属分类系统建立的形态学依据

作者对玉兰属植物主要分类性状的变异作了对比分析，并提出了一些看法。这些看法可以作为玉兰属植物分类的主要依据如下：

1. 叶片形状

玉兰属植物的叶片形状变化很大，有椭圆形、倒卵圆形、卵圆形、近圆形及不规则形等。依其叶片形状的不同，可分三大类：第一大类，叶以椭圆形为主，包括椭圆形、宽椭圆形、长圆形、长圆状椭圆形等，最宽处在叶片中部，或中部以下，长度明显大于宽度。第二大类，叶以倒卵圆形为主，包括倒卵圆形、宽倒卵圆形等，最宽处在叶片上部，或近顶部。第三大类，叶形多变，是玉兰属植物叶片变异最多的一类，先端浅裂、深裂，或不规则形，有时边缘缺裂等。玉兰属植物叶片形状变异非常明显，是鉴定种和变种的依据与标准之一。

2. 玉蕾

玉兰属植物玉蕾的变异主要表现在着生部位和形状等方面。玉兰属植物玉蕾的变异较大，是建立属下分类等级的主要依据之一。玉蕾的分类特征性状主要表现在着生部位、形状、大小和组成等方面。玉兰属植物玉蕾因其着生在枝条上位置的不同，可分为 3 种：① 顶生玉蕾；② 顶生、腋生玉蕾；③ 顶生、腋生及簇生玉蕾：玉蕾着生在当年生枝上腋生、簇生的叶腋内及顶生，有时呈总状聚伞花序。玉蕾是鉴定该属物种、发现新种的主要依据之一，也是创建属下分类等级的主要依据。

3. 花期

玉兰属植物花期不同，主要表现在：花先叶开放、花叶近同时开放及花后叶开放 3 大类。

4. 花型种类

植物分类学文献中通常记载，每种植物具 1 种花型，而玉兰属植物中某些物种有 2~多种花型。这一分类形态特征性状，是木兰科各属植物中特有而罕见的，是显示玉兰属植物形态分类特征变异显著的表现。这种多花型花同在一物种、同一单株上呈现的特异现象，在研究物种起源、遗传变异、系统发育理论，以及鉴别和在新分类群建立中具有重要的意义。

5. 花的变异

玉兰属植物花的变异主要表现在单花具花被片数目、形状与质地不同，是玉兰属植物物种的重要分类特征性状之一。玉兰属分为玉兰亚属 Yulania Spach subgen. Yulania（ Spach ）T. B. Zhao et Z. X. Chen 及渐尖玉兰亚属 subgen. Yulania（ Spach ）T. B. Zhao et Z. X. Chen 及朱砂玉兰亚属 subgen. × Zhushayulania（ W. B. Sun et T. B. Zhao ） T. B. Zhao et X. Z. Chen，就是依据该属单花外轮花被片与内轮花被片形状和质地的差异，作为分组的重要依据之一，也是物种鉴定、识别和新物种确立的重要依据之一。另外，花被片大小、形状与质地、颜色，也是区分玉兰属植物物种的重要标志之一。

此外，离生单雌蕊多少，子房的毛被有无；雄蕊数目，花丝粗细；聚生蓇葖果形状，以及玉兰属植物种染色体数目等，都可作为玉兰属植物的分类依据。

根据上述理论和依据，赵田榜、田国行等在《世界玉兰属植物资源与栽培利用》（2013）中，提出的玉兰属 Yulania Spach 分类系统为 3 亚属、8 组、14 亚组、6 系分类系统。

四、玉兰属及其分类系统

Yulania Spach in Hist. Nat. Vég. Phan. 7：462. 1839；傅大立. 玉兰属的研究. 武汉植物学研究，19（3）：191~198. 2001；田国行等. 玉兰属植物资源与新分类系统的研究. 中国农学通报，22（5）：405. 2006；Xia Nian-He et Liu Yu-Hu. Flora of China. vol. 7：71. 2008；赵东武等. 河南玉兰亚属植物种质资源与开发利用的研究. 安徽农业科学，36（22）：9488. 2008；*Lassonia* Buc'hoz，Pl. Nouv. Décour. 21. t. 19. f. 1. 1779，descr. Manca falsaque；2006 年，王亚玲等在“玉兰亚属植物形态变异及种间界限探讨”中，提出该亚属 *Magnolia* Linn. subgen. *Yulania*（Spach）Reichenbach 分类系统是：美洲组 sect.

Tulipastrum（Spach）Y. L. Wang，sect. nov. ined. 和亚洲组 sect. *Yulania*（Spach）Y. L. Wang，sect. nov. ined.。亚洲组又称白玉兰组。白玉兰组又分：白玉兰亚组 subsect. *Yulania* Y. L. Wang，subsect. nov. ined.、武当木兰亚组 subsect. *Mutitepala* Y. L. Wang，subsect. nov. ined.、黄山木兰亚组 subsect. *Cylindraca* Y. L. Wang，subsect. nov. ined. 和望春玉兰亚组 subsect. *Buergeria* Y. L. Wang，subsect. nov. ined.。

落叶乔木，或灌木。小枝上具环状托叶痕。叶多种类型：倒卵圆形、椭圆形、圆形，或奇形等，先端钝圆、钝尖、微凹、急尖，或不规则形，2 浅裂，或深裂，基部楔形，稀近圆形。玉蕾顶生，或腋生，有时簇生，明显呈总状聚伞花序。玉蕾形状、大小不等，由缩台枝、芽鳞状托叶、雏枝、雏芽和雏蕾组成。缩台枝通常 3~5 节，稀 1~2 节，或 >6 节，明显增粗，稀纤细，密被长柔毛，稀无毛。每玉蕾具芽鳞状托叶 3~5 枚，稀 1~2 枚或 >6 枚，始落期从 6 月中、下旬开始，至翌春开花前脱落完毕，稀有开花前脱落。每种具 1 种花型，稀 2~多种花型；每花具佛焰苞状托叶 1 枚，膜质，外面疏被长柔毛，稀 2 枚，其中 1 枚肉质，外面无毛，有时无佛焰苞状托叶。花先叶开放；花叶同时开放，稀后叶开放，两性。单花具花被 9~21（~32）枚，稀 6~8 枚，或 33~48 枚，稀外轮花被片稍小，或萼状；雄蕊多数，药隔先端急尖具短尖头，稀钝圆，花丝短、宽，通常与花药等宽，或稍宽，花隔伸出呈短尖头，稀钝圆，有时雄蕊和离生单雌蕊紫红色，或亮粉红色、黄色等；雄蕊群与雌蕊群等高，或包被雌蕊群；雌蕊群无雌蕊群柄；离生单雌蕊子房无毛，稀被短柔毛；缩台枝、花梗和果枝粗、短，密被长柔毛，稀无毛。聚生蓇葖果常因部分单雌蕊不发育而弯曲；蓇葖果先端钝圆，或具短喙，成熟后沿背缝线开裂成 2 瓣。染色体数目 $2n = 38$、57、76、95、114、133、152、156。

本属模式：玉兰 Yulania denudata（Desr.）D. L. Fu = *Magnolia denudata* Desr.。

本属植物 44 种和 50 杂交种、12 亚种、94 变种（3 新改隶组合变种、1 新变种、1 新组合变种），其中，中国分布 40 种 （不包括引种栽培的 4 种）；日本分布 3 种，分别是：日本辛夷、柳叶玉兰和星花玉兰；美洲仅分布渐尖玉兰 1 种及其变种。仅滇藏玉兰在印度东北部、缅甸北部、不丹、尼泊尔、锡金有分布。欧洲各国的本属植物均为引栽种，或以杂交种、杂交变种、杂交品种为主。

玉兰属植物是庭园绿化美化的优良观赏树种，也是药用经济林、水源涵养林、水土保持林的优良树种。如河南南召、鲁山两县建成“河南辛夷商品种生产基地”，采用望春玉兰、腋花玉兰等。同时也将它们作为长江上游水源涵养林专用树种。

玉兰属植物的玉蕾入中药，称“辛夷”，是我国两千多年的传统中药，主治鼻炎、头痛、消炎等疾病，效果良好。“辛夷”还是优质的香精原料。其中，有些树种“辛夷”的挥发油中富含珍贵的金合欢醇（farnesol）和β-桉叶油醇（β-eudesmol），具有广阔的开发利用前景。

1. 玉兰亚属（世界玉兰属植物资源与栽培利用）亚属

Yulania Spach subgen. **Yulania**（Spach）T. B. Zhao et Z. X. Chen，subgen. nov.，赵天榜、田国行等主编. 世界玉兰属植物资源与栽培利用. 168. 2013；Yulania Spach，Hist. Nat. Vég. Phan. 7：462. 1839；*Magnolia* Linn. subgen. *Yulania*（ Spach ）Reichenbach in Der Deutscher Bot. 1（1）：192. 1841；*Magnolia* subgen. *Pleurochasma* Dandy, J. Roy. Hort.

Soc. 75：161. 1950；*Magnolia* Linn. subgen. *Yulania*（Spach）Reichenbach in Der Dectsche Bot.，1（1）：192. 1841；*Magnolia* Linn. subgen. *Yulania*（Sapch）Reichebach，王亚玲等. 西北林学院学报，21（3）：37~40. 2006；*Magnolia* Linn. subgen. *Yulania*（Spach）eichenbach in Der Dectsche Bot.，1：192. 1841；*Magnolia* Linn. subgen. *Pleurochasma* Dandy in J. Roy. Hort. Soc.，75：161. 1950.

落叶乔木。叶倒卵圆形、椭圆形、圆形，或奇形等，以倒卵圆形为主的叶片，先端钝圆、钝尖、微凹、急尖，或不规则形，2 浅裂，或深裂，基部楔形，稀近圆形。玉蕾顶生，或腋生，有时簇生，明显呈总状聚伞花序，其组成：缩台枝、芽鳞状托叶、雏枝、雏芽、雏蕾。每种具 1 种花型，稀 2~多种花型。花先叶开放；花两性。单花具花被 9~21（~32）枚，稀 6~8 枚，或 33~48 枚，花瓣状，稀具萼状花被片；雄蕊多数，花丝短、宽，通常与花药等宽，或稍宽；雌蕊群显著高于雄蕊群；稀雄蕊群与雌蕊群等高，或包被雌蕊群；雌蕊群无雌蕊群柄；离生单雌蕊子房无毛，稀被短柔毛。聚生蓇葖果圆柱状，常因部分单雌蕊不发育而弯曲；蓇葖果先端钝圆，或具短喙。染色体数目 $2n = 114$。

本亚属模式：玉兰 Yulania denudata（Desr.）D. L. Fu = *Magnolia denudata* Desr.。

本亚属植物计 29 种（不包括种间杂交种），分别是：滇藏玉兰、凹叶玉兰、康定玉兰、武当玉兰、椭蕾玉兰、红花玉兰、湖北玉兰、玉兰、飞黄玉兰、楔叶玉兰、怀宁玉兰、北川玉兰、青皮玉兰、玉灯玉兰、多花玉兰、奇叶玉兰、信阳玉兰、朝阳玉兰均产于中国，仅滇藏玉兰在缅甸、不丹等有分布。

I. 玉兰组（中国植物志） 组

Yulania Spach sect. Yulania （ Spach ） D. L. Fu，傅大立. 玉兰属的研究. 武汉植物学研究，19（3）：191~198. 2001；田国行等. 玉兰属植物资源与新分类系统的研究. 中国农学通报，22 （5）：405. 2006；Xia Nian-He et Liu Yu-Hu, Flora of China. vol. 7：72. 2008；*Magnolia* Linn. sect. *Yulania* （Spach） Dandy in Camellias and Magnolias. Rep. Conf. 72.1950；傅大立等. 关于木兰属玉兰亚属分组问题的探讨. 中南林学院学报，19（2）：26 1999；*Magnolia* Linn. sect. *Yulania*（（ Spach ） Dandy ） W. B. Sun et Zhao，syn. nov.，in Liu Y H et al.，ed. Proc. Interational Symp. Family. Magnoliaceae 2000. 52~57. Beijing：Science press. 2000；中国科学院中国植物志编辑委员会. 中国植物志 第三十卷第一分册：126~127. 1996；Chen Bao Liang and H. P. Nooteboom. Notes on Magnoliaceae Ⅲ：The Magnoliaceae of China. Ann. Miss. Bot. Gard. 80（4）：1019. 1993；*Magnolia* Linn. subgen. *Yulania*（ Spach ） Reichenbach：sect. *Yulanila*（Spach）Y. L. Wang，sect. nov. ined.，王亚玲等. 西北林学院学报，21 （3） ：40. 2006。

本组植物以叶倒卵圆形为主，有椭圆形，或奇形，先端钝圆、微凹，或急尖，不规则形、浅裂，或深裂，基部楔形，稀近圆形。玉蕾卵球状，通常长度＞3.0 cm。单株上只 1 种花型。花先叶开放；单花具花被片 9~18（~32）枚，稀 6~8 枚，或 33~48 枚，花瓣状，无萼状花被片；花丝短、宽，通常与花药等宽，或稍宽；离生单雌蕊无毛，稀有毛；缩台枝、花梗和果枝粗、短，密被长柔毛，稀无毛。种子具橙黄色的拟假种皮。染色体数目 $2n = 114$。

本组模式：玉兰 Yulania denudata （ Desr. ） D. L. Fu =*Magnolia denudata* Desr.。

本组植物共计 18 种 （不包括种间杂交种） 。如滇藏玉兰、凹叶玉兰、康定玉兰、武当玉兰、椭蕾玉兰、红花玉兰等。该组植物均产于中国，仅滇藏玉兰在缅甸、不丹等有分布。

1）玉兰亚组（中国农学通报） 武当木兰亚组（西北林学院学报） 亚组

Yulania Spach subsect. Yulania （ Spach ） D. L. Fu et T. B. Zhao，田国行等. 玉兰属植物资源与新分类系统的研究. 中国农学通报，22 （5）：405. 2006；*Magnolia* Linn. subgen. *Yulania*（ Spach ）Reichenbach subsect. *Yulania* Y. L. Wang，subsect. nov. ined.，王亚玲等. 西北林学院学报，21 （3） ：40. 2006。

本亚组植物叶倒卵圆形、倒卵圆状三角形，或椭圆形、圆形、不规则形。花先叶开放，稀花叶同时开放；花被片近相似，花瓣状。单花具花被片 9~21 枚，稀 6~8 枚，花瓣状。

本亚组模式：玉兰 Yulania denudata （ Desr. ） D. L. Fu。

本亚组植物 11 种。如滇藏玉兰、凹叶玉兰、康定玉兰、武当玉兰、椭蕾玉兰、红花玉兰、湖北玉兰、玉兰等，均分布在中国。其中，人工杂种 6 种，如维特奇玉兰 Y. × veitchii（Bean）D. L. Fu，广泛栽培于欧美各国。

（1）玉兰系（世界玉兰属植物资源与栽培利用） 原系

Yulania Spach ser. Yulania（Spach）T. B. Zhao et Z. X. Chen，赵天榜，田国行等主编. 世界玉兰属植物资源与栽培利用.169. 2013；Yulania Spach，Hist. Nat. Vég. Phan.7：462. 1839。

本系植物叶倒卵圆形、倒卵圆状三角形，或椭圆形、圆形、不规则形。花先叶开放，稀花叶同时开放；花被片近相似，花瓣状。单花具花被片 9~21 枚，稀 6~8 枚，花瓣状。

本系模式：玉兰 Yulania denudata （ Desr. ） D. L. Fu。

本亚组植物 11 种，分别是：滇藏玉兰、凹叶玉兰、康定玉兰、武当玉兰、椭蕾玉兰、红花玉兰、湖北玉兰、玉兰、飞黄玉兰、楔叶玉兰、怀宁玉兰，均分布在中国。其中，滇藏玉兰在缅甸等国家也有分布。人工杂种 6 种，如维特奇玉兰 Y. × veitchii（Bean）D. L. Fu，广泛栽培于欧美各国。

（2）维持玉兰系（世界玉兰属植物资源与栽培利用） 系

Yulania Spach ser. × Veitchiyulan T. B. Zhao et Z. X. Chen，赵天榜，田国行等主编. 世界玉兰属植物资源与栽培利用. 169. 2013。

本系植物均为玉兰系植物的种间杂种，且具有双亲的形态特征、特性和中间过渡类型。

本系模式：维特奇玉兰 Yulania × veitchii （ Bean ） D. L. Fu。

本系植物有 6 杂交种，广泛栽培于欧洲和美洲各国。如维特奇玉兰、霍克玉兰 Y. × hawk （ N. Holman ） T. B. Zhao et Z. X. Chen 等。

2）北川玉兰亚组（世界玉兰属植物资源与栽培利用） 亚组

Yulania Spach subsect. Carnosa（D. L. Fu）T. B. Zhao et Z. X. Chen，赵天榜、田国行等主编. 世界玉兰属植物资源与栽培利用. 169 ~ 170. 2013；*Yulania* Spach sect. *Carnosa* D. L. Fu，sect. nov. ined.，傅大立. 2001. 辛夷植物资源分类及新品种选育研究. 中南林学院博士论文。

本亚组植物单花具佛焰苞状托叶 2 枚，1 枚着生在花梗中间，膜质，外面疏被长柔毛，早落，呈 2 节状，另 1 枚顶生，花瓣状，肉质，淡蔷薇色。

本亚组模式：北川玉兰 Yulania carnosa D. L. Fu et D. L. Zhang。

本亚组植物 1 种：北川玉兰，分布于四川。

3）青皮玉兰亚组（世界玉兰属植物资源与栽培利用） 亚组

Yulania Spach subsect. Viridulayulan T. B. Zhao et Z. X. Chen，赵天榜，田国行等主编. 世界玉兰属植物资源与栽培利用. 170. 2013。

本亚组植物单花具花被片（9~）12~48 枚，花瓣状，白色，或亮紫红色。

本亚组模式：青皮玉兰 Yulania viridula D. L. Fu, T. B. Zhao et G. H. Tian。

本亚组植物 2 种：青皮玉兰和玉灯玉兰 Y. pyriformis（ T. D. Yang et T. C. Cui ）D. L. Fu。其分布于陕西和河南。

4）簇花玉兰亚组（世界玉兰属植物资源与栽培利用） 亚组

Yulania Spach subsect. Cespitosiflora T. B. Zhao et Z. X. Chen，赵天榜，田国行等主编. 世界玉兰属植物资源与栽培利用. 170. 2013。

本亚组植物玉蕾顶生、腋生和簇生，有时呈总状聚伞花序，或玉蕾含 1~3 朵花。叶倒卵圆形。单花具花被片 6~12 枚，或 9 枚。

本亚组模式：多花玉兰 Yulania multiflora（M. C. Wang et C. L. Min）D. L. Fu。

本亚组植物 1 种：多花玉兰。其分布于陕西、河南和浙江等。

5）特异玉兰亚组（世界玉兰属植物资源与栽培利用） 亚组

Yulania Spach subsect. Mira T. B. Zhao et Z. X. Chen，赵天榜，田国行等主编. 世界玉兰属植物资源与栽培利用. 170 ~ 171. 2013。

本亚组植物单花花被片花瓣状，具有 2 种雌雄蕊群类型：① 雄蕊群与雌蕊群等高，或稍短；② 雌蕊群显著超过雄蕊群。有时具特异叶形。

本亚组模式：朝阳玉兰 Yulania zhaoyangyulania T. B. Zhao et Z. X. Chen。

本亚组植物有 3 种：① 朝阳玉兰 Y. zhaoyangyulania T. B. Zhao et Z. X. Chen；② 奇叶玉兰 Y. mirifolia D. L. Fu，T. B. Zhao et Z. X. Chen；③ 信阳玉兰 Y. xinyangensis T. B. Zhao，Z. X. Chen et H. T. Dai。

II. 罗田玉兰组（世界玉兰属植物资源与栽培利用） 组

Yulania Spach sect. Pilocarpa（D. L. Fu et T. B. Zhao）T. B. Zhao et Z. X. Chen，赵天榜、田国行等主编. 世界玉兰属植物资源与栽培利用. 171. 2013。

本组植物叶倒卵圆形、倒卵圆状椭圆形、近圆状倒卵形，或近圆形，先端钝尖、浅裂，或深裂。单花具花被片 9 枚，外轮花被片 3 枚，萼状、膜质、早落，内轮花被片 6 枚，肉质，花瓣状；离生单雌蕊无毛，或有毛。

本组模式：罗田玉兰 Yulania pilocarpa （ Z. Z. Zhao et Z. W. Xie ） D. L. Fu。

本组植物 2 种：① 鸡公玉兰 Y. jigongshanensis（T. B. Zhao，D. L. Fu et W. B. Sun）D. L. Fu；② 罗田玉兰。

1）罗田玉兰亚组（中国农学通报） 亚组

Yulania Spach subsect. Pilocarpa D. L. Fu et T. B. Zhao，田国行等. 玉兰属植物资源

与新分类系统的研究. 中国农学通报，22（5）：405~406. 2006；赵天榜、田国行等主编. 世界玉兰属植物资源与栽培利用. 171. 2013。

本亚组植物形态特征：与罗田玉兰组植物形态特征相同。

2）舞钢玉兰亚组（中国农学通报）　舞钢玉兰组（武汉植物学研究）　亚组

Yulania Spach subsect. Wugangyulania（T. B. Zhao，W. B. Sun et Z. X. Chen）T. B. Zhao，D. L. Fu et Z. X. Chen，田国行等. 玉兰属植物资源与新分类系统的研究. 中国农学通报，22（5）：406. 2006；*Yulania* Spach sect. *Wugangyulaniae* T. B. Zhao，D. L. Fu et Z. X. Chen，赵天榜等. 舞钢玉兰芽种类与成枝成花规律的研究. 武汉植物学研究，21（3）：83. 2003。

本亚组植物主要形态特征：单株上同时具 2 种花型。玉蕾顶生、腋生和簇生，有时玉蕾内有 2~4 个小玉蕾构成总状聚伞花序。① 单花具花被片 9 枚，外轮花被片 3 枚，萼状，内轮花被片花瓣状，匙形，白色，外面中基部中间紫红色。② 单花具花被片 9 枚，花瓣状。

本亚组模式：舞钢玉兰 Yulania wugangensis（T. B. Zhao，W. B. Sun et Z. X. Chen）D. L. Fu。

本亚组植物有 1 种：舞钢玉兰。

2. 渐尖玉兰亚属（世界玉兰属植物资源与栽培利用）　亚属

Yulania Spach subgen. **Tulipastram**（Spach）T. B. Zhao et Z. X. Chen，赵天榜、田国行等主编. 世界玉兰属植物资源与栽培利用. 171~172. 2013；*Tulipastram* Spach，Hist. Nat. Vég. Phan. 7：481.1839；*Magnolia* Linn. sect. *Tulipastrum*（Spach）Dandy in Camellias and Magnolias Rep. Conf. 74. 1950。

本亚属叶以椭圆形为主，稀倒卵圆形，中部通常最宽，先端渐尖、短渐尖，稀钝圆，具短尖头。玉蕾顶生，小。花叶同时开放，或花叶近同时开放，稀花后叶开放。单花具花被片（5~）9~12 枚，淡黄色、黄色、白色及紫色，有萼、瓣之分，萼状花被片膜质；花丝通常细、较长，比花药窄，药隔先端伸出呈短尖头；雌蕊群无雌蕊群柄，稀具雌蕊群柄；离生单雌蕊 20~100 枚以上，子房无毛；花梗和缩台枝被长柔毛，稀无毛。聚生蓇葖果卵球形。染色体数目 2 *n* = 38、76。

本亚属模式：渐尖玉兰 Yulania acuminata（Linn.）D. L. Fu = *Magnolia acuminata*（Linn.）Linn.。

本亚属植物 23 种。如渐尖玉兰、罗田玉兰 Y. pilocarpa（Z. Z. Zhao et Z. W. Xie）D. L. Fu、鸡公玉兰 Y. jigongshanensis（T. B. Zhao，D. L. Fu et W. B. Sun）D. L. Fu、宝华玉兰 Y. zenii（Cheng）D. L. Fu、天目玉兰 Y. amoena（Cheng）D. L. Fu、紫玉兰 Y. liliflora（Desr.）D. L. Fu、黄山玉兰 Y. cylindrical（Wils.）D. L. Fu、望春玉兰 Y. biondii（Pamp.）D. L. Fu、多型叶玉兰 Y. multiformis T. B. Zhao，Z. X. Chen et J. Zhao 等。

I. 宝华玉兰组　宝华玉兰亚组（中国农学通报）　亚组

Yulania Spach sect. Baohuayulan（D. L. Fu et T. B. Zhao）T. B. Zhao et Z. X. Chen，赵天榜、田国行等主编. 世界玉兰属植物资源与栽培利用. 172. 2013；*Yulania* Spach subsect. *Baohuayulan* D. L. Fu et T. B. Zhao，田国行等. 玉兰属植物资源与新分类系统的

研究. 中国农学通报，22（5）：406~407. 2006。

本亚组植物叶椭圆形，或倒卵圆状椭圆形。花先叶开放；单花具花被片 9 枚，稀 12~18 枚，花瓣状，无萼状花被片。

本亚组模式：宝华玉兰 Yulania zenii（Cheng）D. L. Fu。

本亚组植物 3 种：① 宝华玉兰、② 天目玉兰、③ 景宁玉兰 Y. sinostellata （B. L. Chiu et Z. H. Chen）D. L. Fu。

II. 渐尖玉兰组（武汉植物学研究） 紫玉兰组（中国植物志） 木兰组（中南林学院学报） 组

Yulania Spach sect. Tulipastrum （Spach） D. L. Fu，傅大立. 玉兰属的研究. 武汉植物学研究，19（3）：198. 2001；田国行等. 玉兰属植物资源与新分类系统的研究. 中国农学通报，22（5）：406. 2006；*Magnolia* Linn. sect. *Tulipastrum* （（Spach）Dandy ） Sun et Zhao in Proc. Internat. Symp. Fam. Magnoliaceae 2000. 52~57. 2000；*Magnolia* Linn. sect. *Tulipastrum* （Spach） Dandy in Camellias and Magnolias Rep. Conf. 74. 1950；*Magnolia* Linn. subgen. *Yulania*（Spach）Reichenbach sect. *Tulipastrum* （Spach）Y. L. Wang，sect. nov. ined.，王亚玲等. 玉兰亚属植物形态变异及种间界限探讨. 西北林学院学报，21（3）：40. 2006。

本组植物叶以椭圆形为主，稀倒卵圆形，中部通常最宽，先端渐尖、短渐尖，稀钝圆，具短尖头。玉蕾顶生，小。花先叶开放，稀花叶同时开放，或近同时开放，偶有花后叶开放。单花具花被片 9~12 枚，淡黄色、黄色、白色及紫色，有萼、瓣之分，或花被片瓣状；雄蕊花丝通常细、较长，比花药窄，药隔先端伸出呈短尖头；离生单雌蕊多数，子房无毛；花梗和缩台枝被长柔毛，稀无毛。聚生蓇葖果卵球状，或圆柱状；蓇葖果通常无喙，稀具喙。染色体数目 $2n=38$，稀 76。

本组模式：渐尖玉兰 Yulania acuminate （Linn.） D. L. Fu = *Magnolia acuminata* （Linn.）Linn.。

本组植物有 12 种。

1）渐尖玉兰亚组（中国农学通报） 亚组

Yulania Spach subsect. Tulipastrum（ Spach ）D. L. Fu et T. B. Zhao，田国行等. 玉兰属植物资源与新分类系统的研究. 中国农学通报，22 （5）：406. 2006；*Magnolia* Linn. sect. *Tulipastrum* （ Spach ） Dandy in Camelias and Magnolias. Rep. Conf. 74. 1950；*Magnolia* Linn. sect. *Tulipastrum* （（ Spach ） Dandy ） Sun et Zhao in Proc. Internat. Symp. Fam. Magnoliaceae 2000. 52~57. 2000。

本亚组植物叶以椭圆形为主，稀倒卵圆形，中部通常最宽，先端渐尖。花先叶开放，花叶同时开放，或花后叶开放。单花具花被片 9~12 枚，稀达 48 枚，外轮花被片 3 枚，萼状、膜质、早落，内轮花被片薄肉质，质地较软；花丝通常细于花药；花梗和缩台枝疏被长柔毛。

本亚组模式：渐尖玉兰 Yulania acuminata （ Linn.） D. L. Fu。

本亚组植物天然种有 3 种，人工杂种 4 种。它们是：① 渐尖玉兰、② 紫玉兰、③ 美丽玉兰 Yulania concinna（Law et R. Z. Zhou） T. B. Zhao et Z. X. Chen，以及① 布鲁克

林玉兰 Yulania × brooklynensis(G. Kalmbacher) D. L. Fu、② 洛内尔玉兰 Y. × loeneri（Kache）D. L. Fu et T. B. Zhao、③ 凯武玉兰 Y. × kwensis（Pcarce）D. L. Fu et T. B. Zhao、④ 普鲁托斯卡娅玉兰 Y. × proctoriana（Rehd.）D. L. Fu et T. B. Zhao。

（1）渐尖玉兰系（世界玉兰属植物资源与栽培利用）　原系

Yulania Spach ser. Tulipastrum (Spach) T. B. Zhao et Z. X. Chen，赵天榜、田国行等主编. 世界玉兰属植物资源与栽培利用. 173. 2013；*Tulipastrum* Spach，Hist. Nat. Vég. Phan. 7：481. 1839.

本系植物叶椭圆形，或心形。花先叶开放，或花叶同时开放，花后叶开放。单花具花被片 9 枚，有萼、瓣之分，花瓣状花被片黄色、黄绿色，或蓝绿色，以及紫色、紫红色。

本系模式：渐尖玉兰 Yulania acuminata （ Linn.） D. L. Fu。

本系植物有 4 种。如渐尖玉兰、紫玉兰等。

（2）布鲁克林玉兰系（世界玉兰属植物资源与栽培利用）　系

Yulania Spach ser. × brooklynyulan T. B. Zhao et Z. X. Chen，赵天榜、田国行等主编. 世界玉兰属植物资源与栽培利用. 173. 2013。

本新系植物系渐尖玉兰与紫玉兰植物的种间人工杂种，其形态特征和特性，均具有两亲本的形态特征和许多中间过渡类型。

本新系模式：布鲁克林玉兰 Yulania × brooklynensis（ G. Kalmbacher ）D. L. Fu。

本新系植物 1 种：布鲁克林玉兰。

2）望春玉兰亚组　望春玉兰组（中国植物志）　星花玉兰组（中南林学院学报）　亚组

Yulania Spach subsect. Buergeria（ Sieb. & Zucc. ）T. B. Zhao et Z. X. Chen, subsect. transl. nov.，赵天榜、田国行等主编. 世界玉兰属植物资源与栽培利用. 174. 2013；*Buergeria* Sieb. & Zucc. in Abh. Math.-Phys. Cl. Akad. Wiss. Münch.，4（2）：187.（Fl. Jap. Fam. 1：79）. 1843；*Buergeria* Sieb. & Zacc. Abh. Math.-Phys. Cl. Kön. Bayer. AK. Wiss. 4（2）：186. 1846；*Yulania* Spach sect. *Buergeria*（Sieb. & Zucc.） D. L. Fu，傅大立. 玉兰属的研究. 武汉植物学研究，19（3）：198. 2001；*Magnolia* Linn. sect. *Buergeria*（Sieb. & Zucc.） Dandy in Camellias and Magnolias，Rep. Conf. 73. 1950；*Buergeria*（Sieb. & Zucc.） Dandy in Camellias and Magnolias Rep. Conf. 73. 1950；*Magnolia* Linn. subgen. *Yulania* sect. *Buergeria*（Sieb. & Zucc.）Baillon in D. J. Callaway, The World of Magnolias. 154. 167. 1994；*Magnolia* Linn. subgen. *Yulania* （Spach） Reichenbach subsect. *Buergeria* Y. L. Wang，sect. nov. ined. subsect. *Buergeria* （Sieb. & Zucc.） Dandy，王亚玲等. 玉兰亚属植物形态变异及种间界限探讨. 西北林学院学报，21（3）：40. 2006。

本亚组植物叶以椭圆形为主，稀倒卵圆形，先端渐尖、短渐尖，稀钝圆，具短尖头。花先叶开放。每物种具 1 种花型。单花花被片通常 9 枚，稀 9-48 枚，花被片有萼、瓣之分；花丝通常细、较长，比花药窄，药隔先端伸出呈短尖头；离生单雌蕊子房无毛；花梗和缩台枝被长柔毛，稀无毛。拟假种皮颜色较深，紫红色。染色体数目 2 *n* = 38，稀为 76。

本亚组模式：星花玉兰 Yulania stellata （ Sieb. & Zucc. ） D. L. Fu = *Magnolia stellata* （ Sieb. & Zucc. ） Maxim.。

本亚组植物共有 4 种。如日本辛夷、星花玉兰、柳叶玉兰及望春玉兰。人工杂交种均广泛栽培于欧美各国。

（1）望春玉兰系（世界玉兰属植物资源与栽培利用） 系

Yulania Spach ser. Buergeria （Sieb. & Zucc.） T. B. Zhao et Z. X. Chen，赵天榜、田国行等主编. 世界玉兰属植物资源与栽培利用. 174. 2013。

本系植物叶椭圆形，或倒卵圆形。花先叶开放，但比玉兰组早。单花具花被片 9 枚，稀 9~48 枚，外轮花被片 3 枚，萼状、膜质、早落，内轮花被片花瓣状，外面中基部具不同程度的紫色、紫红色等晕，或条纹，稀白色。染色体数目 2 *n* =38，望春玉兰 2 *n* =76。

本系模式：星花玉兰 Yulania stellata（Sieb. & Zucc.） D. L. Fu。

本系植物有 4 种：望春玉兰、日本辛夷、花玉兰和柳叶玉兰及 8 人工杂种。

（2）洛内尔玉兰系（世界玉兰属植物资源与栽培利用） 系

Yulani*a* Spach ser. × Loebneriyulan T. B. Zhao et Z. X. Chen，赵天榜、田国行等主编. 世界玉兰属植物资源与栽培利用. 174~175. 2013。

本系植物为望春玉兰亚组植物种间杂种，其形态特性具有双亲的形态特征、特性和中间许多过渡类型。

本系模式：洛内尔玉兰 Yulania × loebneri（Kache） D. L. Fu。

本系植物有 8 人工杂交种。它们是：凯武玉兰 Yulania × kewensis （Pearce） D. L. Fu 洛内尔玉兰 Y. × loebner（Kache）D. L. Fu et T. B. Zhao、玛丽林玉兰 Y. × marillyn（E. Sperber）T. B. Zhao et Z. X. Chen、金星玉兰 Y. × gold-star（Ph. J. Savage）T. B. Zhao et Z. X. Chen、普鲁斯托莉玉兰 Y. × proctoriana （Rehd.） D. L. Fu et T. B. Zhao、紫星玉兰 Y. × george-henry-kern （C. E. Kern） D. L. Fu et T. B. Zhao、麦星玉兰 Y. × maxine-merrill（Ph. J. Savage）T. B. Zhao et Z. X. Chen、阳光玉兰 Y. × solar-flair（Ph. J. Savage） T. B. Zhao et Z. X. Chen。

（3）腋花玉兰亚组 腋花玉兰派（河南农业大学学报） 亚组

Yulania Spach subsect. Axilliflora （ B. C. Ding et T. B. Zhao ） T. B. Zhao et Z. X. Chen，赵天榜、田国行等主编. 世界玉兰属植物资源与栽培利用. 175. 2013；*Yulania* Spach sect. *Axilliflora* （ B. C. Ding et T. B. Zhao ） D. L. Fu，傅大立. 玉兰属的研究. 武汉植物学研究，19 （3）：198. 2001；*Magnolia* Linn. sect. *Axilliflora* B. C. Ding et T. B. Zhao，丁宝章等. 中国木兰属植物腋花、总状花序的首次发现和新分类群. 河南农业大学学报，19 （4）：360. 1985。

本亚组植物叶长椭圆形、椭圆形，先端钝尖，或长尖，基部近圆形，或心形。玉蕾顶生、腋生和簇生均有，有时构成总状聚伞花序。单花具花被片 9 枚，外轮花被片 3 枚，萼状、膜质、早落，内轮花被片花瓣状；离生单雌蕊无毛，稀雌蕊群与雄蕊群等高。

本亚组模式：腋花玉兰 Yulania axilliflora （ D. C. Ding et T. B. Zhao ） D. L. Fu。

本亚组植物有 2 种：腋花玉兰、安徽玉兰 Y. anhuieiensis T. B. Zhao，Z. X. Chen et J.

Zhao。

III. 黄山玉兰组（世界玉兰属植物资源与栽培利用） 黄山玉兰亚组 （西北林学院学报） 亚组

Yulania Spach sect. Cylindrica（S. A. Spongberg）T. B. Zhao et Z. X. Chen，赵天榜、田国行等主编．世界玉兰属植物资源与栽培利用．175. 2013；*Magnolia* Linn. sect. *Cylindrica* S. A. Spongberg in Arnoldia Boston，52：1. 1976；*Magnolia* Linn. subsect. *Cylindrica*（S. A. Spongberg）Noot. in Liu Yu-hu et al.，Proc. Intemat. Symp. Fam. Magnoliaceae 2000. Beijing, China: Science press, 37. 2000; *Magnolia* Linn. subgen. *Yulania*（Spach）Reichenbach subsect. *Cylindrica* Y. L. Wang，sect. nov. ined.，王亚玲等主编．玉兰亚属植物形态变异及种间界限探讨．西北林学院学报，21(3)：40. 2006; *Magnolia* Linn. sect. *Cylindrica* S. A. Spongberg in Journ. Arn. Arb.，57. 290. 1976.

本组植物叶椭圆形，较小，先端钝圆、钝尖，基部楔形，或近圆形。玉蕾顶生。单花具花被片 9 枚，外轮花被片 3 枚，萼状、膜质、早落，内轮花被片花瓣状；离生单雌蕊无毛。稀单花具特异花被片 1~7 枚、具雌蕊群柄、1~5 枚雌雄蕊群，外轮花被片形状、大小多变、质地不同。

本组模式：黄山玉兰 Yulania cylindrica （Wils.） D. L. Fu。

本组植物有 5 种：黄山玉兰、安徽玉兰、莓蕊玉兰、异花玉兰及具柄玉兰。

IV. 河南玉兰组（世界玉兰属植物资源与栽培利用） 河南玉兰派（河南农业大学学报） 河南玉兰亚组 组

Yulania Spach sect. Trimophaflora （ B. C. Ding et T. B. Zhao ） T. B. Zhao et Z. X. Chen, 赵天榜、田国行等主编．世界玉兰属植物资源与栽培利用．175~176. 2013; *Magnolia* Linn. sect. *Trimophaflora* B. C. Ding et T. B. Zhao，丁宝章等．中国木兰属植物腋花、总状花序的首次发现和新分类群．河南农业大学学报，19(4)：359~360. 1985；傅大立等．关于木兰属玉兰亚属分组问题的探讨．中南林学院学报，19（2）：26. 1999；河南玉兰亚组 *Yulania* Spach subsect. *Trimophaflora* （B. C. Ding et T. B. Zhao） T. B. Zhao, D. L. Fu et Z. X. Chen，田国行等．中国农学通报，22（5）：406. 2006。

本组植物倒卵圆形、椭圆形等。玉蕾顶生。花先叶开放；单花具花被片 9~12 枚，单株上同时具 3~4 种花型：① 单花具花被片 9 枚，有萼、瓣之分；② 单花具花被片 9 枚，花瓣状，近相似；③ 单花花被片 12 枚，稀 6~8 枚，或 10 枚，花瓣状，近相似；④单花具花被片 9 枚，花瓣状，外轮花被片明显小于内轮花被片。花瓣状颜色多种：紫红色、紫色，或白色，外面有不同程度的紫红色晕，或条纹。

本组模式：河南玉兰 Yulania honanensis （ B. C. Ding et T. B. Zhao ） D. L. Fu et T. B. Zhao = *Magnolia honanensis* B. C. Ding et T. B. Zhao。

本组植物有 4 种：河南玉兰、大别玉兰 Y. dabieshanensis T. B. Zhao, Z. X. Chen et H. T. Dai、多型叶玉兰 Y. multiformis T. B. Zhao, Z. X. Chen et J. Zhao、两型玉兰 Y. dimorpha T. B. Zhao et Z. X. Chen。

本组植物具多种形态特征，对于玉兰属植物基因组及其表达研究具有重要的意义。

1）河南玉兰亚组（中国农学通报） 亚组

Yulania Spach subsect. Trimophaflora（B. C. Ding et T. B. Zhao）T. B. Zhao, D. L. Fu et Z. X. Chen, 田国行等. 玉兰属植物资源与新分类系统的研究. 中国农学通报, 22（5）: 407. 2006。

本亚组植物倒卵圆形、椭圆形等。玉蕾顶生。花先叶开放；单花具花被片 9~12 枚，单株上同时具 3（~4）种花型：① 单花具花被片 9 枚，有萼、瓣之分；② 单花具花被片 9 枚，花瓣状，近相似；③ 单花具花被片 12 枚，稀 6~8 枚，或 10 枚，花瓣状，近相似；④ 单花具花被片 9 枚，花瓣状，外轮花被片明显小于内轮花被片。花瓣状颜色多种：紫红色、紫色，或白色，外面有不同程度的紫红色晕，或条纹。

本亚组模式：河南玉兰 Yulania honanensis（B. C. Ding et T. B. Zhao）D. L. Fu et T. B. Zhao。

本亚组植物有 2 种：① 河南玉兰、② 大别玉兰。

2）多型叶玉兰亚组（世界玉兰属植物资源与栽培利用） 亚组

Yulania Spach subsect. Multiformis T. B. Zhao et Z. X. Chen，赵天榜、田国行等主编. 世界玉兰属植物资源与栽培利用. 176. 2013。

本新亚组植物单株上叶 2 种形状，或多变，同时具 2 种花型。玉蕾顶生、腋生。单花具花被片 6~12 枚，瓣状花被片多变，外面中基部中间紫红色。

本亚组模式：多型叶玉兰 Yulania multiformis T. B. Zhao，Z. X. Chen et J. Zhao。

本亚组植物有 2 种：① 多型叶玉兰、② 两型玉兰 Y. dimorpha T. B. Zhao et Z. X. Chen。

3. **朱砂玉兰亚属**（世界玉兰属植物资源与栽培利用） 亚属

Yulania Spach subgen. × Zhushayulania（W. B. Sun et T. B. Zhao）T. B. Zhao et X. Z. Chen，赵天榜、田国行等主编. 世界玉兰属植物资源与栽培利用. 176~177. 2013；*Yulania* Spach sect. × *Zhushayulania*（W. B. Sun et T. B. Zhao）D. L. Fu，傅大立. 玉兰属的研究. 武汉植物学研究，19（3）：198. 2001；田国行等. 玉兰属植物资源与新分类系统的研究. 中国农学通报，22（5）：407. 2006；*Magnolia* Linn. sect. × *Zhushayulania* W. B. Sun et T. B. Zhao，傅大立等. 关于木兰属玉兰亚属分组问题的探讨. 中南林学院学报，19（2）：27. 1999。

本亚属植物叶卵圆形、倒卵圆形、椭圆形等。花先叶开放。单花具花被片 9 枚，稀多数，花瓣状，稀有萼、瓣之分的类群；颜色多种：紫红色、紫色，或白色，外面有不同程度的紫红色晕，或条纹，通常长度为内 2 轮花被片的 2/3；离生单雌蕊子房无毛。

本亚属植物为玉兰亚属 Yulania Spach subgen. Yulania（Spach）T. B. Zhao et Z. X. Chen 与渐尖玉兰亚属 subgen. Yulania（Spach）T. B. Zhao et Z. X. Chen 的种间杂交种，因而其特征、特性兼有亲本的形态特征和特性，以及许多中间过渡类型。染色体数目 $2n = 95$、123、133、143、156。

本亚属模式：朱砂玉兰 Yulania soulangiana（Soul.-Bod.）D. L. Fu = *Magnolia* × *soulangiana* Soul.-Bod.。

I. 朱砂玉兰组（中南林学院学报） 组

Yulania Spach sect. × Zhushayulania（W. B. Sun et T. B. Zhao）D. L. Fu，傅大立. 玉

兰属的研究. 武汉植物学研究，19（3）：198. 2001；田国行等. 玉兰属植物资源与新分类系统的研究. 中国农学通报，22（5）：407. 2006；*Magnolia* Linn. sect. × *Zhushayulania* W. B. Sun et T. B. Zhao，傅大立等. 关于木兰属玉兰亚属分组问题的探讨. 中南林学院学报，19（2）：27. 1999。

本组植物叶卵圆形、倒卵圆形、椭圆形等。花先叶开放。单花具花被片 9 枚，稀多数，花瓣状，稀有萼、瓣之分的类群；颜色多种：紫红色、紫色，或白色，外面有不同程度的紫红色晕，或条纹，通常长度为内 2 轮花被片的 2/3；离生单雌蕊子房无毛。

本组植物为玉兰组与渐尖玉兰组、望春玉兰组植物的种间杂交种，因而其特征、特性兼有亲本的形态特征和特性，以及许多中间过渡类型。染色体数目 2 *n* = 95、123、133、143、156。

本组模式：朱砂玉兰 Yulania soulangiana （Soul.-Bod.） D. L. Fu = *Magnolia* × *soulangiana* Soul.-Bod.。

本组植物有 50 杂交种（不包括朱砂玉兰）。它们主要广泛栽培于欧美各国。中国广泛栽培 1 种朱砂玉兰，而紫星玉兰 Y. × george-henry-kern（C. E. Kern）T. B. Zhao et Z. X.Chen 1 种，为我国引种栽培。

1）朱砂玉兰亚组（世界玉兰属植物资源与栽培利用） 亚组

Yulania Spach subsect. × Zhushayulania （W. B. Sun et T. B. Zhao） T. B. Zhao et Z. X. Chen，赵天榜、田国行等主编. 世界玉兰属植物资源与栽培利用. 177~178. 2013；*Yulania* Spach sect. × *Zhushayulania*（W. B. Sun et T. B. Zhao）D. L. Fu，傅大立. 玉兰属的研究. 武汉植物的研究，19（3）：198. 2001；*Magnolia* Linn. sect. × *Zhushayulania* W. B. Sun et T. B. Zhao，傅大立等. 关于木兰属玉兰亚属分组问题的探讨. 中南林学院学报，19（2）：27. 1999。

本组植物叶卵圆形、倒卵圆形、椭圆形等。花先叶开放。单花具花被片 9 枚，稀多数，花瓣状，稀有萼、瓣之分的类群；颜色多种：紫红色、紫色，或白色，外面有不同程度的紫红色晕，或条纹，通常长度为内 2 轮花被片的 2/3；离生单雌蕊子房无毛。

本亚组模式：朱砂玉兰 Yulania soulangiana（Soul.-Bod.）D. L. Fu。

本亚组植物有 31 杂交种（不包括朱砂玉兰）。它们主要广泛栽培于欧美各国。中国广泛栽培 1 种朱砂玉兰，而紫星玉兰 Yulania × george-henry-kern（C. E. Kern）T. B. Zhao et Z. X.Chen 1 种，为我国引种栽培。

2）多亲本朱砂玉兰亚组（世界玉兰属植物资源与栽培利用） 亚组

Yulania Spach subsect. × Multiparens T. B. Zhao et Z. X. Chen，赵天榜、田国行等主编. 世界玉兰属植物资源与栽培利用. 178. 2013。

本亚组植物为玉兰组与渐尖玉兰组植物的种间杂交种，因而其特征、特性兼有亲本的形态特征和特性，以及许多中间过渡类型。

本亚组模式：黑饰玉兰 Yulania × dark-raiment （T. Gresham） T. B. Zhao et Z.X. Chen。

本亚组植物 18 种，如黑饰玉兰、拂晓玉兰 Y. × daybreak （A. Kehr） T. B. Zhao et Z. X. Chen 等。

II. 不知多亲本玉兰组　新组

Yulania Spach sect. × ignotimultiparens T. B. Zhao et Z. X. Chen，sect. nov.

本亚组植物不知道其杂交多亲本玉兰的名称，或者知道其杂交母本名称而不知道其杂交父本玉兰的名称。如格蕾沙姆玉兰 Yulania × gresham-hybrid（T. Gresham）D. L. Fu et T. B. Zhao。

注：凡是不知多亲本本植物杂交种，暂归入其类，待研究后，再确定归属。

五、玉兰属、亚属、组、亚组、系之间的亲缘关系

特别指出的是，该属、亚属、组、亚组、系之间的亲缘关系的处理问题是个复杂的问题，特别是多亲本、杂交种及复合杂交种的形态特征变化极大，通常处理时比较困难。作者认为，以花为主，叶辅之为佳。如杂交种单花花被片为花瓣状、叶倒卵圆形时，该杂交种置于玉兰组内；单花具花被片有萼、瓣之分，而叶倒卵圆形时，该杂交种置于渐尖玉兰组的罗田玉兰亚组内。如杂交种单花具花被片为花瓣状、叶椭圆形时，该杂交种置于玉兰组的宝华玉兰亚组内。再如杂交种具有 2 种以上花型时，叶倒卵圆形时，该杂交种置于河南玉兰组的舞钢玉兰亚组内，反之，叶椭圆形时，该杂交种置于河南玉兰组的河南玉兰亚组内。这样处理，可以解决该属杂交种，特别是多亲本杂交种及复合杂交种的形态特征变化极大，处理时困难问题。为清楚了解玉兰属分类系统演化关系，现用图 1-1 表示该属分 3 亚属、8 组、14 亚组、6 系如下：

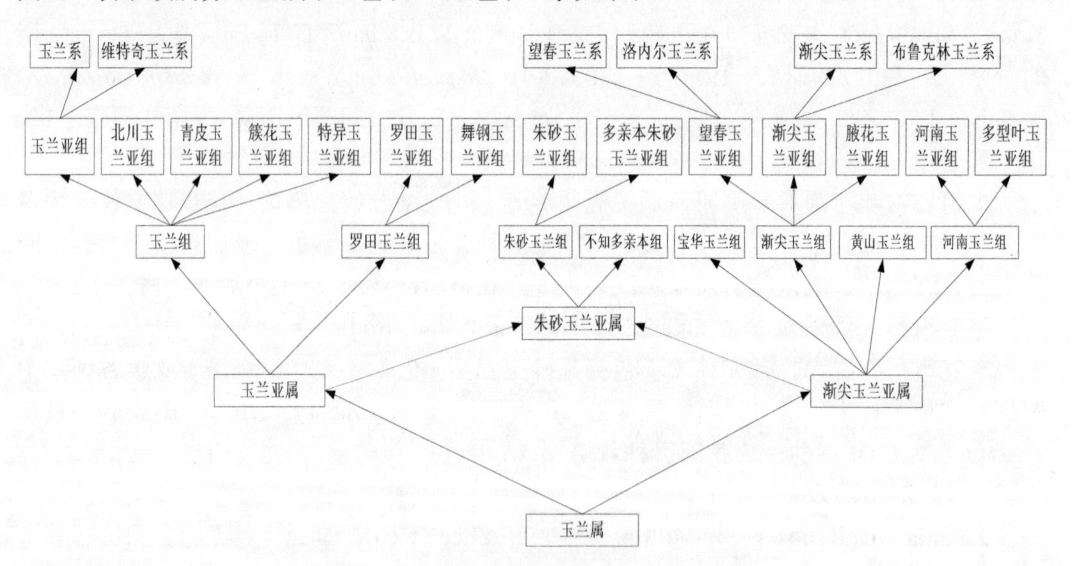

图 1-1　玉兰属分类系统演化关系示意图

（李静、胡艳芳绘）

第二章　玉兰属植物的地理分布

一、世界玉兰属植物的地理分布

根据作者初步统计，玉兰属植物共有 44 种（不包括人工杂交种），常间断分布，或局限分布于一定地区。其主要分布于北半球的亚洲东南部、北美洲东南部及中美洲，以靠近北回归线南北 10° 地区为最多，如图 2-1 所示。

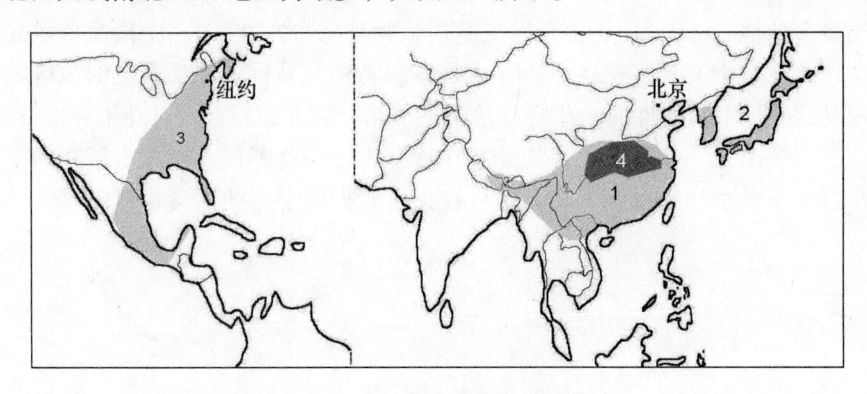

图 2-1　世界玉兰属植物的地理分布

1.中国分布区；2.日本分布区；3.北美洲分布区；4.玉兰属现代中心分布区（傅大立绘）。

从图 2-1 表明，世界玉兰属植物的地理分布明显分为三大区，即中国分布区、日本分布区、北美洲分布区。

1. 中国分布区

本分布区从中国北部的辽宁起，经河南、湖北、云南、西藏，直至印度东北部、缅甸北部、北部湾北部等地区。该区玉兰属植物最丰富（40 种），占世界玉兰属植物总数的 90.19%。中国是玉兰属植物的现代分布中心、起源中心，也是玉兰属植物多样性中心和栽培繁育中心。该属植物在中国已有两千多年的栽培和利用的悠久历史。印度东北部、缅甸北部、尼泊尔、锡金、不丹等国，仅有滇藏玉兰的分布。由此可以得出结论：中国是玉兰属植物的起源、分布、繁衍及多样性中心之一。

2. 日本分布区

本分布区包括日本、朝鲜半岛。本区产 3 种：① 日本辛夷、② 星花玉兰、③ 柳叶玉兰。朝鲜半岛产 2 种，即：日本辛夷、柳叶玉兰。

3. 北美洲分布区

本分布区包括从北美洲的大西洋沿岸延伸至大平原，并从墨西哥湾沿岸至加拿大南部地区。本区仅有 1 种渐尖玉兰及其变种，形成一个特殊的自然分布区和特殊的自然种群。

此外，欧洲、非洲、澳大利亚，以及其附近的国家，或岛屿，则无玉兰属植物的天然分布；欧洲各国的玉兰属植物均为引种，或广泛栽培着杂交种、杂交变种和杂交品种、种内品种。

二、中国玉兰属植物的地理分布

中国产的玉兰属植物有 40 种。其中，自然分布的玉兰属植物河南 17 种、湖北 11 种、四川 12 种、陕西 6 种、江苏 5 种、重庆 4 种、安徽和云南各 4 种，湖南 4 种，江西、福建各 3 种，浙江、贵州、甘肃各 2 种，广东、广西各 1 种，西藏 2 种，而长城以南其他省、市，如北京、天津、山东、山西、辽宁等省、市均有栽培。其中，以河南西部的伏牛山及南部的大别山，陕西南部大巴山，湖北北部大别山、西北部神农架山区，四川东北部，以及重庆市在内的广大山区范围内地史古老、地形复杂、气候温和，是玉兰属植物种类最多的地区（31 种，占全国玉兰属植物种的 77.50%），中国是玉兰属植物起源中心、现代分布中心和多样性中心，也是该属物种、品种资源最富集的地区。特别需要指出的是，近年来新发现的一些特有珍稀的类群，如北川玉兰、奇叶玉兰、石人玉兰、舞钢玉兰、鸡公玉兰、青皮玉兰等均分布在这一山区。这不仅大大丰富了我国玉兰属植物资源，也为玉兰植物的系统学及多学科理论研究提供了新的宝贵材料。

第三章　玉兰属植物种质资源

根据作者统计，世界玉兰属植物共计 3 亚属、8 组、14 亚组、6 系、44 种和 50 杂交种、12 亚种、94 变种，现分别介绍如下：

1. 滇藏玉兰（中国农学通报）　滇藏木兰（中国树木分类学）　图 3-1

Yulania campbellii（Hook.f. & Thoms.）D. L. Fu，傅大立. 玉兰属的研究. 武汉植物学研究，19（3）：198. 2001；中国科学院昆明植物研究所主编. 云南植物志 第十六卷：26. 2006；田国行等. 玉兰属植物资源与新分类系统的研究. 中国农学通报，22（5）：407. 2006；赵东武、赵东欣. 河南玉兰属植物种质资源与开发利用的研究. 安徽农业科学，36（22）：9489. 2008；Xia Nian-He et Liu Yu-Hu，Flora of China. vol. 7：72. 2008；*Magnolia campbellii* Hook. f. & Thoms. in Hooker f.，III. Himal. Pl. t. 4，5. 1855；*Magnolia griffith* Posth. Paers，Ⅱ. 152. 1848.

落叶大乔木。小枝黄绿色、紫褐色，有时褐色至灰绿色，后变无毛。缩短枝粗壮，密被长柔毛。叶椭圆形、长圆状卵圆形，长 10.0~20.0 cm，宽 4.5~10.0 cm，先端钝圆、急尖，或短渐尖，基部圆形，或宽楔形，通常两侧不对称，表面深绿色，无毛，背面灰绿色，密被灰白色平伏短柔毛，有时无毛，沿主脉及侧脉被平伏短柔毛；叶柄长 1.0~5.0 cm，无毛，或被细柔毛。玉蕾卵球状，长约 2.5 cm；芽鳞状托叶外面被淡黄色长柔毛。花先叶开放，径 10.0~25.0 cm。单花具花被片 12~16 枚，深玫瑰色，或淡红色，匙状倒卵圆形、匙状长圆状卵圆形、宽匙形，基部具爪，长 6.0~14.0 cm，宽 4.0~6.0 cm，外面基部深玫瑰红色至粉红色，外轮花被片 3 枚，平展，或向外反折、下垂，内 2 轮花被片直立，宽卵圆形，或近圆形，长 8.0~10.0 cm，宽 4.0~6.0 cm；雄蕊多数，花丝紫红色、紫色；雌蕊群绿色，长 2.0~4.0 cm；离生单雌蕊多数；子房绿色，花柱和柱头红色；花梗粗壮，长 2.5~3.0 cm，无毛，或被长柔毛。聚生蓇葖果圆柱状，或卵球状，下垂，暗红色至褐色，长 8.5~21.0 cm，径 2.5~3.0 cm；果梗粗壮，密被灰黄色长柔毛；蓇葖果褐色，质薄，紧贴，表面具圆点状皮孔。花期 3~5 月；果熟期 9~10 月。染色体数目 $2n = 114$。

图 3-1　滇藏玉兰 Yulania campbellii（Hook.f. & Thoms.）D. L. Fu

1.叶，枝和玉蕾；2.聚生蓇葖果（选自《云南树木图志》）。

产地：中国云南和西藏、四川。河南伏牛山区有分布。尼泊尔、不丹、印度东北部及缅甸东北部也有本种的分布。模式标本，1855 年采自锡金。

繁育栽培：播种育苗、嫁接育苗、植苗技术等。

用途：本种花深玫瑰色、淡红色，或白色，为优良的城乡园林绿化树种。玉蕾入中药，作"辛夷"用，还是提取香料的原料。

变种：

（1）滇藏玉兰　原变种

Yulania campbellii （Hook.f. & Thoms.） D. L. Fu var. campbellii

（2）白花滇藏玉兰 （中国农学通报）　变种

Yulania campbellii （Hook.f. & Thoms.） D. L. Fu var. alba （Treseder） D. L. Fu et T. B. Zhao，金红等. 河南省玉兰属新分布记录. 中国农学通报，21（9）：313~314. 2005；*Magnolia campbellii* Hook.f. & Thoms. var. *alba* Treseder，nom. illeg.，in J. Roy. Hor. Soc.，76：218. 1952；*Magnolia campbellii* Hook.f. & Thoms. var. *alba* Treseder，Magnolias. 90~93. Plates 17~18. 1978.

本变种花白色；花被片宽卵圆状匙形，先端钝圆，或钝尖，基部狭窄，外面基部中间具亮粉红色条纹；雄蕊多数，花丝紫红色。

产地：锡金。河南伏牛山区有分布。模式标本，采自锡金（Sikkin）。

（3）柔毛滇藏玉兰（世界玉兰属植物资源与栽培利用）软毛滇藏木兰（世界园林植物与花卉百科全书）　变种

Yulania campbellii （Hook.f. & Thoms.）D. L. Fu var. mollicomata （W. W. Smith） T. B. Zhao et Z. X. Chen，赵天榜、田国行等主编. 世界玉兰属植物资源与栽培利用. 180~181. 2013；*Magnolia campbellii* Hook.f. & Thoms. var. *mollicomata* （W. W. Smith） F. Kingdon-Ward. in Gard. Chron. 3，137：238. 1955；*M. mollicomata* W. W. Smith in Notes. Roy. Bot. Gard. Edinburgh. 12：211. 1920；*M. campbellii* Hook.f. & Thoms. subsp. *Mollicomata* （W. W. Smith） G. H. Johnstone in Bull. Morris Arb.，15：29~31. 1964.

本变种玉蕾伸长，比滇藏玉兰原变种 var. campbellii 长 1 倍。花大型，灰白色；花梗密被黄色绒毛。

产地：中国云南。模式标本：Forrest 14466 （ lectotype，selected here. E ）。

（4）埃里斯 沃尔特滇藏玉兰（世界玉兰属植物资源与栽培利用）　变种

Yulania campbellii （Hook.f. & Thoms.）D. L. Fu var. eric-walther （E. McMlitock） T. B. Zhao et Z. X. Chen，赵天榜、田国行等主编. 世界玉兰属植物资源与栽培利用. 181. 2013；*Magnolia campbellii* Hook.f. & Thoms. 'Eric Walther'. D. J. Callaway，The World of Magnolias. 142. 1994.

本变种树冠塔状。花玫瑰－粉红色。

产地：美国。本变种系从滇藏玉兰 *Magnolia campbellii* Hook.f. & Thoms. var. *campbellii* 与柔毛滇藏玉兰 var. *mollicomata*（W. W. Smith）F. Kingdon-Ward 之间的杂交变种中选出。

2. 凹叶玉兰（中国农学通报）　凹叶木兰（中国树木分类学）　图 3-2

Yulania sargentiana（Rehd. & Wils.）D. L. Fu，傅大立. 玉兰属的研究. 武汉植物学研究，19（3）：198. 2001；中国科学院昆明植物研究所主编. 云南植物志 第十六卷：26. 2006； Xia Nian-He et Liu Yu-Hu，Flora of China. vol. 7：73. 2008；田国行等. 玉兰

属植物资源与新分类系统的研究. 中国农学通报，22（5）：407. 2006；赵东武等. 河南玉兰属植物种质资源与开发利用的研究. 安徽农业科学，36（22）：9489. 2008；*Magnolia sargentiana* Rehd. & Wils. in Sargent，Pl. Wils. I：398. 1913；*M. emarginata*（Finet & Gagnep.）Cheng，中国植物学杂志，1：298. 1934；*M. conspicua* Salisb. var. *emarginata* Finet & Gagnep. in Bull. Soc. Bot. Françe（Mém.）4：38. 1906；*M. denudata* Desr. var. *emarginata* Pamp. in Bull. Soc. Tose. Ortic. Ser. 3（20）：200. 1915.

落叶大乔木。玉蕾卵球状，先端急尖。叶倒卵圆形，稀长圆状倒卵圆形、宽倒圆卵形，长 10.0~22.5 cm，宽 6.0~12.0 cm，先端钝圆、凹缺，或具短尖头，基部楔形至宽楔形，偏斜，稀截形，表面暗绿色，具光泽，无毛，背面灰绿色，主脉明显凸起，密被银灰色弯曲长柔毛；叶柄细，密被短柔毛，后无毛。花先叶开放，径 15.0~20.0 cm。单花具花被片 9 枚，近相似，淡红色，或淡紫红色，肉质，匙状倒卵圆形，或匙状长倒卵圆形，长 6.5~12.0 cm，宽 2.0~4.3 cm，先端钝圆，或微凹，基部渐狭；雄蕊多数，淡紫色，花丝紫色；雌蕊群圆柱状，绿色；离生单雌蕊多数；子房绿色，柱头和花柱紫色；花梗长 2.0~2.3 mm，无毛，或被柔毛。聚生蓇葖果圆柱状，长 3.0~20.5 cm，径 2.0~3.0 cm，通常扭曲；果梗粗壮，长 2.0~2.5 cm。缩台枝上被长柔毛。蓇葖果近球状，或卵球状，紫黑色，长 1.7~2.2 cm，径约 9 mm，密被细疣点，先端具短喙。花期 4~5 月；果熟期 9 月。染色体数目 $2n = 114$。

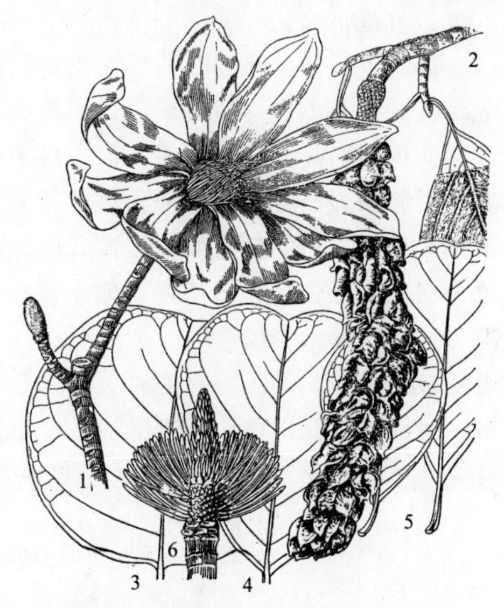

图 3-2　凹叶玉兰 Yulania sargentiana（Rehd. & Wils.）D. L. Fu

1.花、枝和叶芽；2.叶枝和聚生蓇葖果；3~5.叶；6.雌雄蕊群（选自《中国植物志》）。

产地：中国云南、四川。模式标本，采自四川瓦山。

繁育栽培：播种育苗、嫁接育苗、植苗技术等。

用途：本种作观赏用。玉花蕾入中药，作“辛夷”用。

变种：

（1）凹叶玉兰　原变种

Yulania sargentiana（Rehd. & Wils.）D. L. Fu var. sargentiana

（2）健凹叶玉兰（世界玉兰属植物资源与栽培利用）变种

Yulania sargentiana（Rehd. & Wils.）D. L. Fu var. robusta（Rehd. & Wils.）T. B. Zhao et Z. X. Chen，赵天榜、田国行等主编. 世界玉兰属植物资源与栽培利用. 193 ~ 194. 2013；*Magnolia sargentiana* Rehd. & Wils. var. *robusta* Rehd. & Wils. in Sargent，Pl. Wils. I：399. 1913.

本变种叶长圆倒卵圆形，长 14.0~21.0 cm，宽 5.0~8.5 cm。玉蕾镰刀状椭圆体状。花大型，径 20.3~30.5 cm。单花具花被片 16 枚，粉红色、亮粉红色。聚生蓇葖果较大，长 12.0~18.0 cm；蓇葖果长 1.5~1.8 cm，具短喙。染色体数目 $2n = 114$。

产地：四川。模式标本，采自四川瓦山。

3. 康定玉兰（中国农学通报） 光叶木兰（中国树木分类学、中国植物志、中国树木志） 西康玉兰（经济植物手册） 图 3-3

Yulania dawsoniana（Rehd. & Wils.）D. L. Fu，傅大立. 玉兰属的研究. 武汉植物学研究，19(3)：198. 2001；Xia Nian-He et Liu Yu-Hu，Flora of China. vol. 7：72~73. 2008；田国行等. 玉兰属植物资源与新分类系统的研究. 中国农学通报，22（5）：407. 2006；赵东武等. 河南玉兰属植物种质资源与开发利用的研究. 安徽农业科学，36（22）：9489. 2008；*Magnolia dawsoniana* Rehd. & Wils. in Sargent，P1. Wils. I：397. 1913.

落叶大乔木。叶倒卵圆形，或宽倒卵圆状、椭圆形，长 7.5~18.0 cm，宽 4.0~8.0 cm，先端钝圆，具急尖、短尖头，或短渐尖，稀微凹，基部呈楔形，稀近圆形，通常偏斜，表面深绿色，具光泽，无毛，沿主脉被细柔毛，后无毛，背面淡绿色，或苍白色，被白粉，主脉明显凸起，沿脉被白色长柔毛，脉有时带红色；叶柄细，带淡紫色，无毛至微被细柔毛，具短的托叶痕。玉蕾长圆体状。花先叶开放。单花具花被片 9~12 枚，白色，外面白色带红色晕，形状近相似，狭长圆状匙形，或倒卵圆状长圆形，长 7.0~11.0 cm，宽 2.0~5.0 cm，先端钝圆，或微凹；雄蕊多数，紫红色；离生单雌蕊多数；花梗无毛。缩短枝节上被长柔毛。聚生蓇葖果圆柱状，下垂，长 7.0~14.0 cm，径 3.0~3.5 cm，常弯曲，暗红色至红褐色；果梗粗壮，无毛。蓇葖果倒卵球状，先端钝圆，无喙，或具短喙。花期 4~5 月，果熟期 9~10 月。染色体数目 $2n = 114$。

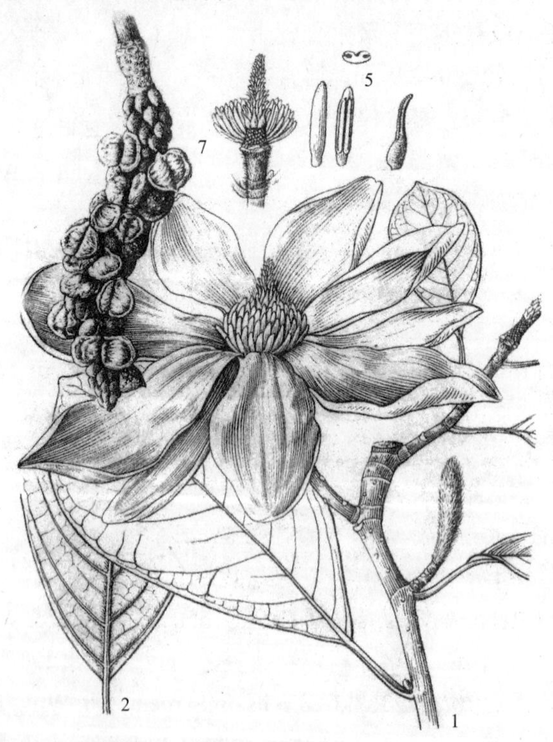

图 3-3 康定玉兰 Yulania dawsoniana（Rehd. & Wils.） D. L. Fu

1.叶、枝和聚生蓇葖果；2.花（选自《中国树木志》）。

产地：中国四川。模式标本，采自四川。

繁育栽培：播种育苗、嫁接育苗、植苗技术等。

用途：本种花大，作观赏用。玉蕾入中药，作“辛夷”用。

4. 武当玉兰（中国农学通报）　武当木兰（中国树木志、中国植物志）　图 3-4

Yulania sprengeri（Pamp.）D. L. Fu，傅大立. 玉兰属的研究. 武汉植物学研究，19（3）：198. 2001；Xia Nian-He et Liu Yu-Hu，Flora of China. vol. 7：72. 2008；中国科学院昆明植物研究所主编. 云南植物志 第十六卷：27. 2006；田国行等. 玉兰属植物资源与新分类系统的研究. 中国农学通报，22（5）：407. 2006；赵东武等. 河南玉兰属植物种质资源与开发利用的研究. 安徽农业科学，36（22）：9488. 2008；*Magnolia sprengeri* Pamp. in Nouv. Giorn. Bot. Ital. n. ser. 22：295. 1915.

落叶大乔木。玉蕾卵球状，具芽鳞状托叶 3~4 枚，外面密被浅黄色长柔毛。叶倒卵圆形，长 7.0~14.5 cm，宽 2.5~7.5 cm，先端钝圆，急尖、急短渐尖、长尖，有时平截，基部楔形至宽楔形，表面深绿色，无毛，沿脉疏被短柔毛，背面淡绿色，疏被短柔毛，主脉隆起，初被较密的平伏细柔毛，后无毛；叶柄细，无毛，或被短柔毛。花先叶开放，杯状。单花具花被片 12（~14）枚，花瓣状，匙状长圆形、匙状倒卵圆形，或宽匙形，长 5.0~14.0 cm，宽（1.5~）2.5~6.5 cm，淡粉红色，或白色，外轮花被片外面中基部玫瑰红色，内面白色，有时具紫红色至暗紫色条纹；雄蕊多数，花丝扁宽，紫红色；雌蕊群圆柱状，长 2.0~3.0 cm，淡绿色；离生单雌蕊多数；子房椭圆体状，花柱和柱头玫瑰红色。聚生蓇葖果圆柱状，长 6.0~18.0 cm；蓇葖果扁球状，褐色。花期 3~4 月；果熟期 8~9 月。染色体数 $2n = 114$。

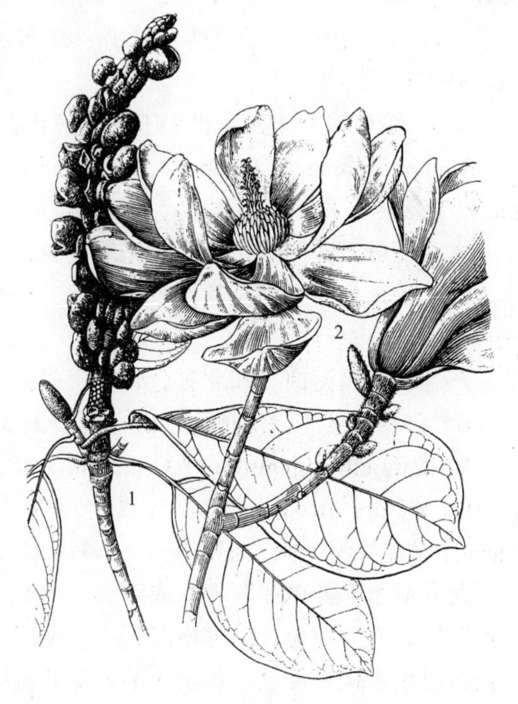

图 3-4　武当玉兰 Yulania sprengeri（Pamp.）D. L. Fu

1.叶、枝、叶芽和聚生蓇葖果；2.花枝、缩台枝和叶芽（选自《中国植物志》。

产地：中国河南、湖北、甘肃等省。模式标本，采自湖北房县武当山。

繁育栽培：播种育苗、嫁接育苗、植苗技术等。

用途：本种花大美丽，为优良观赏树种。玉蕾入药，作“辛夷”用。

变种：

（1）武当玉兰　原变种

Yulania sprengeri （Pamp.） D. L. Fu var. sprengeri

（2）德维武当玉兰（世界玉兰属植物资源与栽培利用）　大花木兰（中国树木分类学、经济植物手册、秦岭植物志）　红花木莲（湖北植物志）　变种

Yulania sprengeri （Pamp.） D. L. Fu var. diva （Stapf） T. B. Zhao et Z. X. Chen，赵天榜、田国行等主编. 世界玉兰属植物资源与栽培利用. 189. 2013；*Magnolia sprengeri* Pamp. var. *diva* Stapf in Curtis's Bot. Mag.，152：t. 9116. 1927；*M. diva* Stapf ex Dandy in Millais，Magnolias. 120. 1927；*M. sprengeri* Diva Curtis's Bot. Magazine，152：9116. 1926.

本变种叶倒卵圆形，或倒三角形，先端狭，突短尖，基部楔形，表面无毛，背面沿脉被短绒毛，或无毛；叶柄细，无毛。花大，径 20.3 cm，亮粉红色，肉质。单花具花被片 12 枚，椭圆形、倒卵圆形，或长圆形，长 6.1~7.1 cm，宽 1.8~3.0 cm，先端钝圆，或钝尖，基部狭楔形，外面紫红色，或淡紫红色；雄蕊花丝紫色；离生单雌蕊多数；花柱和柱头淡紫红色。

产地：中国四川、湖北等。模式标本：E. H. Wilson 21（Lectotype，selected here，K：isotypes. A. K. NY）。

（3）拟莲武当玉兰（世界玉兰属植物资源与栽培利用） 变种

Yulania sprengeri (Pamp.) D. L. Fu var. pseudonelumbo T. B. Zhao，Z. X. Chen et D. W. Zhao, 赵天榜、田国行等主编. 世界玉兰属植物资源与栽培利用. 189~190. 2013。

本变种叶倒卵圆形，较小，先端钝尖，基部楔形。单花具花被片 12~17 枚，狭椭圆形，先端短渐尖，外面亮粉红色，内面乳白色；雄蕊和花丝紫红色；离生单雌蕊柱头和花柱粉红色。

产地：中国河南。湖北有分布。模式标本采自河南郑州市，存河南农业大学。

5. 椭蕾玉兰（武汉植物学研究） 图 3-5

Yulania elliptigemmata（C. L. Guo et L. L. Huang） N. H. Xia，Xia Nian-He et Liu Yu-Hu， Flora of China. vol. 7：74. 2008；*Magnolia elliptigemmata* C. L. Guo et L. L. Huang，郭春兰等. 湖北药用辛夷一新种. 武汉植物学研究，10(4)：325~327. 图 1. 1992。

落叶乔木。叶倒卵圆形，或宽倒卵圆形，长 5.0~9.0 cm，宽 4.5~6.5 cm，先端宽圆，或微凹缺，有急短尖，基部楔形，或宽楔形，表面深绿色，背面绿色，幼嫩时背面主脉两侧被白色平伏短柔毛，其余无毛；叶柄疏被长柔毛。玉蕾椭圆体状；芽鳞状托叶上毛容易脱落，通常无毛，仅上部疏被白色平伏短柔毛。花先叶开放，芳香。单花具花被片 11（12）枚，淡紫红色，上部色较淡，基部色较深，近相似，倒卵圆状匙形，或披针状匙形，长 5.0~8.0 cm，宽 1.6~4.0 cm；雄蕊 80~100 枚，长 1.0~1.5 cm，药室侧向纵裂，花丝长 1.5~2.0 mm，稀长 4 mm，药隔伸出长约 1 mm 的短尖头；雌蕊群圆柱状，长 1.8~2.0 cm；子房无毛，花柱长约 2 mm，略有反卷，微有淡紫色晕；花梗长约 6 mm。聚生蓇葖果长 4.0~7.0 cm，常因部分离生单雌蕊不发育而扭曲；蓇葖果球状，径约 3 mm，2 瓣裂，表面具点状疣点突起。花期 3 月；果熟期 9~10 月。

产地：中国湖北安远县。模式标本，采自湖北远安县。

繁育栽培：播种育苗、嫁接育苗、植苗技术等。

用途：本种花大美丽，为优良观赏树种。玉蕾入药，作“辛夷”用，还是提取香料的原料。

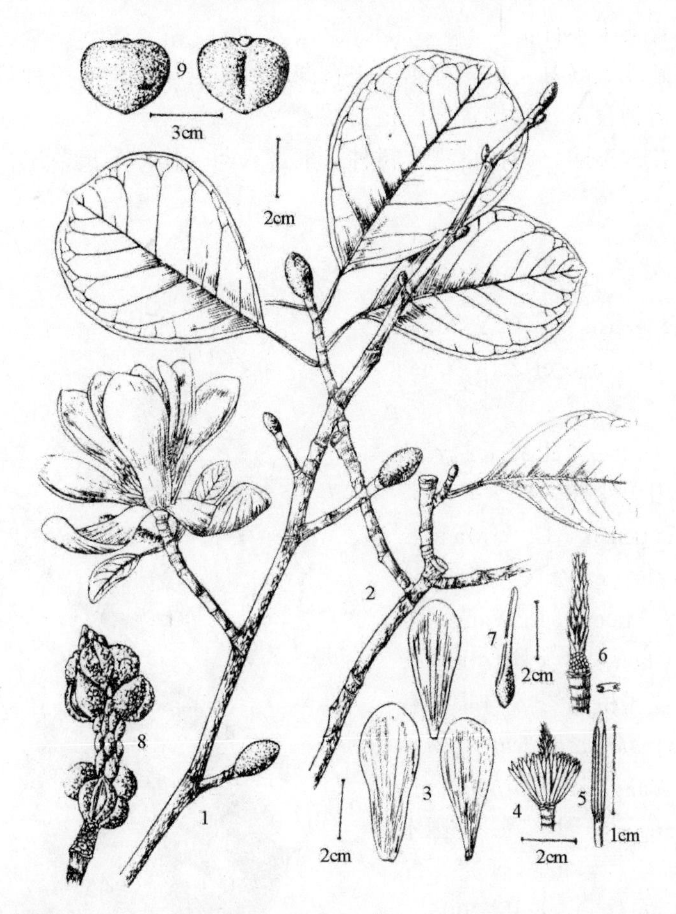

图 3-5　椭蕾玉兰 Yulania elliptigemmata （C. L. Guo et L. L. Huang） N. H. Xia

1. 花枝；2. 叶、枝、叶芽和玉蕾；3. 花被片；4. 雌雄蕊群；5. 雄蕊；6. 雌蕊群；7. 雄蕊；8. 聚生蓇葖果；9.种子（选自《武汉植物学研究》）。

6. 红花玉兰（世界玉兰属植物资源与栽培利用） 红花木兰（植物研究）　图 3-6

Yulania wufengensis（L. Y. Ma et L. R. Wang）T. B. Zhao et Z. X. Chen，赵天榜、田国行等主编. 世界玉兰属植物资源与栽培利用. 192. 2013；*Magnolia wufengensis* L. Y. Ma et L. R. Wang，马履一、王罗荣等. 中国木兰科木兰属一新种. 植物研究，26（1）：4~6. fig. 1. 2. 2006。

落叶乔木。叶宽倒卵圆形，或倒卵圆形，长 9.0~13.2 cm，宽 6.5~9.7 cm，表面铜绿色，侧脉 5~10 对，凹入，背面淡绿色，沿主脉背部密被平伏白色短柔毛，先端圆形，或截形，具短尖头，基部宽楔形；叶柄被短柔毛。玉蕾顶生，卵球状，小，长 1.8~3.1 cm，径 1.2~2.1 cm，先端急尖；具芽鳞状托叶 2 枚，薄革质，外面密被银白色短柔毛。花先叶开放。单花具花被片 9 枚，花瓣状，近相等，两面深红色、红色，倒卵圆状匙形，长 7.2~8.8 cm，宽 2.9~4.7 cm，先端钝圆，基部宽楔形；花托圆柱状，淡黄绿色，长 3.0 cm；雄蕊多数，长 15 mm，宽 3 mm，外面紫色，具 2 条红色条纹直达先端，内面淡紫色，花丝长 4 mm，宽 2 mm，药室侧向纵裂，药隔先端钝圆，具短尖头；离生单雌蕊多数，柱头深紫色。聚生蓇葖果不详。

产地：中国湖北五峰县。模式标本，采自湖北五峰县。河南有引种栽培。

繁育栽培：播种育苗、嫁接育苗、植苗技术等。

用途：本种花大美丽，为优良观赏树种。玉蕾入药，作“辛夷”用，还是提取香料的原料。

变种：

（1）红花玉兰　原变种

Yulania wufengensis （ L. Y. Ma et L. R. Wang） T. B. Zhao et Z. X. Chen var. wufengensis

（2）多瓣红花玉兰（世界玉兰属植物资源与栽培利用）变种

Yulania wufengensis（L. Y. Ma et L. R. Wang）T. B. Zhao et Z. X. Chen var. multitepala（L. Y. Ma et L. R. Wang）T. B. Zhao et Z. X. Chen，赵天榜、田国行等主编. 世界玉兰属植物资源与栽培利用.192~193. 2013；*Magnolia wufengensis* I. Y. Ma et L. R. Wang var. *multitepala* L. Y. Ma et L. R. Wang，马履一等. 中国木兰科木兰属一新变种. 植物研究，26（5）：516~519. fig. 1. 3. 彩片. 2006。

本变种叶通常倒卵圆形。单花具花被片 12、15、18、24 枚，宽倒卵圆状匙形、倒卵圆状匙形，或窄倒卵圆状匙形，红色，花被片内面略淡；不同植株间花被片有深红色、红色、浅红色之别；自然状态下不育。

图 3-6　红花玉兰 Yulania wufengensis（L. Y. Ma et L. R. Wang） T. B. Zhao et Z. X. Chen

1. 叶、枝和玉蕾；2. 叶；3. 花；4. 雌雄蕊群（选自《植物研究》），作者略有改动。

产地：湖北五峰县。模式标本采自湖北五峰县，存北京林业大学。

用途：本种花大美丽，为优良观赏树种。玉蕾入药，作“辛夷”用，还是提取香料的原料。

7. 湖北玉兰（中国农学通报）　图 3-7

Yulania verrucosa D. L. Fu，T. B. Zhao et S. S. Chen，傅大立等. 湖北玉兰属两新种. 植物研究，30（6）：642~643. 2010；*Y. hubeiensis* D. L. Fu，T. B. Zhao et Sh. Sh. Chen，sp. nov. ined.，赵东武等. 河南玉兰属植物种质资源与开发利用的研究. 安徽农业科学，36（22）：9489. 2008；田国行等. 玉兰属植物资源与新分类系统的研究. 中国农学通报，22（5）：410. 2006。

落叶乔木。玉蕾单生枝顶，长椭圆体状，长 2.0~2.5 cm，先端渐尖。叶狭倒卵状椭圆形，长 8.0~19.5 cm，宽 3.5~12.5 cm，表面绿色，无毛，侧脉明显隆起，无毛，主脉稍凹陷，疏被淡黄色短柔毛、背面淡绿色，主、侧脉和网脉隆起，无毛，边缘全缘，先端钝圆，具微尖头，中部向下渐狭，基部楔形，或狭楔形，幼叶初浓紫红色，后表面淡绿色，背面淡绿白色，两面无毛；叶柄绿色，表面具细槽，无毛。花先叶开放。单花具花被片 9 枚，白色，花瓣状，匙状椭圆形，长 4.5~7.0 cm，宽 1.5~3.5 cm，先端钝尖，基部楔形，宽 3~5 mm；雄蕊多数，花丝淡白色；雌蕊群圆柱状，长 1.8~2.2 cm，淡黄白色；离生单雌蕊多数，长 3~5 mm，淡黄白色，无毛；花柱长约 3 mm，微反曲或内曲，淡绿白色；花梗淡绿色，无毛。聚生蓇葖果圆柱状，长 10.0~15.0 cm，常弯曲；蓇葖果表面密被疣点。骨质种子宽心状，宽约 1.0 cm，长约 0.8 cm。花期 4 月；果熟期 9 月。

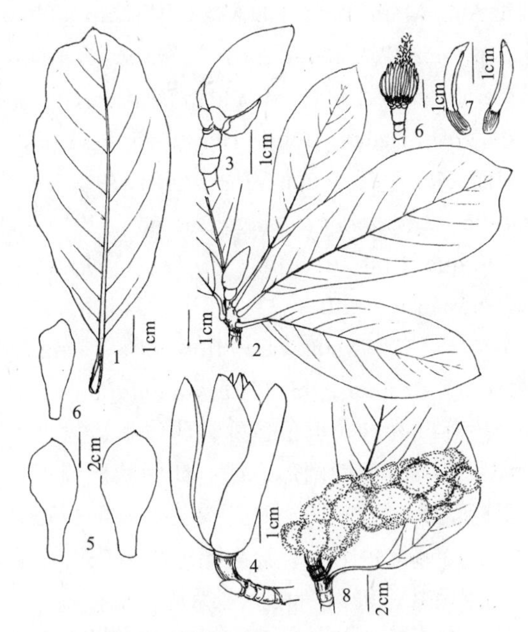

图 3-7　湖北玉兰 Yulania verrucosa D. L. Fu，T. B. Zhao et S. S. Chen

1. 叶；2. 叶、枝和玉蕾；3. 玉蕾；4. 花；5. 花被片；6. 雌雄蕊群；7. 雄蕊；8. 叶和聚生蓇葖果（选自《植物研究》。

产地：中国湖北武汉。模式标本采自湖北武汉，存河南农业大学。

繁育栽培：播种育苗、嫁接育苗、植苗技术等。

用途：本种花大美丽，为优良观赏树种。玉蕾入药，作“辛夷”用，还是提取香料的原料。

8. **玉兰**（群芳谱、中国树木分类学、中国植物志）　白玉兰（湖北植物志）　图 3-8

Yulania denudata（Desr.）D. L. Fu，傅大立. 玉兰属的研究. 武汉植物学研究，19（3）：198. 2001；中国科学院昆明植物研究所编著. 云南植物志. 第十六卷：28. 2006；田国行等. 玉兰属植物资源与新分类系统的研究. 中国农学通报，22（5）：407. 2006：赵东武、赵东欣. 河南玉兰属植物种质资源与开发利用的研究. 安徽农业科学，36（22）：9488. 2008：孙军等. 玉兰种质资源与分类系统的研究. 安徽农业科学，36（5）：1826. 2008；Xia Nian-He et Liu Yu-Hu，Flora of China. vol. 7：74. 2008；*Magnolia denudata* Desr. in Lama.，Encycl. Méth. Bot. 3：675. 1791. exclud. syn. “Mokkwuren Kaempfer”；中国科学院中国植物志编辑委员会. 中国植物志 第三十卷 第一册：131~132. 1996；*Mgnolia denudata* Desr. in Sargent，P1. Wils. I：399. 1913；*M. obovata* Thunb. in Trans. Linn. Soc. Lond. 2：336. 1794，quoad syn. “Kaempfer Icon，t. 43”；*M. obovata* Thunb. [var.] α. *denudata* De Candolle，Règ. Vég. Syst. 1：457. 1818；*M. obovata* Thunb. var. *denudata*（Desr.）DC. Prodr. 1：81. 1824；*M. hirsuta* Thunb.，Pl. Jap. Nov. Sp. 8（nomen nudum）. 1824，nom.；secund. specim. typ.；*M. precia* Correa de Serra apud Vent., Jard. Malmais. nota 2，ad. t. 24（nomen nudum）. 1803；*M. kobus* sensu Sieb. & Zucc. in Abh. Akad. Münch. IV.

pt. 2, 187(Fl. Jap. Fam. Nat. I: 79)(non De Candolle). 1843; *M. kobus* sensu Sieb. & Zucc. in Abh. Math.-Phys. Cl. Akad. Wiss. Münch. 4(2): 187 (Fl. Jap. Fam. Nat. 1: 79). 1845, p. p.; non De Candolle, 1817; *M. liliflora* Suringar in Meded. Rijk's Landbouw-hoogesch. 32. Verh. 5：43. 1928；M. Yulan Desf.，Hist. Arb. 2：6. 1809；*Gwillimia Yulan* （Desf.） C. de Vos，Handb. Boom. Heest. ed. 2：116. 1887；*Yulania conspicua* （Salisb.） Spach，Hist. Nat. Vég. Phan. VII：464. 1839；*Magnolia conspicua* Salisb.，Parad. Lond. 1：t. 38. 1806；*Lassonia heptapeta* Buc'hoz，Pl. Nouv. Découv. 21, t. 19. Paris 1779，descry. manca falsaque; Coll. Préc. Fl. Cult. Tom. 1, Pl. IV. 1776. fg. 4-14; *Magnolia heptapeta*（Bu'choz）Dandy in Journ. Bot. 72：103. 1934；Yulan cibot in Batteux，Mém. Hist. Sci. Arts Chinois, 3: 441. 1778; Makkwuren flore albo Kaempfer, Amoen. V. 845. 1712; Makkwuren 1. Banks, Ioon. Kaempfer t. 43. 1791；*Magnolia conspicua* Salisb. Parad. Lond. I. T 38. 1806.

落叶乔木。玉蕾顶生，卵球状，大小不等；芽鳞状托叶始落期 6 月中、下旬。叶倒卵圆形、宽倒卵圆形，或倒卵圆状椭圆形，长 7.0~21.5 cm，宽 4.0~16.0 cm，先端钝圆，具短尖头，或平截，具短尖头，基部楔形、宽楔形，表面深绿色，初疏被短柔毛，后无毛，沿脉被短柔毛，背面淡绿色，被长柔毛，后仅在中脉两侧有长柔毛；叶柄长 1.0~2.5 cm，粗壮，表面中央具小纵沟，疏被长柔毛，后无毛。花先叶开放。单花具花被片 9 枚，稀 7、8、10（~18）枚，白色，有时外面基部带粉红色晕，形状近相似，长圆状倒卵圆形、匙状卵圆形，长 5.0~12.0 cm，宽 2.5~6.0 cm，先端钝圆，稍内曲；雄蕊多数；离生单雌蕊多数；子房狭卵球状，无毛，锥状花柱；花梗密被浅黄色长柔毛。聚生蓇葖果圆柱状、卵球状，长 8.0~15.0 cm，径 3.0~5.0 cm，淡褐色，常因部分离生单雌蕊不发育而扭曲；缩台枝和果梗粗壮，被长柔毛；蓇葖果厚木质，扁球状，褐色，具白色皮孔。花期 3~4 月；果熟期 8~9 月。染色体数目 $2n = 114$。

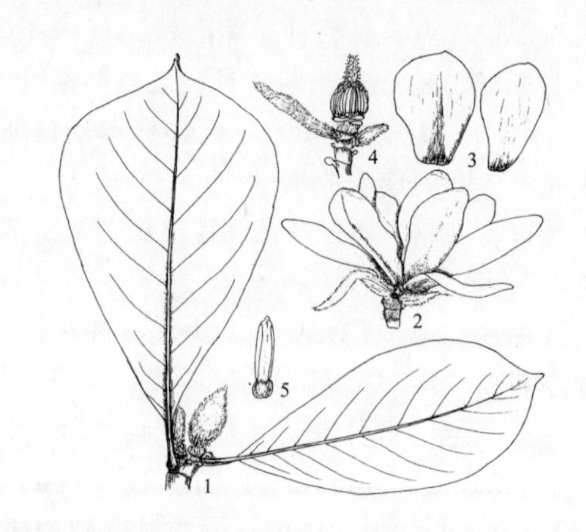

图 3-8　玉兰 Yulania denudata （Desr.） D. L. Fu

1. 叶、枝和玉蕾；2. 花；3. 花被片；4. 雌雄蕊群、玉蕾状叶芽和缩台枝；5. 雄蕊（陈志秀绘）。

产地：中国广东、江西、安徽、浙江、河南、湖北、贵州等省。欧美各国常有引种栽培。模式标本：Kaempfer's table 43，Mokkwuren 1（Banks，1791，in BM）。

繁育栽培：播种育苗、嫁接育苗、植苗技术等。

用途：本种适应性强、寿命长、花大，是优良观赏、绿化、用材林树种。玉蕾入中药，作“辛夷”。其挥发油中含有抗癌物质——β-桉叶油醇 5.43%等，有开发利用前景。

亚种与变种：

8.1 玉兰亚种（植物研究）　原亚种

Yulania denudata（Desr.）D. L. Fu subsp. **denudata** D. L. Fu et T. B. Zhao，田国行

等．玉兰新分类系统的研究．植物研究，26（1）：34. 2006。

本亚种花白色，花被片外面具有不同程度紫色，或淡紫红色晕；离生单雌蕊子房无毛。

（1）玉兰　原变种

Yulania denudata（Desr.）D. L. Fu var. denudata

（2）塔形玉兰（河南农学院学报）　窄被玉兰（河南农业大学学报）　变种

Yulania denudata（Desr.）D. L. Fu var. pyramidalis（T. B. Zhao et Z. X. Chen）T. B. Zhao，Z. X. Chen et D. L. Fu，田国行等．玉兰新分类系统的研究．植物研究，26（1）：35. 2006；*Magnolia denudata* Desr. var. *pyramidalis* T. B. Zhao et Z. X. Chen，丁宝章等．河南木兰属新种和新变种．河南农学院学报，4：11. 1983；*M. denudata* Desr. var. *angustitepala* T. B. Zhao et　Z. X. Chen，丁宝章等．中国木兰属植物腋花、总状花序的首次发现和新分类群．河南农业大学学报，19（4）：363. 1985。

本变种树冠塔状；侧枝少、细，与主干呈现 25°~30° 角着生。小枝细，直立向上生长。单花具花被片 9 枚，白色，外面中、基部中间有紫色晕。

产地：中国河南郑州。模式标本采自河南郑州市，存河南农业大学（HEAC）。

（3）淡紫玉兰（药学学报）　变种

Yulania denudata（Desr.）D. L. Fu var. purpurascens（Maxim.）D. L. Fu et T. B. Zhao，田国行等．玉兰新分类系统的研究．植物研究，26（1）:35. 2006；*Magnolia conspicua* Spach var. *purpurascens* Maxim. in Bull. Acad. Sci. St. Pétersboury. XⅦ. 419. 1872；*M. conspicua* Spach var. *purpurascens* sensu Bean，ew Bull.，1920：119. 1920；*M. denudata* Desr. var. *purpurascens* Rehd.　&　Wils. in Sargent，Pl. Wils. I：401~402. 1913；*M. obovata* Keisuke Tto，Fig. Descr Pl. Hoishikawa Bot. Gard. I. t. 8 "Sarassa-renge"（non Thunberg）1884；*M. denudata* Desr. var. *dilutipurpurascens* Z. W. Xie et Z. Z. Zhao，赵中振等．药用辛夷一新种及一变种的新名称．药学学报，22（10）：778~779. 图. 1997。

本变种花淡紫色。单花具花被片 9 枚，花被片较狭长，外面中、基部紫色、浓紫色。

产地：中国湖北、四川、江苏、浙江、河南、陕西等。模式标本：E. H. Wilson 373（lectotype，selected here，A：isolectotypes. E. K. US）

（4）多被玉兰（安徽农业学报）　多瓣白玉兰（中国绿色时报）　变种

Yulania denudata（Desr.）D. L. Fu var. multitepala T. B. Zhao et Z. X. Chen，孙军等．玉兰种质资源与分类系统的研究．安徽农业学报，36（5）：1826. 2008。

本变种单花具花被片 12~18 枚，白色，或白色外面中部以下紫色、紫红色，或紫红色脉纹。

产地：中国河南。模式标本，采自郑州市，存河南农业大学。

（5）长叶玉兰（植物研究）　白花湖北木兰（湖北植物志）　变种

Yulania denudata（Desr.）D. L. Fu var. elongata（Rehd.　&　Wils.）D. L. Fu et T. B. Zhao，田国行等．玉兰新分类系统的研究　植物研究，26（1）：35. 2006；*Magnolia denudata* Desr. var. *elongata* Rehd.　&　Wils. in Sargent，P1. Wils. I：402. 1913；*M. sperengeri* Pamp. var. *elongata*（Rehd.　&　Wils.）Johnstone，Asiatic Magnolias in Cultiovatia 87. 1955；*M. sperengeri* Pamp. var. *elongate*（Rehd.　&　Wils.）A. W. Hiller in

D. J. Callaway in The Worls of Magnolias，148. 1994；*M. sperengeri* Pamp. var. *elongata*（Rehd. & Wils.） Stapf in D. J. Callaway in the Worls of Magnolias，148. 1994；*M. elongata* Millais in D. J. Callaway in The Worls of Magnolias，148. 1994.

本变种叶长倒卵圆形、长圆状倒卵圆形，长 8.5~17.5 cm，宽 4.5~13.0 cm，先端钝圆，具短尖头，或突短尖，基部楔形，两侧不对称，边缘全缘，表面深绿色，具光泽，无毛；叶柄无毛。玉蕾单生枝顶，卵球锥状，长 2.8~4.0 cm，径 1.5~1.8 cm。单花具花被片 12 枚，白色，长圆状倒卵圆形，或匙状长圆形，长 7.0~9.0 cm，宽 2.0~4.0 cm，尖端钝圆，有时具短尖头；雄蕊多数，花丝紫红色；雌蕊群长 1.5~2.0 cm；离生单雌蕊子房淡黄绿色，无毛，柱头长 4~5 mm。

产地：中国湖北。模式标本采自湖北长阳县。河南郑州有引种。

（6）鹤山玉兰（中国木兰、安徽农业科学） 变种

Yulania denudata（ Desr. ） D. L. Fu var. heshanensis（ Law et R. Z. Zhou ） T. B. Zhao et Z. X. Chen，赵天榜、田国行等主编. 世界玉兰属植物资源与栽培利用. 201~202. 2013；孙军等. 玉兰种质资源与分类系统的研究. 安徽农业学报, 36 （5）：1826. 2008；*Magnolia heshanensis* Law et R. Z. Zhou ined.，刘玉壶主编. 中国木兰. 72~73. 彩图（绘）. 彩图 4 幅. 2004。

本变种叶芽被白色长柔毛，叶脉和叶背面被白色长柔毛。

产地：中国湖南白鹤山。模式标本采自湖南白鹤山，存中国科学院华南植物研究所。河南郑州市有引种。

（7）白花玉兰（世界玉兰属植物资源与栽培利用） 变种

Yulania denudata （Desr.） D. L. Fu var. alba T. B. Zhao et Z. X. Chen，赵天榜、田国行等主编. 世界玉兰属植物资源与栽培利用. 202. 2013。

本变种单花花被片 9 枚，白色；离生单雌蕊无毛，花柱和柱头浅白色。

产地：中国河南。模式标本采自郑州市，存河南农业大学。

8.2 毛玉兰亚种（植物研究） 亚种

Yulania denudata（Desr.） D. L. Fu subsp. **pubescens**（D. L. Fu，T. B. Zhao et G. H. Tian）D. L. Fu，T. B. Zhao et G. H. Tian，田国行等. 玉兰新分类系统的研究. 植物研究，26（1）：36. 2006；赵东武等. 河南玉兰亚属植物种质资源与开发利用的研究. 安徽农业科学，36（22）：9488. 2008。

本亚种离生单雌蕊子房被短柔毛。

（8）毛玉兰（武汉植物学研究） 变种

Yulania denudate（Desr.）D. L. Fu var. pubescens D. L. Fu，T. B. Zhao et G. H. Tian，田国行等. 玉兰属一新变种. 武汉植物学研究，22（4）：327~328. 2004。

本变种花白色，外面基部中间紫红色；离生单雌蕊子房密被短柔毛，或疏被短柔毛。蓇葖果密被淡灰色细疣点。

产地：中国河南、湖北、安徽等省。模式标本采自河南郑州市，存河南农业大学。

（9）黄花玉兰（木兰及其栽培、植物研究） 变种

Yulania denudata （Desr.） D. L. Fu var. flava D. L. Fu，T. B. Zhao et Z. X. Chen，

田国行等. 玉兰新分类系统的研究. 植物研究，26（1）：35. 2006；*Magnolia denudata* Desr. var. *flava* T. B. Zhao et Z. X. Chen，赵天榜等编著. 木兰及其栽培. 15~16. 1992。

本变种花浅黄色，或黄色。单花具花被片 9 枚，匙状卵圆形，先端钝圆。

产地：中国河南。模式标本采自河南南召县，存河南农业大学。

（10）豫白玉兰（安徽农业科学）　变种

Yulania denudata（Desr.） D. L. Fu var. yubaiyulan T. B. Zhao et Z. X. Chen，赵天榜、田国行等主编. 世界玉兰属植物资源与栽培利用. 202. 2013；孙军等. 玉兰种质资源与分类系统的研究. 安徽农业学报，36（5）：1827. 2008。

本变种单花花被片 9 枚，白色；离生单雌蕊亮绿色，密被白色短柔毛，花柱和柱头浅白色，微有紫色晕，外卷。

产地：中国河南。采自郑州市，存河南农业大学。

（11）毛被玉兰（世界玉兰属植物资源与栽培利用）变种

Yulania denudata （Desr.） D. L. Fu var. maobei T. B. Zhao et Z. X. Chen，赵天榜、田国行等主编. 世界玉兰属植物资源与栽培利用. 203. 2013。

本变种叶近圆形，或倒卵圆形，两面密被浅黄短柔毛。玉蕾顶生和腋生；芽鳞状托叶 1~3 枚。单花具花被片 9 枚，浅黄绿色，或黄色，簸箕状，外层 3 枚花被片基部有时淡红紫色，疏被白色柔毛；离生单雌蕊多数，子房疏被短柔毛；花梗和缩台枝粗，密被灰色柔毛，稀无缩台枝。

产地：中国河南。模式标本采自新郑市，存河南农业大学。

9. **飞黄玉兰**（中国花卉报、园艺学报）　黄宝石玉兰（安徽农业科学）　华龙玉兰（中国农学通报）　图 3-9

Yulania fëihuangyulan （F. G. Wang） T. B. Zhao et Z. X. Chen，赵天榜、田国行等主编. 世界玉兰属植物资源与栽培利用. 230 ~ 232；Yulania fëihuangyulan T. B. Zhao et Z. X. Chen，sp. nov. ined.，赵东武等. 河南玉兰属植物种质资源与开发利用的研究. 安徽农业科学，36（22）：9490. 2008；Magnolia ‘Feihang’ 王亚玲等. 几种王兰亚属植物的 RAPD 亲缘关系的分析. 园艺学报，30（3）：299. 2003；飞黄玉兰 中国花卉报，59 期. 彩照. 1998 年 5 月 23 日；*Magnolia denudata*（Desr.）D. L. Fu ‘Fenhang’，刘秀丽. 2011. 中国玉兰种质资源调查及亲缘关系的研究（D）. 北京林业大学博士论文。

落叶乔木。幼枝粗壮，淡黄绿色，密被短柔毛；1 年生枝粗壮，棕褐色，具光泽，无毛，或宿存极少短柔毛；叶痕稍明显，无毛。叶芽椭圆体形，长 1.0~2.2 cm，径 3~10 mm，先端钝圆，或钝尖；大叶芽的芽鳞状托叶黑褐色，密被短柔毛；叶柄明显，雏叶干枯脱落。叶倒卵圆形，或卵圆形，厚纸质，长 11.5~13.5 cm，宽 10.5~13.0 cm，绿色，具光泽，通常微有短柔毛，主脉明显，基部沿脉被短柔毛，背面淡绿色，被较密短柔毛，主脉和侧脉凸起明显，沿脉被较密短柔毛，侧脉 7~9 对，先端钝圆，或钝圆具短尖，基部近圆形，两侧不对称，缘波状全缘；叶柄粗，长 1.0~1.5 cm，疏被短柔毛，托叶痕为叶柄长度的 1/2。玉蕾顶生，或腋生，长椭圆体状，长 1.5~2.3 cm，径 1.2~1.7 cm，两端渐细，先端钝圆，具芽鳞状托叶 1~3 枚，第 1 枚黑褐色，密被短柔毛，6 月中、下旬脱落，其余芽鳞状托叶外面密被灰褐色，或黄灰褐色长柔毛，且于花开时脱落完毕。单花具花被片 9~12 枚，稀 7 枚，黄色至淡黄色，厚肉质，椭圆状匙形，长 4.5~8.5 cm，宽 2.5~4.5 cm，先端钝圆，基部宽，最外层花被片外面基部被白色，或灰白色长柔毛，或无毛；雄蕊多数，长 1.1~1.3 cm，淡粉红色，花丝长 2~3 mm，淡粉红色，花丝宽于花药，药室侧向长纵裂，药隔先端伸出呈短尖头；离心皮雌蕊群圆柱状，绿色，或淡绿色，长 1.5~2.2 cm；离生单雌蕊多数，淡黄白色，或淡黄绿色，子房疏被短柔毛，花柱和柱头淡黄白色，花柱稍弯曲；花梗和缩台枝细，且密被灰白色长柔毛，稀无缩台枝。聚生蓇葖果圆柱状，长 8.0~15.0 cm，径 3.0~4.5 cm。花期 3~4 月。

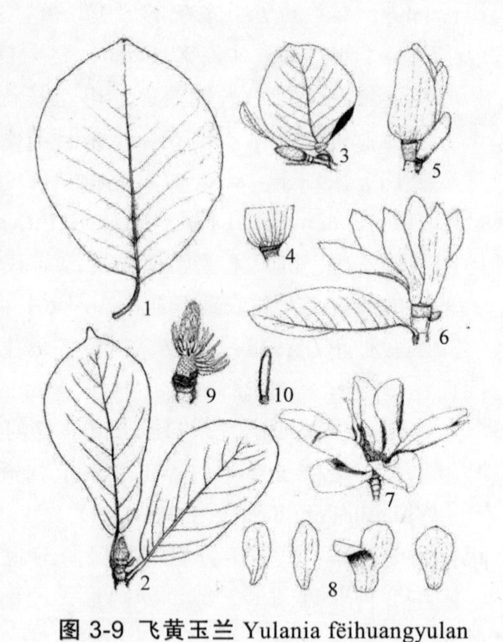

图 3-9 飞黄玉兰 Yulania fëihuangyulan（F. G. Wang） T. B.Zhao et X. Z.Chen

1. 叶；2~3. 叶、玉蕾和缩台枝；4. 花被片基部毛；5. 初花；6~7. 花；8. 花被片；9. 雌蕊群、缩台枝、和雄蕊；10. 雄蕊（赵天榜绘）。

本种与玉兰 Yulania denudata（Desr.）D. L. Fu 相似，但区别：幼枝初被短柔毛；1 年生小枝无毛，或疏被短柔毛。叶倒卵圆形，或卵圆形，两面密被淡黄短柔毛。玉蕾顶生和腋生，具芽鳞状托叶 1~3 枚。单花具花被片 9~12 枚，稀 7 枚，淡黄色，或黄色，簸箕状，外层 3 枚花被片基部被白色长柔毛；离生单雌蕊子房疏被短柔毛；花梗和缩台枝细，密被白色长柔毛。

产地：本种产于浙江。河南郑州市栽培。2003 年 3 月 26 日，赵天榜和陈志秀，No. 200303268（花）。模式标本，存河南农业大学。南召县：2003 年 8 月 15 日，赵天榜和陈志秀，No.200308153（叶、枝和玉蕾）。

繁育栽培：播种育苗、嫁接育苗、植苗技术等。

用途：本种花大美丽，为优良观赏树种。玉蕾入药，作“辛夷”用，还是提取香料的原料。

10. 楔叶玉兰（植物研究）　贵妃玉兰（中国农学通报）　图 3-10

Yulania cuneatifolia T. B. Zhao et Z. X. Chen et D. L. Fu，傅大立等. 湖北玉兰属两新种. 植物研究，30（6）：642~644. 2010；田国行等. 玉兰属植物资源与新分类系统的研究. 中国农学通报，22(5)：410. 2006；*Y. guifeiyulan* D. L. Fu, T. B. Zhao et Z. X. Chen, sp. nov. ined.，赵东武等. 河南玉兰属植物种质资源与开发利用的研究. 安徽农业科学，36（22）：9489. 2008。

落叶乔木。玉蕾单生枝顶，卵球状，长 2.0~3.5 cm，径 1.2~1.7 cm；佛焰苞状托叶大，三角状匙形。叶通常楔形，或匙状圆形、宽倒卵圆状匙形，长 9.5~15.0 cm，宽 5.5~9.5 cm，表面绿色，具光泽，背面淡绿色，疏被短柔毛，主脉和侧脉被较密短柔毛，先端近截状圆形，具小短尖头，基部楔形，边缘全缘；叶柄长 1.3~2.0 cm。花先叶开放。单花具花被片 9~14 枚，宽卵匙状圆形，皱折，长 8.5~11.5 cm，宽 2.5~4.5 cm，亮粉红色；

雄蕊多数，暗紫红色，花丝近卵球状，浓紫红色；离生单雌蕊多数；子房浅黄绿色，无毛，花柱和柱头灰白色，花柱内弯；花梗粗壮，长 3~10 mm，密被短柔毛。聚生合蓇葖果不详。花期 4 月；果熟期 8~9 月。

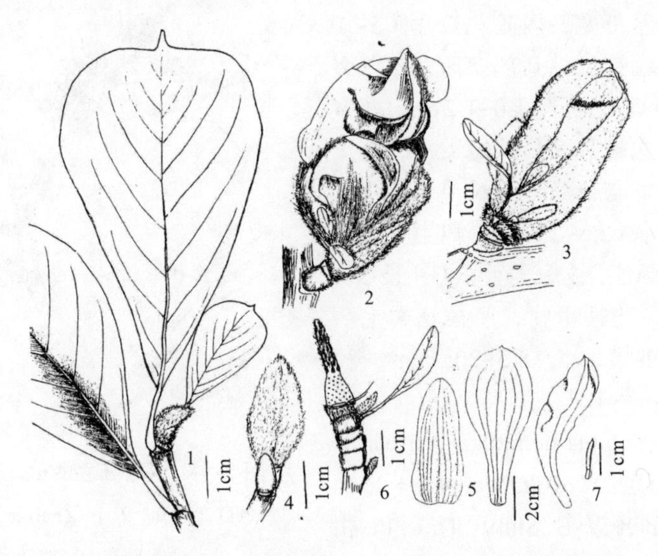

图 3-10　楔叶玉兰 Yulania cuneatifolia　T. B. zhao et Z. X. Chen et D. L. Fu

1. 叶、枝和玉蕾；2. 初开花；3. 初开玉蕾、芽鳞状托叶和畸形叶；4. 叶芽和玉蕾；5. 花被片；6. 雌蕊群和缩短枝、幼叶；7. 雄蕊（选自《植物研究》）。

产地：中国湖北神农架。河南郑州市有引栽。模式标本采自郑州市，存河南农业大学。

繁育栽培：播种育苗、嫁接育苗、植苗技术等。

用途：本种花大美丽，为优良观赏树种。玉蕾入药，作“辛夷”用，还是提取香料的原料。

11. 怀宁玉兰（中国农学通报）　图 3-11

Yulania huainingensis D. L. Fu, T. B. Zhao et S. M. Wang，赵天榜、田国行等主编. 世界玉兰属植物资源与栽培利用. 219~220. 2013；Y. huainingensis D. L. Fu，T. B. Zhao et S. M. Wang，sp. nov. ined.，田国行等. 玉兰属植物资源与新分类系统的研究. 中国农学通报，22（5）：410. 2006；赵东武等. 河南玉兰属植物种质资源与开发利用的研究. 安徽农业科学，36（22）：9489. 2008；傅大立. 2001. 辛夷植物资源及新品种选育研究. 中南林学院博士论文。

落叶乔木，高 10.0 m。小枝粗壮，紫褐色，稍具光泽，疏被绒毛，或密被绒毛。叶宽倒卵圆形、椭圆形、圆形，纸质，长 7.0~18.5 cm，宽 6.9~14.0 cm，表面深绿色，无毛，具光泽，主脉平坦，疏被短柔毛，网脉下陷，背面灰淡绿色，密被弯曲绒毛，主脉、侧脉明显隆起，密被弯曲长柔毛，先端钝尖，或微凹，边缘微波状全缘，上部最宽，基部狭楔形、圆形，侧脉 6~10 对；叶柄长 3.0~4.5 cm，被较密绒毛；托叶痕为叶柄长度的 1/3~1/2。玉蕾顶生和腋生；顶生玉蕾，长椭圆体状，大，长 2.5~2.8 cm，径约 1.5 cm，中部以上渐细，先端钝圆；腋生玉蕾卵球状，小，长 1.4~1.8 cm，径 9~11 mm；芽鳞状托叶 3~5 枚，第 1 枚深灰褐色，质厚，密被短绒毛；其余膜质，外面密被灰白色长柔毛。

花先叶开放。单花具花被片 9 枚，匙状椭圆形，长 9.5~10.5 cm，宽 3.5~4.2 cm，白色，先端钝圆，外面中部以下中间亮淡紫色，外轮花被片 3 枚，基部宽，内轮花被片（5~）6 枚，稍狭，先端钝尖，基部楔形；雄蕊多数，长 1.4~1.7 cm，花药长 1.0~1.2 cm，药室侧向纵裂，药隔先端具三角状短尖头，花丝宽扁，宽于药隔，与花药近等长，浓紫色；雌蕊群圆柱状，长 2.5~2.8 cm；离生单雌蕊多数；子房淡黄绿色，被短柔毛，花柱长 5~7 mm，向内弯曲；花梗粗壮，密被长柔毛。聚生蓇葖果圆柱状，长 8.5~20.0 cm，径 2.5~4.5 cm。花期 3~4 月。

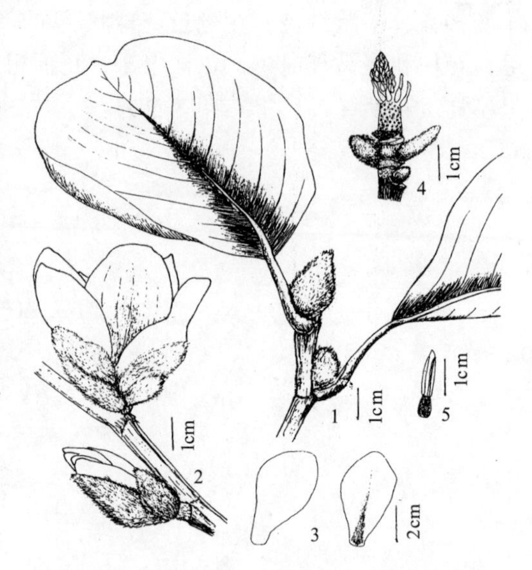

图 3-11 怀宁玉兰 Yulania huainingensis D. L. Fu，T. B. Zhao et S. M. Wang

1. 叶、枝和玉蕾；2. 花枝、芽鳞状托叶；3. 花被片；4. 雌蕊群、缩台枝、叶芽和玉蕾状叶芽（赵天榜绘）。

本种与玉兰 Yulania denudata （Desr.）D. L. Fu 和舞钢玉兰 Y. wugangensis （T. B. Zhao，Z. X. Chen et W. B. Sun） D. L. Fu 相似，区别是：叶背面、叶柄密被绒毛。花顶生和腋生。单花具花被片 9 枚；离生单雌蕊子房淡黄绿色，被短柔毛。

产地：安徽怀宁县。2001 年 9 月 27 日，傅大立，No.000291。模式标本，存中国林业科学研究院 （CAF）。2001 年 3 月 31 日，傅大立，No.20010315 （CAF）。

繁育栽培：嫁接育苗、植苗技术等。

用途：本种玉蕾入药，称“辛夷”，是我国传统的中药材品种之一。其主要分布于安徽怀宁县海螺山，是怀宁及其附近各县“辛夷”产区的主要栽培树种之一，也称“海螺望春花”。

变种：

（1）怀宁玉兰　原变种

Yulania huainingensis D. L. Fu，T. B. Zhao et S. M. Wang var. huainingensis

（2）簇花怀宁玉兰（世界玉兰属植物资源与栽培利用）　变种

Yulania huainingensis D. L. Fu，T. B. Zhao et S. M. Wang var. caespes D. L. Fu，赵天榜、田国行等主编. 世界玉兰属植物资源与栽培利用. 221. 2013；傅大立. 2001. 辛夷植物资源分类及新品种选育研究. 中南林学院博士论文。

本变种 1~4 枚花簇生枝端，或腋生。花梗、子房无毛，罕被短柔毛。

产地：中国安徽。模式标本采自怀宁县，存中国林业科学研究院。

12. 维特奇玉兰（中国农学通报）　杂交种

Yulania × veitchii（Bean）D. L. Fu，田国行等. 玉兰属植物资源与新分类系统的研究. 中国农学通报，22（5）：409. 2006；*Magnolia × veitchii*（*M. campbellii* Hook.f. & Thoms. × *M. denudata* Desr.）Bean in Veitch Journ. Roy. Hort. Soc.，46：321. fig. 190. 1921.

本杂交种速生，特征、生长特性似滇藏玉兰，叶大。但比滇藏玉兰 Y. campbellii（Hook.f. & Thoms.）D. L. Fu 优良。其芽颜色鲜艳，开花年龄比朱砂玉兰 Y. soulangiana（Soul.-Bod.）D. L. Fu 早 10 年，或 7 年。花橙粉红色，倒向下像梨状；花被片长椭圆形，外面基部暗粉红色，上部近白色，先端钝圆，具尖头，向下垂像梨形。花期 3~4 月。染色体数目 $2n = 114$。

产地：英格兰。本杂交种杂交亲本：滇藏玉兰 × 玉兰。

繁育栽培：嫁接育苗、植苗技术等。

用途：本种花大美丽，为优良观赏树种。

13. 霍克玉兰（世界玉兰属植物资源与栽培利用）　杂交种

Yulania × hawk（N. Holman）T. B. Zhao et Z. X. Chen，赵天榜、田国行等主编. 世界玉兰属植物资源与栽培利用. 342. 2013；'Hawk'. *Magnolia campbellii* Hook.f. & Thoms. × *M. sargentiana*（Rehd. & Wils.）var. *robusta*（Rehd. & Wils.）in Treseder's Nurseries Catalog. 10. circa 1973.

本杂交种乔木。开花年龄早而多花。花玫瑰－红色，与'兰纳特'柔毛滇藏玉兰 Y. campbellii（Hook.f. & Thoms.）D. L. Fu var. mollicomata（W. W. Smith）D. L. Fu et T. B. Zhao 'Lanarth' 相似。花被片质地似凹叶玉兰 Y. sargentiana（Rehd. & Wils.）D. L. Fu。

产地：英格兰。本杂交种杂交亲本：滇藏玉兰 × 健凹叶玉兰 Y. sargentiana（Rehd. & Wils.）D. L. Fu var. robusta（Rehd. & Wils.）D. L. Fu et T. B. Zhao。

繁育栽培：嫁接育苗、植苗技术等。

用途：本种花大美丽，为优良观赏树种。

14. 戈斯利玉兰（世界玉兰属植物资源与栽培利用）　杂交种

Yulania × gossleri（Ph. J. Savage）T. B. Zhao et Z. X. Chen，赵天榜、田国行等主编. 世界玉兰属植物资源与栽培利用. 344~345. 2013；*Magnolia × gossleri* Ph. J. Savage in Journ. Magnolia. Soc.，23（1）：5~10. 1989；'Marj Gossler'. *Magnolia denudata* Desr. × *M. sargentiana* Rehd. & Wils. var. *robusta* Rehd. & Wils. in D. J. Callaway，The World of Magnolias. 140. 220. 1994.

本杂交种乔木。玉蕾呈淡红－粉红色。花的花被片颜色、大小和形状很像维特奇玉兰。花径 24.5~30.5 cm，芳香。单花具花被片 7~8 枚，花被片白色，外面基部具有粉红色，外面先端具有重的颜色细纹。

产地：美国。本杂交种杂交亲本：玉兰 × 健凹叶玉兰。

繁育栽培：嫁接育苗、植苗技术等。

用途：本种花大美丽，为优良观赏树种。

15. 家宝玉兰（世界玉兰属植物资源与栽培利用）　杂交种

Yulania × legacy（D. Leach）T. B. Zhao et Z. X. Chen，赵天榜、田国行等主编. 世界玉兰属植物资源与栽培利用. 345. 2013；'Legacy'. *Magnolia denudata* Desr. × *M. sprengeri* Pamp. 'Diva' in Magnolia. Issue 51 27（1）：26. 1991.

本杂交种小乔木，高 8.1 m。耐寒（–31℃）。叶似父本玉兰。花径 22.9 cm。单花具花被片 8~11 枚，花被片外面红紫色，内面白色，在肥沃条件下，质软，亮粉红色；

雄蕊粉红色和乳白色；雌蕊群绿色。

产地：美国。本杂交种杂交亲本：玉兰 × 德维武当玉兰 Yulania sprengeri (Pamp.) D. L. Fu var. diva (Stapf) T. B. Zhao et Z. X. Chen。

繁育栽培：嫁接育苗、植苗技术等。

用途：本种花大美丽，为优良观赏树种。

16. 美人玉兰（世界玉兰属植物资源与栽培利用） 杂交种

Yulania × caerhays-belle (Ch. Michael) T. B. Zhao et Z. X. Chen，赵天榜、田国行等主编. 世界玉兰属植物资源与栽培利用. 346. 2013；*Magnolia* 'Caerhays Belle' in Treseder's Nurseries Catalog. 6. ca. 1965；'Caerhays Belle'. *Magnolia sargentiana* Rehd. & Wils. var. *robusta* Rehd. & Wils. × *M. sprengeri* Pamp. 'Diva' in D. J. Callaway, The World of Magnolias. 213. 1994.

本杂交种花大，径 30.5 cm，直立。单花具花被片 12 枚，很大，橙红－粉红色；雌蕊群绿色；柱头淡黄色；雄蕊乳白色，花药红色。栽培植株小枝上花最多。

产地：英格兰。本杂交种杂交亲本：健凹叶玉兰 × 德维武当玉兰。

繁育栽培：嫁接育苗、植苗技术等。

用途：本种花大美丽，为优良观赏树种。

17. 北川玉兰（植物研究） 图 3-12

Yulania carnosa D. L. Fu et D. L. Zhang，傅大立等. 四川玉兰属两新种. 植物研究，30(4)：385~386. 2010；赵天榜、田国行等主编. 世界玉兰属植物资源与栽培利用. 242~243. 2013。

落叶乔木。叶宽卵圆形，长 7.0~14.5 cm，宽 4.0~8.5 cm，先端急尖，稀钝圆，基部圆形，稀心形，表面深绿色，具光泽，无毛，背面灰绿色，无毛，沿主脉疏被弯曲长柔毛；叶柄细，长 1.5~2.6 cm，无毛。玉蕾长卵球状；芽鳞状托叶外面密被浅黄色短柔毛。缩台枝、花梗无毛。花先叶开放。单花具佛焰苞状托叶 2 枚，1 枚着生在花梗中部，膜质，早落，背面疏被长柔毛，环状托叶脱落痕膨大，2 节状，节长约 1.2 cm。另 1 枚着生在花梗顶端，肉质、无毛，花瓣状，宽椭圆状匙形，淡粉红色，不早落。单花具花被片 12 枚，外面粉红色，内面白色，宽椭圆状匙形，长 9.5~10.5 cm，宽 4.8~6.0 cm，先端钝圆，中部以下渐狭，基部狭楔形，具爪；雄蕊背面淡紫色，花丝粗壮，宽于花药，紫红色；雌蕊群圆柱状，无毛；离生单雌蕊多数；子房无毛，花柱较长，淡紫红色。聚生；蓇葖果圆柱状，长 10.0~17.0 cm，通常弯曲；果梗无毛，

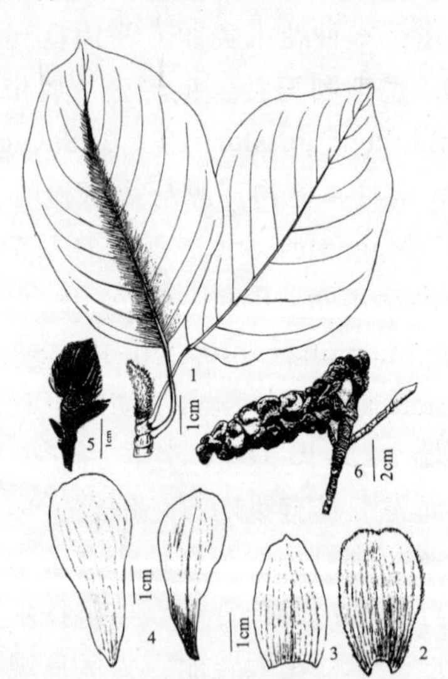

图 3-12 北川玉兰 Yulania carnosa D. L. Fu et D. L. Zhang

1. 叶、枝和玉蕾；2. 枝、叶芽和聚生蓇葖果；3. 雌雄蕊群；4. 膜质佛焰苞状托叶；5. 肉质佛焰苞状托叶；6~7. 花被片（选自《植物研究》）。

具明显的佛焰苞状托叶脱落痕，呈 2 节状；蓇葖果卵球状，先端钝圆。骨质种子近心状。花期 3 月；果熟期 8~9 月。

产地：中国四川。傅大立，No.200103141（花）。模式标本采自北川县，存中国林业科学研究院。

繁育栽培：嫁接育苗、植苗技术等。

用途：本种花大美丽，为优良观赏树种。玉蕾入药，作“辛夷”用，还是提取香料的原料。

18. 青皮玉兰（植物研究）　图 3-13

Yulania viridula D. L. Fu，T. B. Zhao et G. H. Tian，傅大立等. 中国玉兰属两新种. 植物研究，24（3）：263~265. 图 2. 2004；田国行等. 玉兰属植物资源与新分类系统的研究. 中国农学通报，22（5）：407. 2006；赵东武等. 河南玉兰属植物种质资源与开发利用的研究. 安徽农业科学，36（22）：9489. 2008；Xia Nian-He et Liu Yu-Hu，Flora of China. vol. 7：77. 2008；厚叶木兰 *Magnolia crassifolius* Y. L. Wang et T. C. Cui，sp. nov. ined.，王亚玲. 2003. 王兰亚属的研究（D）. 西北农林科技大学。

落叶乔木。玉蕾椭圆体状，或卵球状，淡黄绿色。叶椭圆形，或宽椭圆形，纸质，长 15.0~19.5 cm，宽 11.5~15.5 cm，先端钝圆，稀具短尖头，基部圆形，或心形，表面深绿色，无毛，主脉平坦，沿主脉疏被短柔毛，背面灰绿色，无毛，主脉显著隆起，沿主脉和侧脉被长柔毛；叶柄长 3.5~4.5 cm，疏被短柔毛。花先叶开放。单花具花被片 33~48 枚，狭椭圆形，长 5.7~7.2 cm，宽 1.0~1.5 cm，白色，先端钝圆，基部狭楔形，外面中部以下亮桃红色，基部亮浓桃红色，内面雪白色，开花末期外轮花被片反卷；雄蕊多数，约 80 枚，长 1.3~1.5 cm，花丝长约 3 mm，背面亮紫红色，药室侧向纵裂，药隔先端具长约 1 mm 的短尖头；雌蕊群圆柱状，长约 3 cm；离生单雌蕊多数；子房绿色，无毛，花柱和柱头亮桃红色，花柱向内弯曲；每花具佛焰苞状托叶 1 枚，黑褐色，外面密被浅褐色长柔毛，膜质；花梗顶端具环状密被灰白色长柔毛，中部以下通常无毛，或被短柔毛。花期 3 月中、下旬。聚生蓇葖果未见。

产地：中国陕西。河南有引种栽培。模式标本采自河南郑州市，存河南农业大学。

繁育栽培：嫁接育苗、植苗技术等。

用途：本种花大、色艳、花被片多，是优良的观赏和盆栽树种。玉蕾入药，作“辛夷”用，还是提取香料的原料。

变种：

（1）青皮玉兰　原变种

Yulania viridula D. L. Fu，T. B. Zhao et Z. X. Chen var. viridula

（2）琴叶青皮玉兰（世界玉兰属植物资源与栽培利用）　变种

Yulania viridula D. L. Fu，T. B. Zhao et Z. X. Chen var. pandurifolia T. B. Zhao et D. W. Zhao，赵天榜、田国行等主编. 世界玉兰属植物资源与栽培利用. 227~228. 2013。

本变种叶琴形，先端钝圆，基部近圆形；叶柄细，通常下垂；幼叶亮紫色，背面脉腋被白色簇状长柔毛。单花花被片 18 枚，花被片、雄蕊和子房亮粉红色。

产地：中国河南。模式标本，采自新郑市，存河南农业大学。

（3）多瓣青皮玉兰（世界玉兰属植物资源与栽培利用） 多瓣木兰（中国木兰） 变种

Yulania viridula D. L. Fu，T. B. Zhao et C. Z. Chen var. multitepala （ Law et Q. W. Zeng ） T. B. Zhao et Z. X. Chen，赵天榜、田国行等主编. 世界玉兰属植物资源与栽培利用. 228~229. 2013；*Magnolia glabrata* Law et R. W. Zhou var. *multitepala* Law et Q. W. Zeng ined.，刘玉壶主编. 中国木兰. 62. 彩图 2 幅. 2004。

本变种芽和玉蕾被白色长柔毛。嫩叶紫红色，椭圆形，或倒卵圆状椭圆形。单花具花被片 24~30 枚，花被片外面基部紫红色，上部具淡红色脉纹，内面白色；花柱与子房等长。

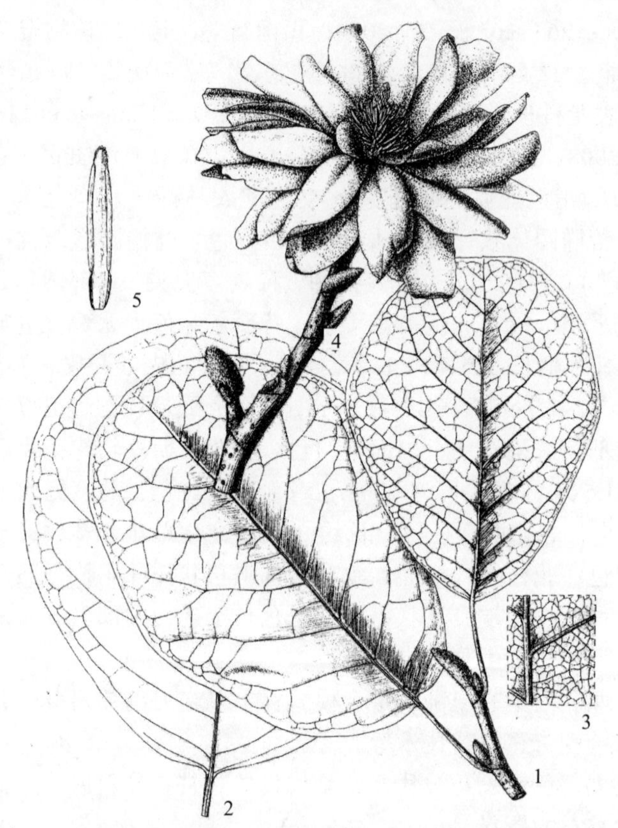

图 3-13 青皮玉兰 Yulania viridula D. L. Fu，T. B. Zhao et G. H. Tian

1. 叶、枝和叶芽；2. 叶；3. 叶背面（部分）；4. 花枝、叶芽和玉蕾状叶芽；5. 雄蕊（选自《植物研究》）。

产地：中国湖南、湖北。模式标本，存中国科学院华南植物研究所（IBSC）。

19. 玉灯玉兰（广西植物） 图 3-14

Yulania pyriformis（T. D. Yang et T. C. Cui）D. L. Fu，傅大立. 玉兰属的研究. 武汉植物学研究，19（3）：198. 2001；田国行等. 玉兰属植物资源与新分类系统的研究. 中国农学通报，22（5）：408. 2006；赵东武等. 河南玉兰属植物种质资源与开发利用的研究. 安徽农业科学，36（22）：9489. 2008；*Magnolia denudata* Desr. var. *pyriformis* T. D. Yang et T. C. Cui，杨廷栋等. 玉兰的一新变种. 广西植物，13（1）：7. 1993；*M. denudata*

Desr. Cv. Tamp，王亚玲等. 西安地区木兰属植物引种、选育与应用. 植物引驯化集刊，12：34~38. 1998。

落叶乔木。玉蕾卵球状，先端锥形。叶圆形，或近圆形，薄革质，长 8.5~15.5 cm，宽 8.0~14.5 cm，先端钝圆，具长约 3 mm 的短尖头，基部圆形，稀宽楔形、心形，表面绿色，具光泽，无毛，主脉被短柔毛，背面浅绿色，沿脉疏被短柔毛，先端钝尖，基部近心形；叶柄淡褐色，长 1.0~2.0 cm，通常拱形下垂。长枝叶圆形，稀宽楔形，长 15.6~25.0 cm，宽 12.5~20.5 cm，先端微凹，具短尖头，基部近心形，表面深绿色，皱折，疏被短柔毛，沿主侧脉疏被短柔毛，背面疏被短柔毛，主、侧脉显著隆凸，疏被短柔毛；叶柄长 2.0~3.0 cm，密被短柔毛。花先叶开放；花纯白色，径 10.0~15.0 cm。单花具花被片 12~33 枚，长 7.5~8.5 cm，宽 3.0~4.5 cm，薄肉质，倒卵圆状匙形，先端钝圆，内几轮花被片渐狭小，长椭圆形，或倒披针形；雄蕊、花丝粉红色，药室侧向纵裂，药隔伸出短尖头；雌蕊群圆柱状；离生单雌蕊子房淡黄绿色，微被短柔毛；花梗和缩台枝密被浅黄色毛。聚生蓇葖果圆柱状；蓇葖果扁球状。花期 3 月。

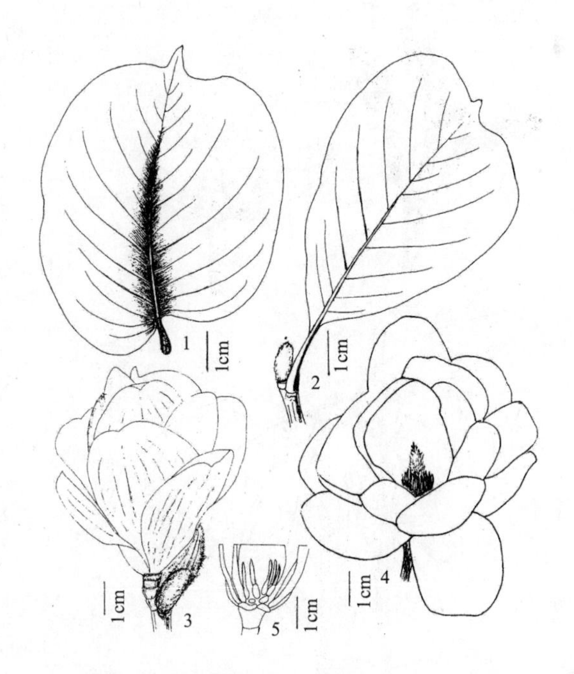

图 3-14　玉灯玉兰 Yulania pyriformis（T. D. Yang et T. C. Cui） D. L. Fu

1. 叶；2. 枝叶与玉蕾；3~4. 花；5. 雌椎蕊群与花梗（陈志秀绘）。

产地：中国陕西。模式标本采自西安植物园，存西安植物园。河南许昌市有引种栽培。

繁育栽培：嫁接育苗、植苗技术等。

用途：本种花大、花被片多、变异显著，是优良的观赏树种，并在研究玉兰属植物花的变异理论中具有重要意义。玉蕾入药，作“辛夷”用，还是提取香料的原料。

20. 多花玉兰（中国农学通报）　多花木兰（西北植物学报）　图 3-15

Yulania multiflora（M. C. Wang et C. L. Min）D. L. Fu，傅大立. 玉兰属的研究. 武汉植物学研究，19（3）：198. 2001；Xia Nian-He et Liu Yu-Hu，Flora of China. vol. 7：76. 2008；*Magnolia multiflora* M. C Wang et C. L. Min，王明昌和闵成林. 陕西木兰属一新种. 西北植物学报，12（1）：85~86. fig. 1992；田国行等. 玉兰属植物资源与新分类系统的研究. 中国农学通报，22（5）：410. 2006。

落叶乔木。叶倒卵圆形，长 5.0~10.0 cm，宽 3.5~7.0 cm，先端急尖，基部宽楔形，表面无毛，背面脉腋内疏被柔毛，或无毛；叶柄长 1.0~2.0 cm。玉蕾密被淡黄色长柔毛，顶生，含 1~3 朵花。花先叶开放。单花具花被片 12~14（~15）枚，狭倒卵圆形，或倒披针形，长 4.6~6.8 cm，宽 1.1~2.3 cm，白色，外面下部淡红色；雄蕊长 1.1~1.6 cm，花丝紫红色，宽扁；雌蕊群圆柱状，长 1.8~3.0 cm，子房绿色。聚生蓇葖果柱状，通常因部分离生单雌蕊不发育而弯曲，长 4.0~9.0 cm；蓇葖果通常 3 枚丛生，扁球状，成熟时灰褐色。花期 5 月；果熟期 8~9 月。

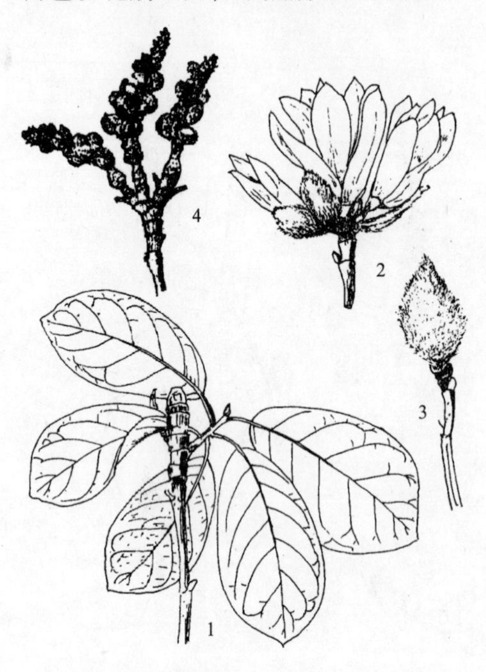

图 3-15　多花玉兰 Yulania multiflora（M. C. Wang et C. L. Min） D. L. Fu

1. 叶、枝；2.花枝；3.玉蕾；4.聚生蓇葖果（选自《西北植物学报》）。

产地：中国陕西。模式标本：Min Chenglin（闵成林）, No.2701, Fruiting branch（NWFC）。

繁育栽培：嫁接育苗、植苗技术等。

用途：本种花多，是优良的观赏树种。玉蕾顶生和簇生，在研究玉兰属植物花序进化理论中，具有重要意义。玉蕾入药，作“辛夷”用，还是提取香料的原料。

变种：

（1）多花玉兰　原变种

Yulania multiflora（M. C. Wang et C. C. Min）D. L. Fu var. multiflora

（2）多被多花玉兰（世界玉兰属植物资源与栽培利用） 变种

Yulania multiflora（M. C. Wang et C. C. Min）D. L. Fu var. multitepala D. L. Fu et T. B. Zhao，赵天榜、田国行等主编. 世界玉兰属植物资源与栽培利用. 234~235. 2013。

本变种叶椭圆形，或倒卵圆形。玉蕾小，顶生和腋生，芽鳞状托叶 4~6 枚，最外面 1 枚外面被较密短柔毛，内层几枚外面密被淡黄白色长柔毛。单花具花被片 9~14 枚；离生单雌蕊子房疏被短柔毛。

产地：中国四川。模式标本，采自安庆，存河南农业大学。

21. 奇叶玉兰（植物研究）　图 3-16

Yulania mirifolia D. L. Fu，T. B. Zhao et Z. X. Chen，傅大立等. 中国玉兰属两新种. 植物研究，24（3）：261~262. 图 1. 2004；田国行等. 玉兰属植物资源与新分类系统的研究. 中国农学通报，22（5）：407. 2006；赵东武等. 河南玉兰属植物种质资源与开发利用的研究. 安徽农业科学，36（22）：9488. 2008；Xia Nian-He et Liu Yu-Hu, Flora of China. vol. 7：76. 2008。

落叶乔木。叶不规则倒三角形，长 9.2~16.5 cm，宽 7.0~11.5 cm，表面黄绿色，后亮绿色，无毛，主脉和侧脉微凹入，沿主脉被短柔毛，背面浅绿色，被较密短柔毛，主脉和侧脉显著隆起，被短柔毛，两面网脉明显，先端不规则形，2 圆裂，或 2 宽三角形，基部楔形，通常主脉先端偏向一侧，或从基部，或在中部分成 2 叉；叶柄长 1.5~2.5（~5.0）cm，被短柔毛。玉蕾顶生，卵球状，小，长 1.5~2.5 cm，径 1.0~1.2 cm，先端钝圆；芽鳞状托叶开花时脱落。花先叶开放。单花具花被片 12 枚，花瓣状，白色，匙状长椭圆形，长 5.5~6.5 cm，宽 2.5~3.2 cm，先端钝圆，基部狭楔形，外面基部中间微有淡紫色晕；雄蕊多数，花丝外面亮淡紫色；雌蕊群圆柱状，长 1.2~2.0 cm，淡绿色，或绿色；离生单雌蕊多数，子房密被白色短柔毛，花柱和柱头淡绿色；花梗和缩台枝密被浅黄白色长柔毛。聚生蓇葖果不详。

产地：中国河南。模式标本，采自河南鸡公山，存河南农业大学。

繁育栽培：嫁接育苗、植苗技术等。

用途：本种花大、色艳、花被片多，是优良的观赏和盆栽树种。叶形多变，在研究玉兰属植物变异理论中具有重要意义。玉蕾入药，作“辛夷”用，还是提取香料的原料。

变种：

（1）奇叶玉兰　原变种

Yulania mirifolia D. L. Fu，T. B. Zhao et Z. X. Chen var. mirifolia。

（2）燕尾奇叶玉兰（世界玉兰属植物资源与栽培利用）变种

Yulania mirifolia D. L. Fu，T. B. Zhao et Z. X. Chen var. bifurcata D. L. Fu，赵天榜、田国行等主编. 世界玉兰属植物资源与栽培利用. 240. 2013。

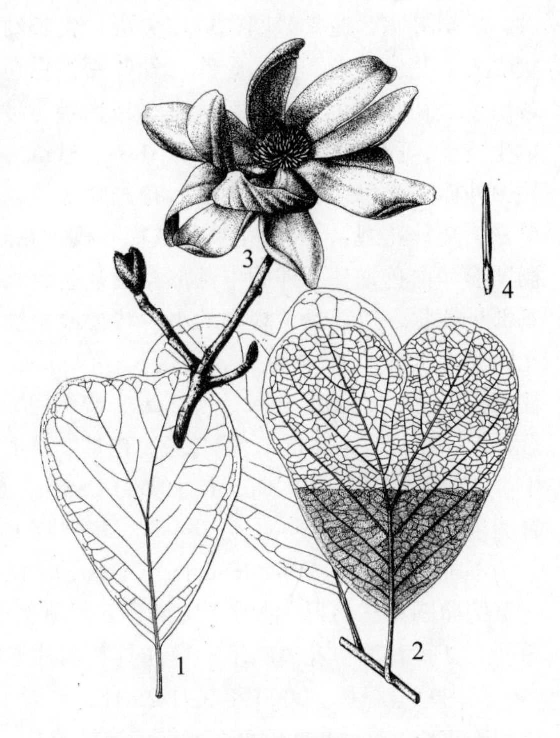

图 3-16　奇叶玉兰 Yulania mirifolia D. L. Fu, T. B. Zhao et Z. X. Chen

1. 叶；2. 叶枝；3. 花枝和和玉蕾状叶芽；4. 雄蕊（选自《植物研究》）。

本变种叶长圆形，先端 2 叉，状如燕 Hirundo rustica Linnaeus 尾。

产地：中国四川。傅大立，No.20009108（叶）。模式标本采自成都市，存河南农业大学。

22. 信阳玉兰（中国农学通报）　图 3-17

Yulania xinyangensis T. B. Zhao，Z. X. Chen et H. T. Dai，赵天榜、田国行等主编. 世界玉兰属植物资源与栽培利用. 240 ~ 241. 2013；赵东武等. 河南玉兰属植物种质资源与开发利用的研究. 安徽农业科学，36（22）：9490. 2008；田国行等. 玉兰属植物资源与新分类系统的研究. 中国农学通报，22（5）：410. 2006；戴慧堂、赵东武、李静等.《鸡公山木本植物图鉴》增补－Ⅱ. 河南玉兰两新种. 信阳师范学院学报　自然科学版，24（4）：482~485：489. 2012。

落叶乔木。小枝紫褐色，通常无毛，具光泽，稀有短柔毛；幼枝淡绿色，密被短柔毛，后无毛。叶纸质，倒卵圆形、宽倒三角状卵圆形，长 9.5~20.5 cm，宽 5.2~12.3 cm，表面深绿色，具光泽，微被短柔毛，主脉和侧脉微下陷，密被短柔毛，背面淡绿色，疏被短柔毛，主脉和侧脉显著隆起，沿主脉密被弯曲短柔毛及疏被白色长柔毛，侧脉 5~6

对，先端最宽，通常微凹，或短尖头，尖长约 1.2 cm，有时 2 裂，或具 3 裂，呈短三角状尖头，基部楔形，边缘全缘；幼叶密被白色短柔毛，后无毛；叶柄长 1.5~3.7 cm，浅黄绿色，初疏被短柔毛，后无毛，或密被弯曲短柔毛；托叶痕为叶柄长度的 1/3。玉蕾单生枝顶，卵球状，或柱状，长 1.3~1.5 cm，径 8~10 mm，先端钝圆；芽鳞状托叶 3~5 枚，外面灰褐色，疏被长柔毛。花先叶开放，花喇叭形。单花具花被片 6 枚，或 9 枚，单株上 2 种花型：① 单花具花被片 6 枚，花瓣状；② 单花具花被片 9 枚，花瓣状，狭椭圆形，白色，基部外面中基部亮浅紫色，长 6.1~11.5 cm，宽 2.6~4.5 cm，先端钝尖，基部呈柄状，边缘呈不规则的小齿状，或全缘；雄蕊 55~72 枚，长 0.8~1.3 cm，紫色，花丝长 2~3 mm，背面紫色，花药长 7~9 mm，药室侧向纵裂，药隔先端钝圆；雌蕊群圆柱状，长 2.2~2.5 cm，径 1.0~1.2 cm，淡绿色；离生单雌蕊约 100 枚，子房浅绿色，密被短柔毛，花柱长 4~6 mm，浅白色，内曲，微有淡紫色晕；花梗和缩台枝密被长柔毛。聚生蓇葖果圆柱状，稍弯曲，长 10.5~14.5 cm，径 3.0~4.5 cm；果枝和缩台枝密被长柔毛；蓇葖果卵球状，无喙。花期 3~4 月；果熟期 8~9 月。

本种与玉兰 Yulania dendata （Desr.） D. L. Fu 相似，区别是：展叶期晚 15~20 d。叶宽倒卵圆状三角形，侧脉 5~6 对。玉蕾顶生小，椭圆体状，长 1.3~1.5 cm，径 8~10 mm。单株上 2 种花型。花喇叭形。单花具花被片 6 枚，或 9 枚，狭椭圆形。

河南：信阳县。2000 年 3 月 25 日，赵天榜和陈志秀，No. 200003251 （花）。模式标本，存河南农业大学。同地。1999 年 10 月 5 日，赵天榜等，No. 199910051 （叶和玉蕾）。

繁育栽培：嫁接育苗、植苗技术等。

用途：本种为优良观赏树种。单株具 2 种花型，在研究花的进化理论中，具有重要意义。

变种：

（1）信阳玉兰　原变种

Yulania xinyangensis T. B. Zhao, Z. X. Chen et H. T. Dai var. xinyangensis

（2）狭被信阳玉兰（世界玉兰属植物资源与栽培利用）　变种

Yulania xinyangensis T. B. Zhao, Z. X. Chen et H. T. Dai var. angutitepala T. B. Zhao et Z. X. Chen，赵天榜、田国行等主编. 世界玉兰属植物资源与栽培利用. 242. 2013。

本变种叶倒卵圆形。花先叶开放。花 2 种类型。单花具花被片 6~9 枚，单株上 2 种花型：① 单花具花被片 6 枚，花瓣状；② 单花具花被片 9 枚，花瓣状，狭椭圆状匙形，

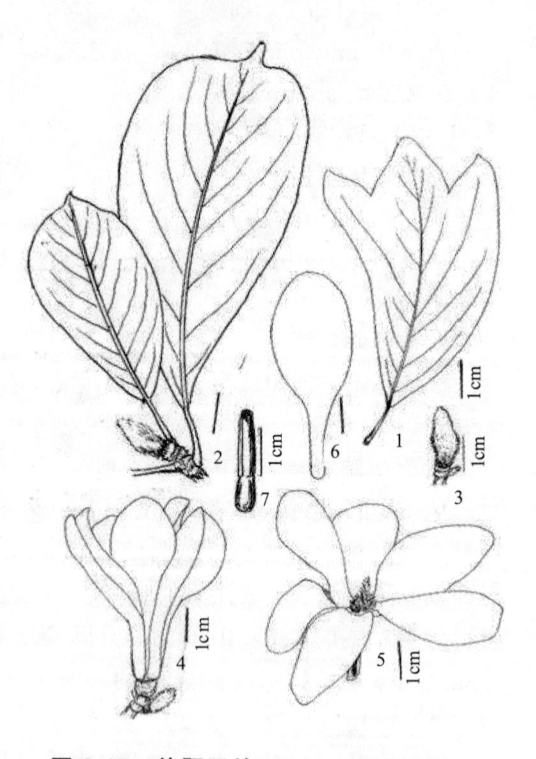

图 3-17　信阳玉兰 Yulania xinyangensis T. B. Zhao, Z. X. Chen et H. T. Dai

1. 叶；2. 叶、枝和玉蕾；3. 玉蕾；4~5. 花；6. 花被片；7. 雄蕊（陈志秀绘）。

长 10.0~12.5 cm，宽 2.5~3.5 cm，先端钝圆，或纯尖，基部宽约 1.0 cm，淡紫色；雄蕊多数，花丝长 5~6 mm，花药长 5~7 mm；离生单雌蕊多数，子房长 2~3 mm，淡灰绿色，疏被短柔毛，花柱长 5~7 mm，弯曲或反卷，淡灰白色；花梗淡灰绿色，密被短柔毛，顶端具环状长柔毛。缩台枝密被长柔毛。

产地：中国河南。模式标本采自郑州市，存河南农业大学。

23. 朝阳玉兰（安徽农业科学）　图 3-18

Yulania zhaoyangyulan T. B. Zhao et Z. X. Chen，赵天榜、田国行等主编. 世界玉兰属植物资源与栽培利用. 235 ~ 236. 2013；赵东武、赵东欣等. 河南玉兰属植物种质资源与开发利用的研究. 安徽农业科学，36（22）：9489. 2008。

落叶乔木。小枝青绿色，初被短柔毛，后无毛。玉蕾顶生，卵球状，长 2.0~3.0 cm，径 1.2~1.5 cm；芽鳞状托叶 3~5 枚，外面密被灰褐色长柔毛。叶宽倒卵圆状椭圆形，长 8.5~13.0 cm，宽 7.5~10.5 cm，表面绿色，具光泽，主脉和侧脉初疏被短柔毛，后无毛，背面淡绿色，初疏被短柔毛，后无毛，主脉和侧脉疏被短柔毛，先端钝圆，基部楔形，边缘全缘，有时波状全缘；叶柄长 1.5~2.0 cm，无毛；托叶痕长 3~5 mm。花顶生，先叶开放，径 12.0~15.0 cm。单花具花被片 6~12 枚，花被片多变异，宽匙状椭圆形、狭椭圆形，长 6.5~10.5 cm，宽 3.5~4.8 cm，亮粉色，先端钝圆，基部狭爪状，外面中部以上淡粉红色，中部以下亮粉红色；2 种雌雄蕊群类型：① 雄蕊群与雌蕊群等高，或稍短；② 雌蕊群显著超过雄蕊群；雄蕊多数，暗紫红色，长 1.5~1.7 cm，花药长 1.1~1.5 cm，背面具淡紫红色晕，药室侧向纵裂，药隔先端具长 1 mm的三角状短尖头，花丝长 3~4 mm，近卵球状，浓紫红色；离生单雌蕊多数，子房卵球状，浅黄绿色，花柱和柱头灰白色，花柱向外反卷；花梗粗壮，长 5~10 mm，径 8~10 mm，无毛，顶端具环状白色长柔毛。聚生合蓇葖果圆柱形，长 7.0~10.0 cm，径 3.5~4.5 cm；蓇葖果卵球状，红色，表面具皮孔；果梗青绿色，密具褐色疣点。缩台枝粗壮，紫褐色，5~6 节。花期 4 月；果实成熟 8 月。

本种与玉兰 Yulania denudata（Desr.）D. L. Fu 相似，区别是：叶宽倒卵圆状椭圆形，先端钝圆。顶生。单花具花被片 6~12 枚，变化大，宽匙状椭圆形，狭椭圆形，先端钝圆，外面中部粉红色；2 种雌雄蕊群类型：① 雄蕊群与雌蕊群等高，或稍短；② 雌蕊群显著超过雄蕊群；离生单雌蕊无毛，花柱和柱头淡灰白色，花柱向外反卷；花梗无毛，顶端具环状白色长柔毛。

产地：河南郑州市。2005 年 3 月 26 日，赵天榜和陈志秀，No.200503268（花）。模式标本，存河南农业大学。新郑市。2005 年 4 月 2 日，赵天榜和陈志秀，No.200504023（花）。长葛市。2006 年 3 月 28 日，赵天榜和范军科，No.2006030282（叶、枝、芽和聚生合蓇葖果）。

产地：中国河南。模式标本，采自郑州市，存河南农业大学。新郑市。

繁育栽培：嫁接育苗、植苗技术等。

用途：本种为优良观赏树种。单株具 2 种花型，在研究花的进化理论中具有重要意义。玉蕾入药，作“辛夷”用，还是提取香料的原料。

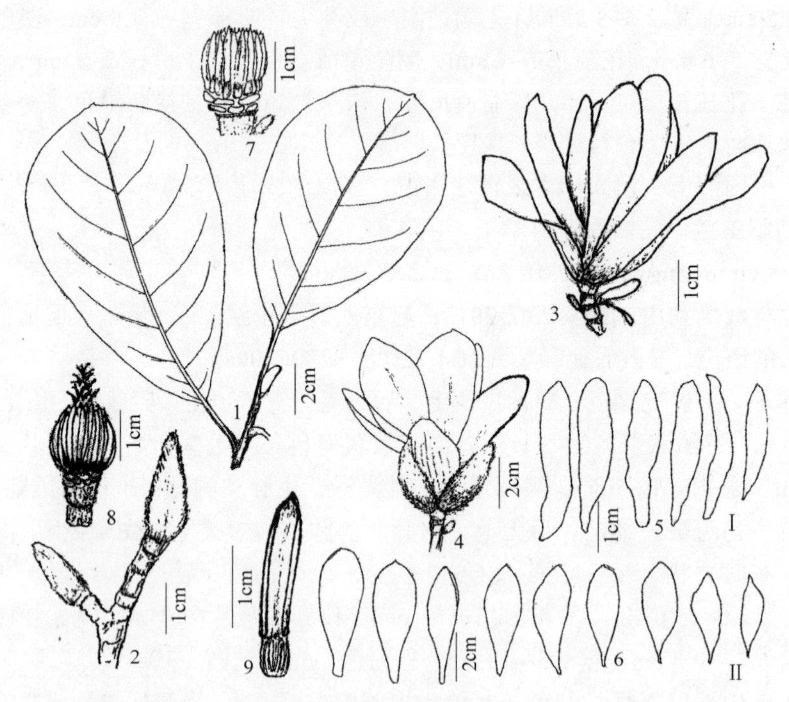

图 3-18　朝阳玉兰 Yulania zhaoyangyulan T. B. Zhao et Z. X. Chen

1. 叶；2.玉蕾；3. 花和叶芽；4. 花，佛焰苞状托叶和芽鳞状托叶；5. 花型Ⅰ花被片；6. 花型Ⅱ花被片；7~8. 2 种雌雄蕊群（陈志秀绘）。

24. 罗田玉兰（药学学报）　图 3-19

Yulania pilocarpa（Z. Z. Zhao et Z. W. Xie）D. L. Fu，傅大立．玉兰属的研究．武汉植物学研究，19（3）：198. 2001；田国行等．玉兰属植物资源与新分类系统的研究．中国农学通报，22（5）：407. 2006；赵东武等．河南玉兰属植物种质资源与开发利用的研究．安徽农业科学，36（22）：9488. 2008；Xia Nian-He et Liu Yu-Hu，Flora of China. vol. 7：76~77. 2008；*Magnolia pilocarpa* Z. Z. Zhao et Z. W. Xie，赵中振等．药用辛夷一新种及一变种的新名称．药学学报，22（10）：777. fig. 1. 1987。

落叶乔木。叶薄革质，倒卵圆形，或宽倒卵圆形，长 10.0~17.0 cm，宽 8.5~11.0 cm，先端钝圆，稍凹缺，具短急尖，基部楔形，或宽楔形，边缘全缘，表面深绿色，主脉微凹入，背面淡绿色，微有短柔毛，主脉明显隆起，沿脉被短柔毛；叶柄长 2.0~3.5 cm。玉蕾卵球状，长约 3.0 cm，径约 1.5 cm；芽鳞状托叶 4~6 枚，外面被黄色长柔毛。缩台枝粗壮，被长柔毛。花先叶开放，顶生。单花具花被片 9 枚，外轮花被片 3 枚，黄绿色，膜质，萼状，锐三角形，早落，长 1.7~3.0 cm，基部宽 4~10 mm，内轮花被片 6 枚，白色，外面中部以下锈色，肉质，近匙形，长 7.0~10.0 cm，宽 3.0~5.0 cm；雄蕊多数，花丝膨大，长 2~3 mm，宽约 1 mm；雌蕊群圆柱状，长约 2.0 cm；离生单雌蕊多数，子房狭卵球状，长约 3 mm，被白色短柔毛，花柱长约 3 mm，反卷。聚生蓇葖果圆柱状，长 10.0~20.0 cm，径约 3.5 cm；蓇葖果残存有毛。

注：原记载，“幼枝无毛。花被片外面基部锈色；柱头长约 1 mm，反卷”。作者观察

结果：幼枝被短柔毛。花被片外面基部粉红色，柱头和花柱长约 3 mm，花柱反卷。

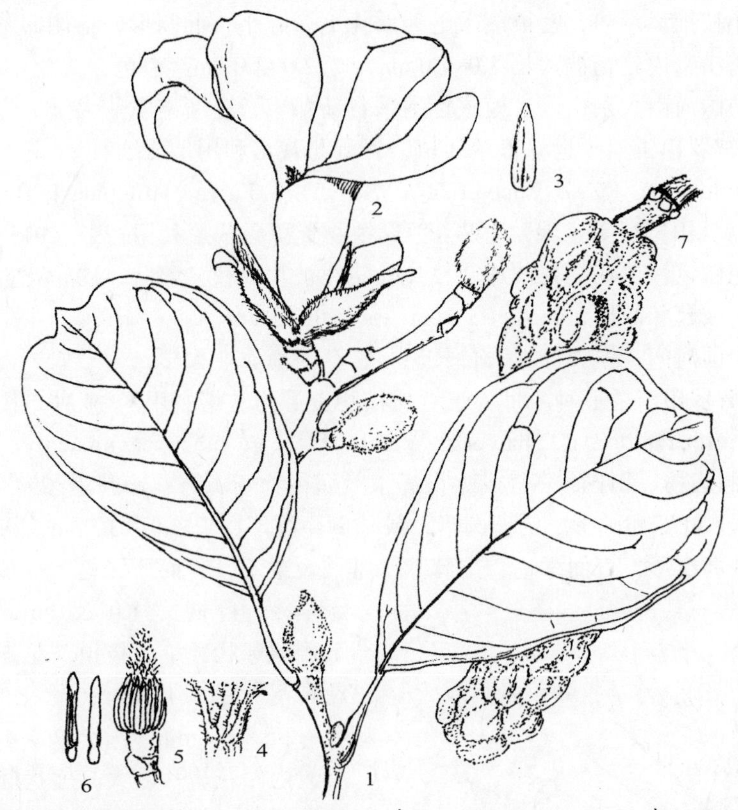

图 3-19　罗田玉兰 Yulania pilocarpa （Z. Z. Zhao et Z. W. Xie） D. L. Fu

1. 叶、枝和玉蕾；2. 花枝和玉蕾；3. 萼状花被片；4. 雌蕊群基部被毛；5. 雌雄蕊群；7. 聚生膏葖果（选自《药学学报》。

产地：中国湖北罗田县。河南大别山区有天然分布。模式标本采自湖北罗田县，存中国中医研究院中药研究所标本室（CMMI）。河南鸡公山国家级自然保护区及新郑市有引种栽培。

繁育栽培：嫁接育苗、植苗技术等。

用途：本种花大美丽，为优良观赏树种。玉蕾入中药，称“辛夷”，还是提取香料的原料。

亚种与变种：

24.1 罗田玉兰亚种（世界玉兰属植物资源与栽培利用）　亚种

Yulania pilocarpa（Z. Z. Zhao et Z. W. Xie）D. L. Fu subsp. **Pilocarpa**，赵天榜、田国行等主编. 世界玉兰属植物资源与栽培利用. 293. 2013。

变种：

（1）罗田玉兰　原变种

Yulania pilocarpa（Z. Z. Zhao et Z. W. Xie）D. L. Fu var. pilocarpa

（2）椭圆叶罗田玉兰（植物研究）　变种

Yulania pilocarpa（Z. Z. Zhao et Z. W. Xie　）D. L. Fu var. ellipticifolia D. L. Fu，T. B.

Zhao et J. Zhao，傅大立等. 河南玉兰属两新变种. 植物研究，27（4）：16~17. 2007。

本变种小枝细，弯曲，密被短柔毛，后无毛。叶小，椭圆形，稀倒卵圆形，背面被较密短柔毛。小，内轮花被片长 5.0~7.0 cm，宽 2.0~3.0 cm，白色。

产地：中国河南大别山区。模式标本采自新郑市，存河南农业大学。

（3）宽被罗田玉兰（世界玉兰属植物资源与栽培利用） 变种

Yulania pilocarpa （Z. Z. Zhao et Z. W. Xie）D. L. Fu var. latitepala T. B. Zhao et Z. X. Chen，赵天榜、田国行等主编. 世界玉兰属植物资源与栽培利用. 293. 2013。

本变种花白色。单花具花被片 9 枚，外轮花被片 3 枚，萼状，内轮花被片花瓣状，匙状卵圆形，或匙状圆形，长 4.5~5.0 cm，宽 3.0~4.0 cm。

产地：中国河南。模式标本采自长垣县，存河南农业大学。

24.2 肉萼罗田玉兰亚种（世界玉兰属植物资源与栽培利用） 亚种 图 3-19-1

Yulania pilocarpa（Z. Z. Zhao et Z. W. Xie）D. L. Fu subsp. **carnosicalyx** T. B. Zhao et Z. X. Chen，赵天榜、田国行等主编. 世界玉兰属植物资源与栽培利用. 294~295. 2013。

落叶乔木。叶宽卵圆形、倒卵圆形，或长倒卵圆形，长 5.0~13.5 cm，宽 4.0~7.5 cm，先端短尖，基部楔形，表面绿色，主脉基部常被短柔毛，背面淡绿色，疏被短柔毛，边缘全缘；叶柄长 1.0~2.0 cm，被短柔毛。玉蕾卵球状，单生枝顶。花先叶开放。单花具花被片 9~12 枚，外轮花被片 3 枚，萼状，长 8~13 mm，圆形，或不规则形，肉质，内轮花被片较大，匙状椭圆形，或匙状卵圆形，长 5.0~9.0 cm，宽 3.5~7.0 cm，外面白色，基部带淡紫红色，表面有细沟纹，先端钝圆；雄蕊多数，长 8~13 mm，花药淡黄白色，药隔伸出呈短尖头，花丝深紫色；雌蕊群圆柱状，长约 2.5 cm；离生单雌蕊多数，子房无毛；花柱绿色。聚生蓇葖果不详。花期 4 月。

产地：中国河南。模式标本采自郑州市，存河南农业大学。

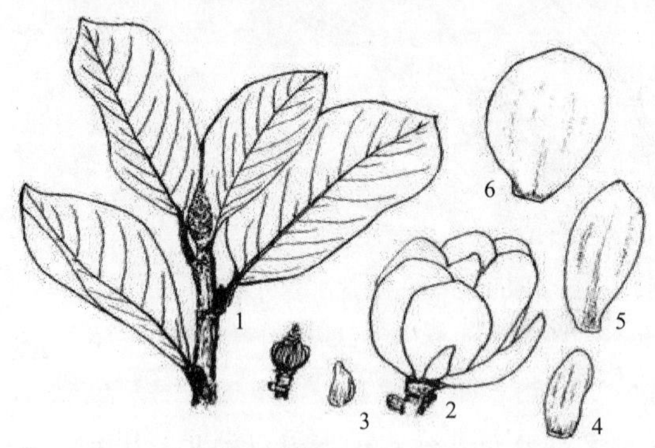

图 3-19-1 肉萼罗田玉兰 Yulania pilocarpa（Z. Z. Zhao et Z. W. Xie） D. L. Fu subsp. carnosicalyx T. B. Zhao et Z. X. Chen

1. 叶、枝和玉蕾；2. 花；3~4. 萼状花被片；5~6. 瓣状花被片；7. 雌雄蕊群（陈志秀绘）。

变种：

（1）肉萼罗田玉兰 原变种

Yulania pilocarpa （Z. Z. Zhao et Z. W. Xie） D. L. Fu subsp. carnosicalyx T. B. Zhao et Z. X. Chen var. carnosicalyx

（2）紫红花肉萼罗田玉兰（世界玉兰属植物资源与栽培利用） 变种

Yulania pilocarpa （Z. Z. Zhao et Z. W. Xie） D. L. Fu subsp. purpule-rubra T. B. Zhao et Z. X. Chen var purpureo-rubra T. B. Zhao et Z. X. Chen，赵天榜、田国行等主编. 世界玉兰属植物资源与栽培利用. 295~296. 2013。

本变种叶倒卵圆形。花紫红色。单花具花被片 9 枚，有萼、瓣之分，外轮花被片 3

枚，萼状，肉质，紫红色，长度 1.0~1.5 cm。

产地：中国河南。长垣县有栽培。模式标本，采自长垣县，存河南农业大学。

（3）白花肉萼罗田玉兰（世界玉兰属植物资源与栽培利用）　变种

Yulania pilocarpa（　Z. Z. Zhao et Z. W. Xie　）D. L. Fu subsp. carnosicalyx T. B. Zhao et Z. X. Chen var alba T. B. Zhao et Z. X. Chen，赵天榜、田国行等主编. 世界玉兰属植物资源与栽培利用. 296. 2013。

本变种叶倒卵圆形。花白色。单花具花被片 9 枚，外轮花被片 3 枚，萼状，肉质，圆形，或不规则形，白色，长度和宽度 1.0 cm，内轮花被片 6 枚，白色，匙状长圆形；子房无毛，基部两侧偏斜。

产地：中国河南。模式标本，采自长垣县，存河南农业大学。

25. 鸡公玉兰（河南师范大学学报）　图 3-20

Yulania jigongshanensis（T. B. Zhao，D. L. Fu et W. B. Sun）D. L. Fu，傅大立. 玉兰属的研究. 武汉植物学研究，19（3）：198. 2001；Xia Nian-He et Liu Yu-Hu，Flora of China. vol. 7：76. 2008；田国行等. 玉兰属植物资源与新分类系统的研究. 中国农学通报，22（5）：407. 2006；赵东武等. 河南玉兰属植物种质资源与开发利用的研究. 安徽农业科学，36（22）：9489. 2008；*Magnolia jigongshanensis* T. B. Zhao，D. L. Fu et W. B. Sun，赵天榜等. 中国木兰属一新种. 河南师范大学学报，26（1）：62~65. fig. 1. 2000。

落叶乔木。叶特殊，具 7 种叶型：① 宽椭圆形，或宽卵圆形，长 10~19.5 cm，宽 5.5~17.5 cm，上部最宽，表面黄绿色，无光泽，密被短柔毛，主、侧脉凹陷，两面网脉隆起，背面浅黄绿色，密被短柔毛，主、侧脉隆起，密被短柔毛，先端深裂，基部近圆形，边缘波状全缘，边部波状皱褶；叶柄长 1.5~3.0 cm，表面有明显凹槽；托叶膜质，早落。② 倒卵圆形，长 6.5~9.5 cm，宽 5.0~6.5 cm，上部最宽，先端凹入。③ 宽倒三角状近圆形，长 11.5~18.0 cm，宽 9.0~15.0 cm，表面黄绿色，无光泽，主、侧脉夹角呈 45° 斜展，背面浅黄绿色，密被短柔毛，主、侧脉显著隆起，通常主脉在中部分成 2 叉，先端凹缺，形成 2 裂，裂片长，近三角形，两面网脉隆起，基部宽楔形，边缘波状全缘；叶柄长 1.0~2.0 cm。④ 倒三角形，长 15.0~18.0 cm，宽 11.0~15.0 cm，上部最宽，先端凹入，呈 3 裂，中间裂片狭三角形，长 2.0~2.5 cm，宽 1.0~1.5 cm，先端长渐尖，两侧裂片宽三角形，边缘全缘，长 2.0~3.0 cm，宽 3.0~5.0 cm，先端短尖，基部楔形，边缘波状全缘；叶柄长 1.0~3.0 cm。⑤ 倒卵圆形，先端钝圆，具短尖头。⑥ 圆形，或近圆形，长 25.0~30.0 cm，宽 21.0~25.0 cm，先端钝圆，具短尖头，或微凹，具短尖头，基部圆形。⑦ 卵圆形，长 7.0~9.0 cm，宽 4.5~6.5 cm，先端钝圆，具短尖头，基部楔形，或圆形。玉蕾顶生枝端，卵球状，通常具 4~5 枚芽鳞状托叶，其外面密被黄褐色长柔毛，并具有 1 小圆叶。花先叶开放。单花具花被片 9 枚，稀 8、10 枚，外轮花被片 3 枚，萼状，长 1~2.5 mm，稀长 3~5 mm，浅黄绿色，膜质，三角形，或披针形，内轮花被片 6 枚，稀 5、7 枚，花瓣状，匙状椭圆形，长 5.0~9.0 cm，宽 3.0~5.0 cm，先端钝圆，有时微凹，浅黄白色，外面中部以下被淡紫色晕；雄蕊 65~71 枚，花丝紫色，长约 2 mm，花药长 8~13 mm，药室侧向纵裂；离生单雌蕊多数；子房密被短柔毛。缩台枝和花梗密被长柔毛。聚生蓇葖果圆柱状，长 5.0~20 cm，径 3.0~5.0 cm；蓇葖果成熟后脱落，果轴宿存。花期 4 月中旬；果熟期 9~10 月。

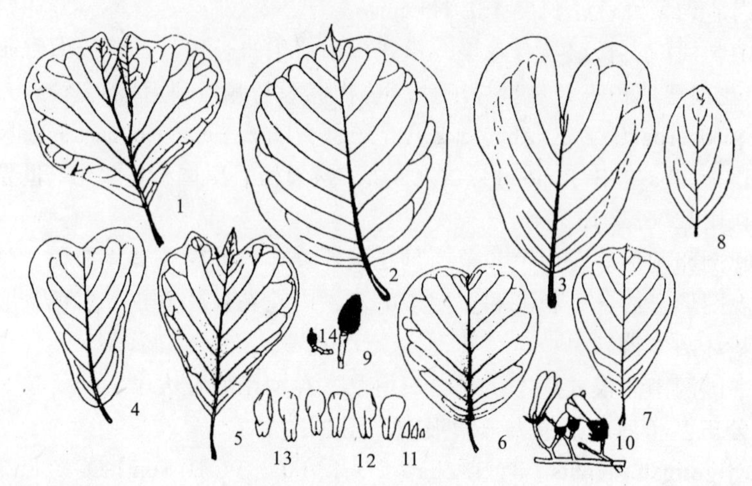

图 3-20 鸡公玉兰 Yulania jigongshanensis（T. B. Zhao，D. L. Fu et W. B. Sun） D. L. Fu

1~8. 叶形状；9. 玉蕾；11. 萼状花被片；12~13. 瓣状花被片；14. 雌雄蕊群（选自《河南师范大学学报》。

产地：中国河南。模式标本，采自河南鸡公山，存河南农业大学。

繁育栽培：嫁接育苗、植苗技术等。

用途：本种花大美丽，为优良观赏树种。玉蕾入中药，称“辛夷”，因挥发油中含有β-桉叶油醇 β-eudesmol 7.70 %等，是提取抗癌药物的主要原料之一。花大，叶形变异大，在研究叶型变异规律及变异理论中具有重要意义。

25.1. 鸡公玉兰 原亚种

Yulania jigongshanensis（T. B. Zhao，D. L. Fu et W. B. Sun）D. L. Fu subsp. Jigongshanensis。

25.2. 白花鸡公玉兰（世界玉兰属植物资源与栽培利用） 亚种

Yulania jigongshanensis （T. B. Zhao，D. L. Fu et W. B. Sun） D. L. Fu subsp. Alba T. B. Zhao，Z. X. Chen et L. H. Song，赵天榜、田国行等主编. 世界玉兰属植物资源与栽培利用. 297~298. 2013。

本亚种叶形有：① 倒卵圆形，中部以上最宽，先端钝圆，或凹缺，基部楔形；② 倒三角形，先端钝尖，中部以下渐狭呈狭楔形；③ 近圆形，先端钝尖，或微凹，基部圆形；④不规则圆形，先端钝圆、钝尖、凹缺，或具短尖头，基部宽楔形，或近圆形。玉蕾顶生枝端，卵球状，通常具 4~5 枚芽鳞状托叶，其外面密被黄褐色长柔毛。单花具花被片 9 枚，外轮花被片 3 枚，萼状，长 1.0~1.3 cm，宽 3~5 mm，白色，膜质，披针形，内轮花被片 6 枚，花瓣状，宽匙状卵圆形，长 7.0~9.0 cm，宽 4.0~5.0 cm，先端钝圆，白色；离生单雌蕊子房无毛。缩台枝和花梗密被长柔毛。花期 3 月下旬。

产地：河南。模式标本采自郑州市，存河南农业大学。

26. 舞钢玉兰（云南植物研究） 图 3-21

Yulania wugangensis（T. B. Zhao，W. B. Sun et Z. X. Chen）D. L. Fu，傅大立. 玉兰属的研究. 武汉植物学研究，19（3）：198. 2001；田国行等. 玉兰属植物资源与新分类系统的研究. 中国农学通报，22（5）：407. 2006；赵东武等. 河南玉兰属植物种质资源与开发利用的研究. 安徽农业科学，36（22）：9488. 2008；*Magnolia wugangensis* T. B. Zhao，W. B. Sun et Z. X. Chen，赵天榜等. 河南木兰属一新种. 云南植物研究，21（2）：170~172. 图 1. 1999。

落叶乔木。叶倒卵圆形，或宽卵圆形，长 8.0~20.0 cm，宽 5.0~14.0 cm，表面深绿色，具光泽，幼时密被短柔毛，背面浅黄绿色，密被短柔毛，主脉隆起，密被短柔毛，侧脉 6~10 对，先端钝圆，或微凸，具短尖头，基部楔形，边缘多少反卷；叶柄黄褐色，被黄锈色柔毛。玉蕾通常着生于枝端和叶腋内，有时腋生，或簇生。花先叶开放，径 13.0~15.0 cm。单花具花被片 9 枚，稀 7、8 枚，或 10 枚；2 种花型：① 单花具花被片 9 枚，外轮花被片 3 枚，萼状，披针形，长 1.0~3.5 cm，宽 2~6 mm，黄绿色，或黄白色，先端渐尖，内轮花被片 6 枚，花瓣状，白色，匙状长椭圆形，长 6.0~9.0 cm，宽 2.5~3.5 cm，先端钝圆，或微凸，具短尖头，基部近圆形，外面基部有时具淡紫色晕；② 单花具花被片 9 枚，稀 7、8、10 枚，花瓣状，形状和颜色同前，有时外轮花被片稍小；雄蕊多数，长 1.0~1.2 m，花药约长 6 m，药室侧向纵裂，药隔先端具短尖头，浅黄色，或淡紫色；雌蕊群圆柱状，长 1.8~2.3 m，淡绿色；离生单雌蕊多数，子房狭卵球状，长 1.2~1.5 m，无毛，柱头和花柱黄绿色；缩台枝、花梗浅黄绿色，密被长柔毛。幼果绿色，直立，后下垂；聚生蓇葖果长 10.0~14.0 m，径 3.0~4.50 m；果梗粗 8~12 m，密被灰褐色长柔毛；蓇葖果黄淡红色，光滑，无毛，具极少、黄白色小点状皮孔，先端具短喙；雄蕊着生处的花托紫色；缩台枝、果梗密被灰褐色长柔毛。花期 4 月；果熟期 8 月。

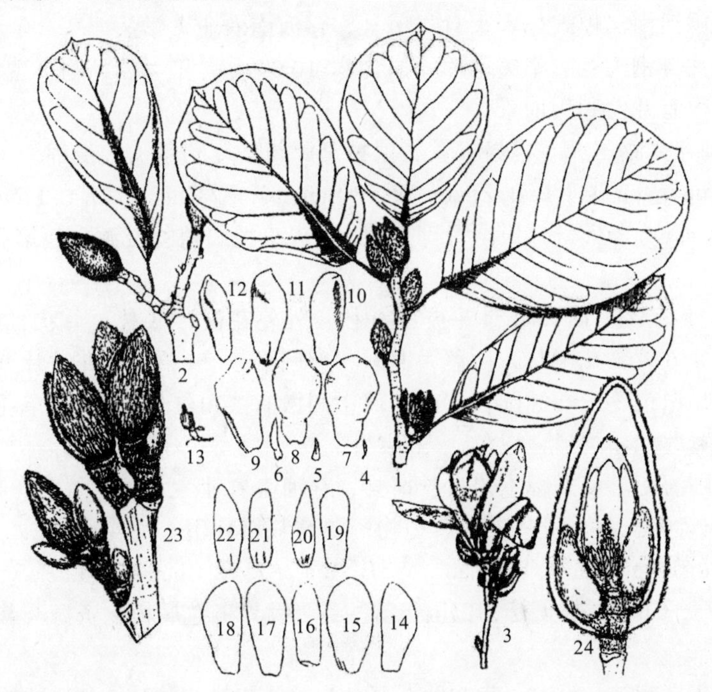

图 3-21　舞钢玉兰 Yulania wugangensis （T. B. Zhao，W. B. Sun et Z. X. Chen） D. L. Fu

1. 长枝、叶和玉蕾；2. 短枝、叶和玉蕾；3. 花簇生；4~12. 花型 I 的花被片；13. 雌雄蕊群；14~22. 花型 II 的花被片；23. 玉蕾簇生；24. 解剖玉蕾（选自《云南植物研究》）。

产地：中国河南。模式标本采自河南舞钢市，存河南农业大学（HNAC）及云南植物研究所（Paratypus，KUN）。

繁育栽培：嫁接育苗、植苗技术等。

用途：本种为优良观赏树种。玉蕾入药作"辛夷"，因挥发油中含有桉叶油醇 eucalyptol 20.30%、β-蒎烯 β-pinene 16.00%等，还是优良的香料植物资源，还是抗癌物质之一，有开发利用前景。单株具 2 种花型，在研究花的进化理论中具有重要意义。

亚种与变种：

26.1. 舞钢玉兰 原亚种

Yulania wugangensis（T. B. Zhao，W. B. Sun et Z. X. Chen）D. L. Fu subsp. wugangensis，赵天榜、田国行等主编. 世界玉兰属植物资源与栽培利用. 312. 2013。

（1）舞钢玉兰（世界玉兰属植物资源与栽培利用） 原变种

Yulania wugangensis （T. B. Zhao，W. B. Sun et Z. X. Chen） D. L. Fu var. wugangensis。

（2）多油舞钢玉兰（世界玉兰属植物资源与栽培利用） 变种

Yulania wugangensis （T. B. Zhao，W. B. Sun et Z. X. Chen） D. L. Fu var. duoyou T. B. Zhao，Z. X. Chen et D. X. Zhao，赵天榜、田国行等主编. 世界玉兰属植物资源与栽培利用. 309. 2013。

本变种玉蕾顶生、腋生和簇生，2 种花型。花初开时，容易遭受早春寒流危害。

产地：中国河南。模式标本采自长垣县，存河南农业大学。

用途：多油舞钢玉兰"辛夷"挥发油含率 10.0%，是玉兰属植物玉蕾中挥发油含率最高的一种，很有开发利用前景。

（3）三型花舞钢玉兰（世界玉兰属植物资源与栽培利用） 变种

Yulania wugangensis（T. B. Zhao，W. B. Sun et Z. X. Chen） D. L. Fu var. triforma T. B. Zhao et Z. X. Chen，赵天榜、田国行等主编. 世界玉兰属植物资源与栽培利用. 309~310. 2013。

本变种 3 种花型：① 单花具花被片 9 枚，外轮花被片 3 枚，萼状，肉质、不规则形，内轮花被片 6 枚，花瓣状，白色，宽匙状卵圆形；② 单花具花被片 9 枚，花瓣状，宽匙状卵圆形，白色，先端钝圆，外面基部中间微有淡粉红色晕；③ 单花具花被片 12 枚，花瓣状，宽匙状卵圆形，白色，先端钝圆。

产地：中国河南。模式标本采自长垣县，存河南农业大学。

（4）紫花舞钢玉兰（世界玉兰属植物资源与栽培利用） 变种

Yulania wugangensis（T. B. Zhao，W. B. Sun et Z. X. Chen）D. L. Fu var. purpurea T. B. Zhao et Z. X. Chen，赵天榜、田国行等主编. 世界玉兰属植物资源与栽培利用. 310. 2013。

本变种单花具花被片 9 枚。花 2 种类型：① 单花具花被片 9 枚，外轮花被片 3 枚，膜质，萼状，淡紫色，或紫色，披针形，长 1.2~1.7 cm，宽 2~3.5 mm，内轮花被片 6 枚，稀 7 枚，花瓣状，狭椭圆形，淡紫色，外面中部以下深紫色，内面淡紫色；② 单花具花被片 9 枚，稀 8 枚，花瓣状，狭椭圆形，淡紫色，或紫色。两种花型的雄蕊、花丝和花柱淡紫色。

产地：中国河南。模式标本采自信阳县，存河南农业大学。

26.2. 毛舞钢玉兰（世界玉兰属植物资源与栽培利用） 亚种

Yulania wugangensis（T. B. Zhao，W. B. Sun et Z. X. Chen） D. L. Fu subsp. pubescens T. B. Zhao et Z. X. Chen，赵天榜、田国行等主编. 世界玉兰属植物资源与栽培利用. 310~311. 2013。

本亚种玉蕾单生枝顶。花有 2 种类型：① 单花具花被片 9 枚，花瓣状，外面中部以下淡粉红色；② 单花具花被片 6 枚，花瓣状，外轮花被片 1~3 枚，披针形，白色；离生单雌蕊子房密被短柔毛。

产地：中国河南。模式标本，采自郑州市，存河南农业大学。

26.3. 多变舞钢玉兰（世界玉兰属植物资源与栽培利用） 亚种

Yulania wugangensis（T. B. Zhao，W. B. Sun et Z. X. Chen）D. L. Fu subsp. varians T. B. Zhao et Z. X. Chen，赵天榜、田国行等主编. 世界玉兰属植物资源与栽培利用. 311. 2013。

本亚种玉蕾单生枝顶。花型多变：单花具花被片 9 枚，白色，外面基部紫红色，外轮花被片 3 枚多变，披针形，长短不等，淡黄绿色；离生单雌蕊子房无毛。

产地：中国河南。模式标本，采自郑州市，存河南农业大学。

27. 宝华玉兰（中国科学院生物研究所丛刊） 图 3-22

Yulania zenii（Cheng）D. L. Fu，傅大立. 玉兰属的研究. 武汉植物学研究，19（3）：198. 2001；Xia Nian-He et Liu Yu-Hu，Flora of China. vol. 7：73~74. 2008；田国行等. 玉兰属植物资源与新分类系统的研究. 中国农学通报，22（5）：407. 2006；赵东武等. 河南玉兰属植物种质资源与开发利用的研究. 安徽农业科学，36（22）：9489. 2008；郑万钧. *Magnolia zenii* Cheng，中国科学院生物研究所丛刊，8：291. fig. 20. 1933。

落叶小乔木。玉蕾窄卵球状。叶倒卵圆状长圆形，或长圆形，长 7.0~16.5 cm，宽 3.0~9.0 cm，上部宽圆，先端急尖、尾状渐尖，或突尖，具长尖头，基部宽楔形，稀圆形，表面暗绿色，无毛，背面浅绿色，沿脉被弯曲长柔毛；叶柄长 6~20 mm，稀被长柔毛，后无毛。花单生枝顶，先叶开放。单花具花被片 9 枚，近匙状椭圆形，长 3.0~8.0 cm，宽 2.7~4.0 cm，先端钝圆，或急尖，初开时外面红紫色，开后上部白色，中部以下浅红紫色，内轮花被片较窄小；雄蕊

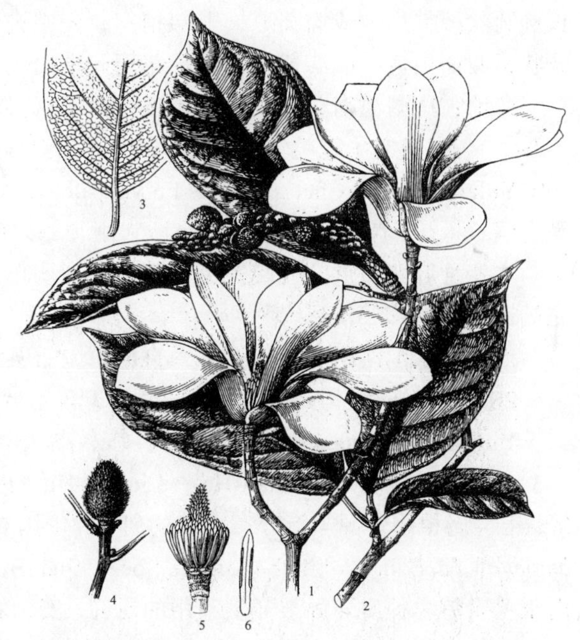

图 3-22 宝华玉兰 Yulania zenii（Cheng）D. L. Fu

1.花枝；2.叶、枝和聚生蓇葖果；3.叶背面（部分）；4.玉蕾；5.雌雄蕊群；6.雄蕊（选自《中国树木志》）。

多数，花丝紫红色；雌蕊群圆柱状，长约 2.0 cm；离生单雌蕊多数，长约 4 mm，花柱长约 1 mm；花梗长 2.0~4.0 cm，密被长柔毛。聚生蓇葖果圆柱状，长 5.0~14.0 cm；蓇葖果近球状，表面具疣点突起，先端钝圆。花期 3~4 月；果熟期 8~9 月。

产地：中国江苏。模式标本，采自江苏句容县宝华山。

繁育栽培：播种育苗、嫁接育苗、植苗技术等。

用途：本种为优良观赏树种。玉蕾入中药，称“辛夷”，还是提取香料的原料。花与叶在玉兰属植物中较为特异，在研究叶型变异规律及变异理论中具有重要意义。

变种：

（1）宝华玉兰　原变种

Yulania zenii（Cheng）D. L. Fu var. zenii

（2）伏牛宝华玉兰（世界玉兰属植物资源与栽培利用）　伏牛玉兰（河南农业大学学报）　变种

Yulania zenii （Cheng）D. L. Fu var. funiushanensis （T. B. Zhao，J. T. Gao et Y. H. Ren） T. B. Zhao et Z. X. Chen，赵天榜、田国行等主编. 世界玉兰属植物资源与栽培利用. 222~223. 2013；*Magnolia funiushanensis* T. B. Zhao，J. T. Gao et Y. H. Ren，丁宝章等. 中国木兰属植物腋花、总状花序的首次发现和新分类群. 河南农业大学学报，19（4）：361~362. 照片 5. 1985。

本变种叶椭圆形、椭圆状长卵圆形，先端渐尖，或长尖，基部窄楔形，近圆形，或楔形，边缘全缘，表面淡黄绿色，具光泽，背面浅绿色。单花具花被片 9 枚，8、10 枚，长椭圆状披针形，或椭圆形，上端稍宽，先端钝圆，稀短尖，常反卷，下部渐狭，边部波状，两面白色，或淡黄色；雌雄花药先端白色，基部橙黄色，花丝白色。

产地：中国河南。模式标本采自河南南召县，存河南农业大学。

（3）白花宝华玉兰（世界玉兰属植物资源与栽培利用）变种

Yulania zenii（Cheng）D. L. Fu var. alba T. B. Zhao et Z. X. Chen，赵天榜、田国行等主编. 世界玉兰属植物资源与栽培利用. 223. 2013。

本变种叶卵圆形，先端钝尖，基部圆形。单花具花被片 9 枚，匙状椭圆形，白色，先端钝圆，基部狭楔形。

产地：中国河南。模式标本采自河南南召县，存河南农业大学。

28. 天目玉兰（中国农学通报）　天目木兰（中国植物学杂志）　图 3-23

Yulania amoena（Cheng） D. L. Fu，傅大立. 玉兰属的研究. 武汉植物学研究，19（3）：198. 2001；Xia Nian-He et Liu Yu-Hu，Flora of China. vol. 7：73. 2008；田国行等. 玉兰属植物资源与新分类系统的研究. 中国农学通报，22（5）：408. 2006；*Magnolia amoena* Cheng, in Biol. Lab. Science Soc. China, Bot. Ser.，9：280~281. 1934；赵东武等. 河南玉兰属植物种质资源与开发利用的研究. 安徽农业科学，36（22）：9489. 2008。

落叶乔木。叶倒卵圆形至倒卵圆状椭圆形、长椭圆形、倒披针状长圆形，长 9.0~16.5 cm，宽 3.0~8.0 cm，先端短尾尖、急尖，或长渐尖，基部楔形，有时偏斜，或圆形，边缘全缘，表面暗绿色，无毛，具光泽，背面沿主脉和侧脉疏被白色弯曲长柔毛；叶柄长 8~13 mm，表面中央有细纵槽，初被白色长柔毛，后无毛。花单生枝顶，先叶开放，杯状。单花具花被片 9 枚，粉红色，或淡粉红色，形状相近似，倒宽披针形、匙形，长 4.5~6.5 cm，宽 10~18 mm；雄蕊多数，花丝紫红色；雌蕊群圆柱状，长 2.0~3.0 cm；离生单雌蕊多数，花柱向上直伸；花梗被淡黄色短柔毛，长 6~13 mm。聚生蓇葖果圆柱状，长 3.6~6.0 cm，有时弯曲；缩短枝和果梗粗壮，宿存白色长柔毛；蓇葖果通常少数，扁球状、长圆体状，表面具疣状突起，先端钝圆，沿背缝开裂；骨质种子被紫红色拟假种皮。花期 4~5 月；果熟期 9~10 月。染色体数目 2 n = 38。

1. 叶、枝和聚生蓇葖果；2.花枝；3.雄蕊（选自《中国植物学杂志》。

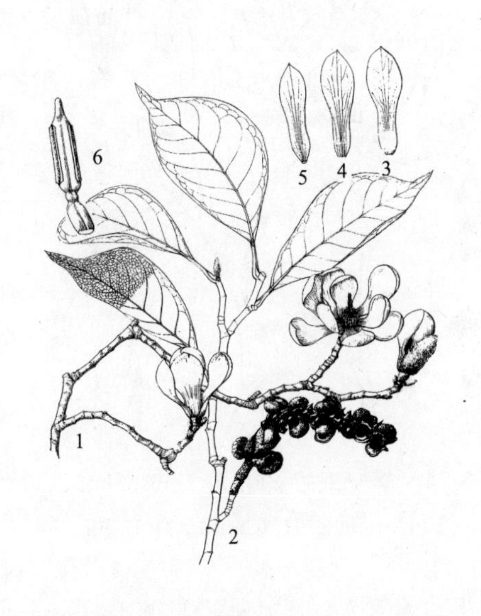

1. 叶、枝和聚生蓇葖果；2.花枝；3~5.花被片；6.雄蕊（选自《中国植物志》）。

图 3-23　天目玉兰 Yulania amoena（Cheng）D. L. Fu

注：图 3-23 中天目玉兰的 2 幅图片表明，两者从叶、花形、花被片形状及雄蕊、花丝区别非常显著。作者认为，后者超过了种的范畴，尚待研究。

产地：中国浙江、福建、江苏、安徽、江西等。模式标本采自浙江天目山。河南新郑市有引种栽培。

繁育栽培：播种育苗、嫁接育苗、植苗技术等。

用途：本种是我国特有种，在研究玉兰属植物分类、分布上有学术意义，为著名观赏树种。玉蕾入中药，称“辛夷”。

29. 景宁玉兰（安徽农业科学）　景宁木兰（植物分类学报）　图 3-24

Yulania sinostellata（P. L. Chiu et Z. H. Chen）D. L. Fu，傅大立. 玉兰属的研究. 武汉植物学研究，19（3）：191~198. 2001；田国行等. 玉兰属植物资源与新分类系统的研究. 中国农学通报，22（5）：408. 2006；赵东武等. 河南玉兰属植物种质资源与开发利用的研究. 安徽农业科学，36（22）：9489. 2008；*Magnolia sinostellata* P. L. Chiu et Z. H. Chen，裘宝林等. 浙江木兰属一新种. 植物分类学报，27 （1）：79~80. 图. 1989。

落叶灌木。叶椭圆形、狭椭圆形至倒卵状椭圆形，长 7.0~12.0 cm，宽 2.5~4.0（~7.0）cm，先端渐尖至尾尖，基部楔形，表面绿色，无毛，主脉微凹背面淡绿色，无毛（幼时

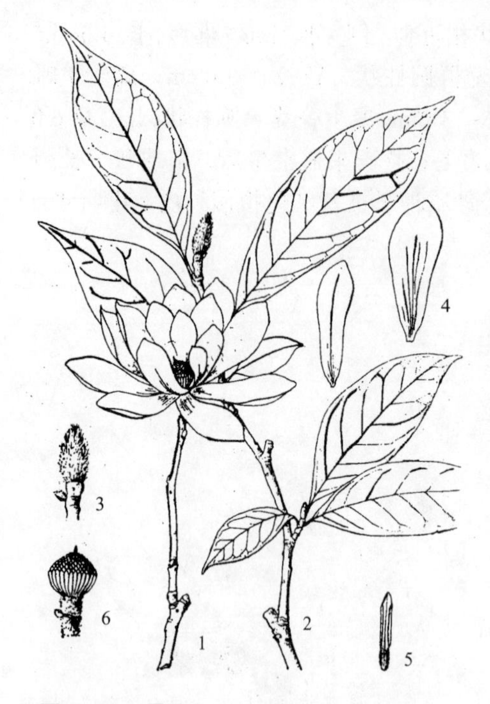

图 3-24　景宁玉兰 Yulania sinostellata（P. L. Chiu et Z. H. Chen） D. L. Fu

1. 花枝；2. 叶、枝和玉蕾；3. 玉蕾；4. 花被片；5.雄蕊；6. 雌雄蕊群（选自《植物分类学报》。

被短柔毛），或沿脉被白色柔毛；叶柄长 0.3~1.2 cm，初被短柔毛，后无毛。玉蕾椭圆体状，长 1.4~2.0 cm。花先叶开放。单花具花被片 12~15（~18）枚，初开时淡紫红色，后渐变白色，仅外面中下部或沿中间紫红色，肉质，倒披针形，或倒卵圆状匙形，长 3.3~4.5 cm，宽 1.3~1.8 cm，先端圆，或近锐尖；雄蕊 86~99 枚，长 7~10 mm，花药长 6~7 mm，花丝长 1~2（~3）mm；离生单雌蕊多数；子房狭卵球状，长约 2 mm，无毛，柱头长约 1.5 mm；花梗长 3~5 mm，密被黄色长柔毛。聚生蓇葖果短圆柱状，或不规则弯曲。

产地：中国浙江景宁县。模式标本，采自浙江景宁县（Typus，HZBG；Isotypus，PE）。河南许昌市有引种栽培。

繁育栽培：嫁接育苗、植苗技术等。

用途：本种主要供观赏。玉蕾入药，称“辛夷”。

30. 渐尖玉兰（中国农学通报）　图 3-25

Yulania acuminata（Linn.）D. L. Fu，傅大立. 玉兰属的研究. 武汉植物学研究，19（3）：198. 2001；田国行等. 玉兰属植物资源与新分类系统的研究. 中国农学通报，22（5）：409. 2006； *Magnolia virginiana* Linn. e. *acuminata* Linn.，Sp. Pl.. 536. 1753；*M. acuminata*（Linn.） Linn.，Syst. Nat.，ed. 10（2） ：1082. 1759；朝日新聞社編. 朝日園芸植物事典. 247~249 1987；*M. acuminata* Linn. in L. H. Bailey，MANUAL OF CULTIVATED PLANTS. 290~291. 1925；*M. Decandollii* Savi in Bibl. Ital.，（Milano）16：224. t. 1819；*M. maxima* Lodd. ex Loudon，Hort. Brit.，226. 1830，nom；*M. gigantea* ［Hort. ex］C. de Vos，1. c. 1887，pro syn.；*M. acuminata*（Linn.） Linn. subsp. *acuminata* Linn. in J. D. Tobe，Proc. Internat. Symp. Fam. Magnoliaceae 2000. Beijing，China：Science press，98~99. 1998；*Tulipastrum acuminatum*（Linn.） Small，F1. Southeast. U. S. 451. 1331. 1903；*T. americanum*（Linn.）Spach var. *vulgare* Spach，Hist. Nat. Vég. Phan.，7：483. 1839；*Kobus acuminata* Nieuwland in Am. Midland Nat.，3：297. 1914.

落叶灌木，或乔木。叶椭圆形、长圆形，或卵圆形至倒卵圆形，长 5.0~20.0 cm，宽 2.5~10.0 cm，表面无毛，或疏被短柔毛，背面密被短柔毛，或绒毛，先端圆形、急尖，或渐尖，基部圆形至楔形，稀心形；叶柄长 1.3~5.0 cm，绿褐色，被柔毛，有时几无毛。单花具花被片 9（~12）枚，外轮花被片 3 枚，萼状，膜质，长达 2.5 cm，反卷，内轮花被片倒卵圆形至披针形，长 2.5~10.0 cm，宽 2.5~5.0 cm，黄色至黄绿色，常具紫青色晕；雄蕊长约 1.3 cm；花梗褐色，无毛或疏被柔毛，长约 2.5 cm。聚生；蓇葖果圆柱状，或椭圆体状，长 2.5~10.0 cm，径达 2.5 cm，无毛。花期（3~）5~6 月；果熟期 7~9 月。染色体数目 $2n = 76$。

图 3-25　渐尖玉兰 Yulania acuminata（Linn.）D. L. Fu

1.枝、叶和花，2.聚生蓇葖果（选自《TREES OF NORTU AMERICA》）。

产地：美国。

繁育栽培：播种育苗、嫁接育苗、植苗技术等。

用途：本种树形优美，为重要的园林绿化树种。玉蕾入中药，称“辛夷”，还是提取香料的原料。

变种：

（1）渐尖玉兰　原变种

Yulania acuminata（Linn.）D. L. Fu var. acuminata

（2）亚拉巴马渐尖玉兰（世界玉兰属植物资源与栽培利用）　变种

Yulania acuminata（Linn.）D. L. Fu var. alabamensis（W. W. Ashe）T. B. Zhao et Z. X. Chen，赵天榜、田国行等主编. 世界玉兰属植物资源与栽培利用. 243~244. 2013；*Magnolia acuminata*（Linn.）Linn. var. *alabamensis* W. W. Ashe，Torr.，31：37~41. 1931.

本变种小枝和叶被柔毛。花长 7.0~9.0 cm，绿色，或淡黄绿色。

产地：美国。

（3）金花渐尖玉兰（世界玉兰属植物资源与栽培利用）　变种

Yulania acuminata（Linn.）D. L. Fu var. aurea（W. W. Ashe）T. B. Zhao et Z. X. Chen，赵天榜、田国行等主编. 世界玉兰属植物资源与栽培利用. 244. 2013；*Magnolia acuminata*（Linn.）Linn. var. *aurea* Nicholson in The Garden，24：512. 1883；*M. acuminata*（Linn.）Linn. f. *aurea*（W. W. Ashe）Hardin in Jour. Elisha Mitchell Soc.，70（2）：306. 1954，*M. acuminata*（Linn.）Linn. var. *aurea* W. W. Ashe，Torr，31：37~41. 1931.

本变种植体无毛。叶绿色，具金黄色条纹。花几为金黄色。

产地：美国。

（4）鲁氏渐尖玉兰（世界玉兰属植物资源与栽培利用）　变种

Yulania acuminata （Linn.） D. L. Fu var. ludoviciana（Sargent）T. B. Zhao et Z. X. Chen，赵天榜、田国行等主编. 世界玉兰属植物资源与栽培利用. 244. 2013；*Magnolia acuminata*（Linn.） Linn. var. *ludoviciana* Sargent，Bot. Gaz.，67：208~242. 1919.

本变种小枝被柔毛。叶纸质，宽卵圆形至倒卵圆形，背面被绒毛。花长 7.5 cm。

产地：美国。

（5）奥托克渐尖玉兰（世界玉兰属植物资源与栽培利用） 变种

Yulania acuminata（Linn.） D. L. Fu var. ozarkensis（W. W. Ashe）T. B. Zhao et Z. X. Chen，赵天榜、田国行等主编. 世界玉兰属植物资源与栽培利用. 244. 2013；*Magnolia acuminata*（Linn.）Linn. var. *ozarkensis* W. W. Ashe in Journ. Elisha Mitch. Sci. Soc.，41：267~269. 1926.

本变种小枝光滑。叶倒卵圆形至卵圆形，光滑无毛。幼时极易与渐尖玉兰原模式相区别。花长 8.0~10.0 cm。

产地：美国。

（6）心叶渐尖玉兰（世界玉兰属植物资源与栽培利用） 变种

Yulania acuminata（Linn.）D. L. Fu var. Subcordata （Michx.） T. B. Zhao et Z. X. Chen，赵天榜、田国行等主编. 世界玉兰属植物资源与栽培利用. 244~245. 2013；*Tulipastrum americanum* Spach var. *subcordata* Spach，in Hist. Nat. Vég. Phan.，7：483，1839；*T. cordatum*（Michx.） Small，F1. Southeast. U. S. 451. 1331. 1903；*T. americanum* Spach var. *subcartum* Spach，Magnoliacae in Hist. Nat. Vég. Phan. Paris. 1839. var. Pp. 427~490；*Magnolia acuminata*（Linn.） Linn. var. *subcordata*（Spach） Dandy in S. Tucker，Terminal ideoblasts in Magnolia ceous leaves. Am. Journ. Bot.，51（10）：1051~1062. 1964；*M. cordata* Michx. Fl. Bor.-Am.，1：328. 1803；*M. acuminata*（Linn.）Linn. subsp. *Subcordata*（Spach）Dandy，American Jour. Bot. 51：1056. 1964；*M. acuminata*（Linn.）Linn. var. *cordata* Sargent in Am. Journ. Sci. ser.，3（32）：473. 1866；*M. cordata* and other woody plants，Bull. Torr. Bot.，54：579~582. 1927；*M. acuminata*（Linn.）Linn. subsp. *Subcordata* （Spach） Dandy in J. D. Tobe，Proc. Internat. Symp. Fam. Magnoliaceae 2000. Beijing，China：Science Press，97~98. 2000.

本变种灌木、小乔木，稀高达 10.0 m。小枝被短柔毛。叶小，多宽卵圆形，先端钝圆，基部心形，或浅心形。花鲜黄色，不为黄绿色（var. acuminata）。花期 5~6 月；果熟期 8~9 月。染色体数目 2 *n* = 76。

产地：美国。广东有引栽。

31. 紫玉兰（中国树木志、中国植物志） 图 3-26

Yulania liliflora（Desr.）D. L. Fu，傅大立. 玉兰属的研究. 武汉植物学研究，19（3）：198. 2001；中国科学院昆明植物研究所主编. 云南植物志. 第十六卷：29. 2006. 田国行等. 玉兰属植物资源与新分类系统的研究. 中国农学通报，22（5）：409. 2006；赵东武等. 河南玉兰属植物种质资源与开发利用的研究. 安徽农业科学，36（22）：9489. 2008；Xia Nian-He et Liu Yu-Hu，Flora of China. vol. 7：75. 2008；*Lassonia quinquepeta* Bu'choz，Pl. Nouv. Découv.. 21. t. 19. f. 2. 1779，descr. manca flsaque；*Magnolia liliflora* Desr. in

Lamarck, Encycl. Méth. Bot. 3：675. 1791，exclud. syn. “Mokkwuren fl. Albo Kaempfer”；牧野富太郎．牧野 新日本植物圖鑑．昭和五十四年 第 35 版；*M. obovata* Thunb. δ. *liliflora* De Candolle，l. c. 1817，p. p.；*M. discolor* Vent.，Jard. Malmais. Pl. t. 24. 1803；*Magracilis glauca* Salish. Parad. Loud. 11：87. t. 87. nom. illeg. 1807；*M. glauca* Salisb. *β.* flore magno atropurpureo Thunb.，Fl. Jap. 236. 1784，exclud. Syn. “Fonoki” et descr. fol；*M. obovata* Thunb. in Trans. L. Soc. Lond. 2：336. 1794，quoad syn. “Mokkwuren” et Kaempfer，Icon Sel. t. 44；K. Koch，Dendrol. 1：377. 1868. *M. obovata* Thanb. *β. discolor* De Candolle，Reg. Vég. Syst. 1：457. 1817；*M. obovata* Thunb. γ. *liliflora* De Candolle，l. c. 1817，p. p.；*M. obovata* Thunb. var. *purpurea* Bean，Trees and Shrubs Brit. Isl. 2：72. 1914；*Buergeria obovata* Sieb. & Zucc. in Abh. Math.-Phys. Cl. Akad. Wiss. Münch. 4（2）：187（Fl. Jap. Fam. Nat. 1：79）. 1843；*Talauma obovata* Hance in Jour. Bot. 20：2. 1882，non Korthals，1851；*T. obovata*（Sieb. & Zucc.）Benth. & Hook. f. ex Hance，Journ. Bot. 20：2. 1882；*Gwlillimia purpurea* C. de Vos，Handb. Boom. Heest. ed. 2. 115. 1887；*Magnolia purpurea* Curtis’s Bot. Mag. 11：t. 390. 1797；*M. denudata* Desr *b. purpurea* Schneid.，1. c. 1905；*Yulania japonica* Spach，*a . purpurea* Spach，Hist. Nat. Vég. Phan. 7：466. 1839；*Magnolia quinquepeta*（Buc'hoz）Dandy，Journ. Bot. 72：103. 1934，non Buc’hoz；Chen Bao Liang，and H. P. Noot. in Ann. Miss. Bot. Gard. 80（4）：1026~1027. 1993；*Talaumia Sieboldii* Miq. in Ann. Müs. Bot. Lugd.-Bat. 2：257（Prol. Fl. Jap. 145）. 1866，p.p. typ.；*T. obovata* Hance in Jour. Bot.，20：2. 1882，non Korthals，1851；*T. obovata*（Sieb. & Zucc.）Benth. & Hook.f. ex Hance，Journ. Bot.，20：2. 1882；*Magnolia denudata* Schneid.，Handb. I. 330. 1905（non Desr.）；*M. denudata* Desr.var.）*a . typica* Schneid.，Ⅲ. Handb. Laubh.，I. 330. 1905，non *M. denudata* Desr. 1791；*M. denudata b. purpurea* Schneid.，1. c. 1905；*M. denudata* sensu Lam.，Encycl. Méth. Bot. Suppl.，13：572. 1813，p. p..

落叶灌木。小枝细弱，紫褐色、灰紫色，或绿紫色，具光泽，平滑，初被短柔毛，后无毛。玉蕾卵球状，中部以上渐长尖。叶宽椭圆形、长圆形、椭圆形、倒卵圆形，长 6.0~10.0（~18.0）cm，宽 3.0~7.0 cm，先端急尖，或渐尖、短尖、长尾尖，基部渐窄呈楔形，边缘全缘，表面深绿色，幼时疏生短柔毛，后无毛，中脉被短柔毛，背面灰绿色，无毛，或疏被毛，中脉和侧脉稍隆起，沿脉疏被长柔毛；叶柄初被短柔毛，后无毛。花先叶开放，或花叶同时开放，杯状，稍芳香。单花具花被片 9 枚，外轮花被片 3 枚，萼状，披针形，淡绿色，或绿褐色，长 2.5~3.2 cm，宽 5~6 mm，先端尖，膜质，内轮花被片 6 枚，花瓣状，直立，长匙状椭圆形，长 7.5~9.0 cm，宽 3.5~4.5 cm，肉质，先端纯尖，外面中部以上红紫色，基部亮紫红色，内面中、上部乳白色，微具淡粉红色脉纹，基部亮紫红色，具亮紫红色脉纹；雄蕊多数，长 8~10 mm，紫红色，花丝长约 1 mm，紫红色，药室侧向纵裂，药隔伸出呈短尖头；雌蕊群圆柱状，长 1.2~1.5 cm；离生单雌蕊多数；子房长椭圆体状，微具紫色晕，长 2~3 mm，花柱背面紫褐色，先端向外弯曲；花梗膨大，长约 1.0 cm，被灰黄色长柔毛，或白色长柔毛。聚生蓇葖果卵球状，蓇葖果具喙。花期 3 月下旬至 4 月上旬。染色体数目 $2n = 38$。

图 3-26 紫玉兰 Yulania liliflora （Desr.） D. L. Fu

1. 花枝；2. 叶、枝和聚生蓇葖果；3. 雄蕊；4. 雌雄蕊群；5. 雌蕊群和萼状花被片（选自《中国树木志》）。

产地：中国湖北、四川等省、区有栽培。模式标本：f. 2 of t. 19（Buc'hoz，1779）。

繁育栽培：播种育苗、嫁接育苗、植苗技术等。

用途：本种花红紫色，直立，大、美丽，为庭院观赏树木良种。

变种：

（1）紫玉兰 原变种

Yulania liliflora（Desr.）D. L. Fu var. liliflora

（2）细萼紫玉兰（世界玉兰属植物资源与栽培利用） 变种

Yulania liliflora（Desr.）D. L. Fu var. gracilis（Salisb.）T. B. Zhao et Z. X. Chen，赵天榜、田国行等主编. 世界玉兰属植物资源与栽培利用. 252~253. 2013；*Magnolia gracilis* Salisb.，Parad Londin，2：t. 87. 1807；*M. liliflora* Desr. var. *gracilis*（Salisb.） Rehd. in Bailey，Stand. Cycl. Hort.，4：1968. 1915；*M. liliflora* Desr. var. *gracilis* Rehd.，牧野富太郎. 牧野 新日本植物圖鑑. 昭和五十四年 第 35 版；*Magnolia* 'Gracilis'，J. D. Callaway, The World of Magnolias. 173. 1994；*M. gracilis* C. de Vos, Handb. Boom. Heest.，ed. 2. 115. 1887；*M. deundata* Desr. f. *gracilis* Schneid.，Ⅲ. Handb. Laubh.，1：330. 1905；*Gwlillimia gracilis* C. de Vos，Handb. Boom. Heest.，ed. 2. 115. 1887.

本变种叶倒卵圆形，先端急尖，基部楔形，背面沿脉被短柔毛；叶柄短。花先叶开放。单花具花被片 9 枚，暗紫色，外轮花被片 3 枚，膜质，萼状，线状披针形，边缘内曲，淡绿色，花时反曲，长于雌雄蕊群，内 2 轮花被片 6 枚，肉质，小形、细，稍狭长，先端尖，直立，外面淡红紫色、红紫色，或浓红紫色，内面白色；雄蕊多数，着生于花托基部；离生单雌蕊多数。

产地：中国。日本有引种栽培。

（3）黑紫玉兰　全紫花玉兰（河南科技）　'黑紫'紫玉兰（世界园林植物与花卉百科全书）　变种

Yulania liliflora（Desr.） D. L. Fu var. nigra（Nichols.）T. B. Zhao et Z. X. Chen，赵天榜、田国行等主编. 世界玉兰属植物资源与栽培利用. 253. 2013；*Magnolia liliflora* Desr. 'Nigra' Vietch et Bean，Thees and Shruss Brit. Isl.，2：74. 1914；*M. liliflora* 'Nigra'. 克里斯托弗·布里克. 杨秋生、李振宇主译. 世界园林植物与花卉百科全书. 25. 彩片 2004；*M. liliflora* Desr. cv. 'Quanzi'，宋留高等. 紫花玉兰两新栽培变种. 河南科技，增刊：41~42. 1991；*M.* × *soulangiana* Soul.-Bod. var. *nigra* Nichols. in Gard.，25：276. 1884；*M. purpurea* Curtis in Bot. Magazine. 2：390. 1797；*Gwillimia purpurea* Curtis（var.） *nigricans* C. de Vos，Handb. in Boom. Heest.，ed. 2：115. 1887；*Magnolia liliflora* Desr. cv. 'Jianbei'，黄桂生等. 紫花玉兰两新栽培变种. 河南科技，增刊：41. 1991。

本变种花先叶开放，或花叶同时开放。单花具花被片 9 枚，外轮花被片 3 枚，萼状，膜质，披针状三角形，基部绿褐色，中部以上紫褐色，长 1.2~1.7 cm，基部宽 5~7 mm，先端渐尖，两侧边缘内曲，内轮花被片 6 枚，花瓣状，长椭圆形，长 6.0~6.5 cm，宽 2.8~3.8 cm，薄肉质，先端钝圆，外面黑紫色、紫色，内面红紫色，脉纹稍重；雄蕊多数紫红色；雌蕊群圆柱状，淡紫色，长 1.0~1.2 cm；离生单雌蕊多数；子房长卵球状，淡紫色，花柱紫色，或黑紫色；花梗稍膨大，长 5~10 mm，淡绿色，疏被柔毛。缩台枝无毛。花期 3 月底至 4 月初。1 年开花 3~5 次。其外轮花被片狭披针形，长 1.9~2.1 cm，宽 3~5 mm，内轮花被片 6 枚，宽披针形，先端渐尖，外面淡紫色，内面白色。染色体数目 $2n = 76$。

产地：中国。河南郑州有栽培。

（4）重瓣紫玉兰（湖南林专学报）　多瓣紫玉兰（中国木兰）　新改隶组合变种

Yulania liliflora（Desr.） D. L. Fu var. plena（C. L. Peng et L. H. Yan）T. B. Zhao et Z. X. Chen，var. transl. nov.；*Magnolia plena* C. L. Peng et L. H. Yan，彭春良等. 湖南木兰科新分类群. 湖南林专学报，试刊 1：14~17. 1995；*Yulania liliflora*（Desr.） D. L. Fu var. *polytepala* （Law，R. Z. Zhou & R. J. Zhang）T. B. Zhao et Z. X. Chen，赵天榜、田国行等主编. 世界玉兰属植物资源与栽培利用. 253. 2013；*Magnolia polytepala* Law，R. Z. Zhou & R. Z. Zhang in Botanical Journal of the Linnean Society，151：289~292. 2006；*Magnolia polytepala* Law et R. Z. Zhao ined.，刘玉壶主编. 中国木兰. 94~95. 彩图（绘）. 彩图 3 幅. 2004。

本变种单花具花被片 9~16 枚，外面深紫色，内面淡紫色，或白色，外轮花被片 3 枚，萼状。

产地：中国湖南。彭春良等，95007（Typuis in HFBG，湖南省森林植物园）。福建武夷山也有分布。

（5）白花紫玉兰（世界玉兰属植物资源与栽培利用）　变种

Yulania liliflora（Desr.）D. L. Fu var. alba T. B. Zhao，Z. X. Chen，赵天榜、田国行等主编. 世界玉兰属植物资源与栽培利用. 253~254. 2013。

本变种单花具花被片 9~15 枚，内轮花被片 6 枚，外面白色，基部中间淡粉红色晕。

产地：中国河南。模式标本采自鸡公山，存河南农业大学。

32. 美丽玉兰（世界玉兰属植物资源与栽培利用） 美丽紫玉兰（中国木兰） 新改隶组合种 图 3-27

Yulania concinna（Law et R. Z. Zhou） T. B. Zhao et Z. X. Chen，赵天榜、田国行等主编. 世界玉兰属植物资源与栽培利用. 259~260. 2013；*Magnolia concinna* Law et R. Z. Zhou ined.，刘玉壶主编. 中国木兰. 44~55. 彩图. 彩照. 2004。

落叶乔木，高 10.0 m。树皮灰褐色。叶芽、玉蕾被白色平伏短柔毛。叶纸质，椭圆形、倒卵圆状椭圆形，长 11.0~19.0 cm，宽 5.0~9.0 cm，先端钝圆，或短渐尖，基部宽楔形，边缘全缘，表面绿色，侧脉凹入，背面灰绿色，主脉和侧脉隆起，被白色平伏短柔毛，侧脉 11~13 对；叶柄长 1.5~3.0 cm，被白色平伏短柔毛，托叶痕为叶柄长度的 1/3。花先叶开放，或花叶同时开放，杯状，稍芳香。单花具花被片 12 枚，外轮花被片 3 枚，萼状，披针形，淡绿色，先端尖，膜质，内轮花被片 9 枚，花瓣状，直立，倒卵圆状椭圆形、倒卵圆状匙形，长约 8.0 cm，宽约 3.5 cm，肉质，先端钝圆，外面基部淡红色，中上部紫红色脉；雄蕊多数，白色，长约 1.4 cm，花丝长约 4 mm，红色，花药长约 9 mm，药室侧向纵裂，药隔淡黄色，先端伸出呈短尖头；雌蕊群圆柱状，红色，长 1.0~1.5 cm；离生单雌蕊多数，子房被白色平伏短柔毛；花梗被灰黄色平伏长柔毛。聚生蓇葖果圆柱状，或长椭圆体状，长 5.0~10.0 cm，淡褐色；蓇葖果近球状，先端具短喙，成熟后背裂。花期 3~4 月；果熟期 8~9 月。

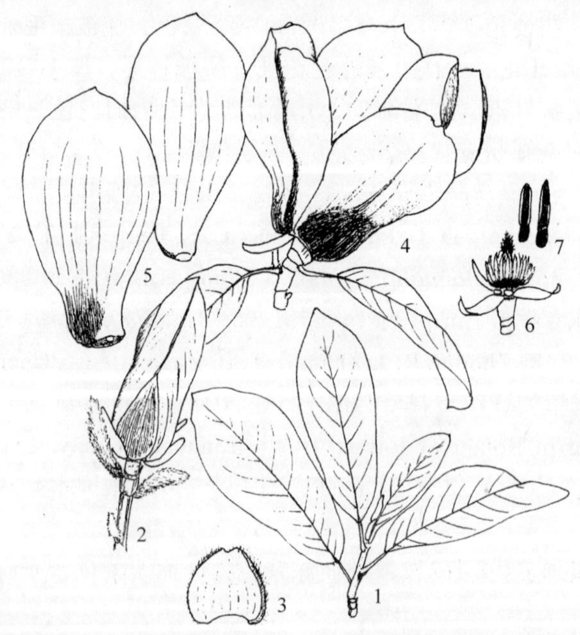

图 3-27 美丽玉兰 Yulania concinna （Law et R. Z. Zhou） T. B. Zhao et Z. X. Chen

1. 叶、枝；2. 初花和叶芽；3. 芽鳞状托叶；4. 花枝和叶；5. 花被片；6. 雌雄蕊群和萼状花被片；7. 雄蕊（描自刘玉壶主编. 2004.《中国木兰》）。

本种与紫玉兰 Yulania liliflora （Desr.） D. L. Fu 相似，区别是：落叶乔木。叶芽，玉蕾和叶柄被平伏白色短柔毛。叶椭圆形，表面主脉和侧脉被平伏白色短柔毛。花先叶开放，或花叶同时开放。单花具花被片 12 枚，外轮花被片 3 枚，萼状，披针形，内轮花被片 6 枚，花瓣状，基部淡紫色，外面中脉红色；雄蕊白色，花丝和离生单雌蕊红色；离生单雌蕊和花梗被平伏白色短柔毛。

产地：中国福建。模式标本采自福建武夷山，存中国科学院华南植物园。

繁育栽培：嫁接育苗、植苗技术等。

用途：本种为优良观赏树种。

33. 布鲁克林玉兰（中国农学通报）　杂交种

Yulania × brooklynensis（G. Kalmbacher）D. L. Fu，田国行等. 玉兰属植物资源与新分类系统的研究. 中国农学通报，22（5）：409. 2006；*Magnolia* × *brooklynensis* G. Kalmbacher in New. Am. Magnolia Soc.，8（2）：7~8. 1972。

本杂交种很像紫玉兰 Y. liliflora（Desr.）D. L. Fu。其生长健壮、耐寒。花期长，表现从 5 月中下旬至 6 月中旬。染色体数目 2 *n* =78。

产地：美国。本杂交种杂交亲本为：渐尖玉兰 Y. acuminata（Linn.）D. L. Fu × 紫玉兰。

繁育栽培：嫁接育苗、植苗技术等。

34. 望春玉兰（秦岭植物志、中国植物志）　辛夷（神农本草经）　木笔（本草拾遗、图经本草）　望春花（中华植物学会杂志、中国树木分类学）　华中木兰（湖北植物志）　萼辛夷（中国木本药用植物）　华氏木兰（经济植物手册）　图 3-28

Yulania biondii（Pamp.）D. L. Fu，傅大立. 玉兰属的研究. 武汉植物学研究，19（3）：198. 2001；田国行等. 玉兰属植物资源与新分类系统的研究. 中国农学通报，22（5）：407. 2006；赵东武等. 河南玉兰属植物种质资源与开发利用的研究. 安徽农业科学，36（22）：9488. 2008；孙军等. 望春玉兰品种资源与分类系统的研究. 安徽农业科学，36（22）：9492~9492. 9501. 2008；Xia Nian-He et Liu Yu-Hu，Flora of China. vol. 7：74~75. 2008；*Magnolia biondii* Pamp. in Nuov. Giorun Bot. Ital. n. ser. 17：275. 1910, et in Bull. Soc. Tosc. Ortic. ser. 316：216. 1911, 18. t. 3. 1911；*M. aulacosperma* Rehd. & Wils. in Sargent，Pl. Wils. I：396~397. 1913；Bois in Rev. Hort. n. ser.，24：40. fig. 10. 11. 1924；*M. fargesii*（Finet & Gagnep.）Cheng in Journ. Bot. Soc. China. 1（3）：296. 1934；*M. conspicua* Salisb. var. *fargesii* Finet & Gagnep. in Bull. Soc. Bot. Françe（Mém.）4：38. 1905；*M. obovata sensu* Pavolini in Nuov. Giorn. Bot. Ital. n. ser. 17：275. 1910；18 t. 3 1911；*Lassonia quinquepeta* Buc'hoz，Pl. Nouv. Décour.，21. t. 19. f. 2. 1779；*Magnolia quinquepeta*（Buc'hoz）Dandy，Journ. Bot.，72：103. 1934，non Buc'hoz （1779）；*M. fargesii*（Finet & Gagnep.） Cheng in Journ. Bot. Soc. China，1（3）：296. 1934；*M. denudata* Desr. var. *fargesii*（Finet & Gagnep.）Pamp. in Bull. Soc. Tosc. Ortic.，20：200. 1915.

落叶乔木。玉蕾卵球状；芽鳞状托叶 4~6 枚，外面密被浅黄色长柔毛。叶长卵圆形、狭卵圆形、椭圆形、倒卵圆状椭圆形，长 10.0~21.7 cm，宽 3.5~6.5 （~11.0）cm，先端短渐尖、渐尖，基部圆形，稀楔形，表面暗绿色，具光泽，初被长柔毛，后无毛，背面淡绿色、灰绿色，通常被短柔毛，后无毛，沿脉疏被短柔毛；叶柄浅黄绿色，长 1.0~2.0 cm。花先叶开放，径 6.0~12.0 cm，芳香。单花具花被片 9 枚，外轮花被片 3 枚，萼状，条形、线形等，长 3~15 mm，膜质，早落，内轮花被片 6 枚，薄肉质，白色，或白色，外面主脉、基部淡紫色，有时紫色，内面白色，匙状椭圆形，或倒卵状披针形，长 4.0~6.0 cm，宽 1.3~2.5 cm，先端短尖；雄蕊多数，花丝短于花药；离生单雌蕊多数，子房无毛，花柱先端内曲，微有紫色晕；花梗长 7~11 mm，密被浅黄色毛。聚生蓇葖果圆柱状，不规则弯曲，长 6.0~14.5（~25.3）cm；果梗粗壮，宿存长柔毛；蓇葖果球状、近球状，表面疏被疣点，先端无喙。花期 2~4 月；果熟期 8~9 月。聚生蓇葖果成熟后常 1~3 年悬挂树上不脱落。染色体数目 $2n = 76$。

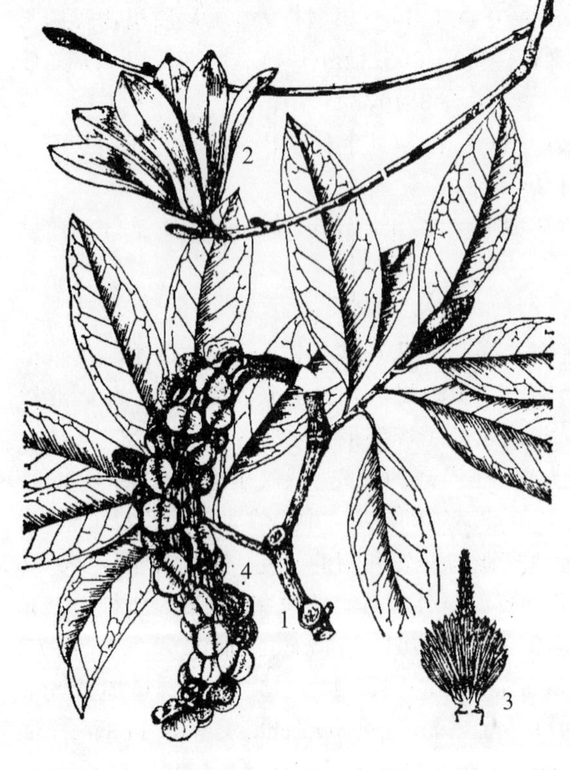

图 3-28　望春玉兰 Yulania biondii （Pamp.） D. L. Fu

1. 枝、叶和玉蕾；2. 花枝；3. 雌雄蕊群；4. 聚生蓇葖果（选自《秦岭植物志》）。

产地：中国陕西、河南、湖北、安徽、四川等省。河南南召、鲁山县有大面积人工栽培。模式标本：Scia-men-kou，alt. citc. 900 m. Ⅰ. V-10. Ⅻ. 1906（Ju-teen-kou），Ⅰ. 1906 J（n. 734，734 α）。

繁育栽培：播种育苗、嫁接育苗、植苗技术等。

用途：玉蕾入中药，称“辛夷”，是珍贵中药材，还是我国重要中药材出口物资之一。树形美观，生长快，材质好，是优良的绿化观赏树种和用材树种。其树根发达，适应性强，是我国长江中游山区绿化和水土保持林、水源涵养林的优良树种，也是优良的林粮间作树种 。此外，它与木兰科多种树种的嫁接亲和力高，是优良的砧木资源。望春玉兰 1 品种“辛夷”挥发油中含有金合欢醇 farneso 10.90%等，是优良的香料原料，具有巨大的开发利用潜力。

注：河南省南召县所产“辛夷”是望春玉兰 （望春花） 之玉蕾，不是紫玉兰。

变种：

（1）望春玉兰　原变种

Yulania biondii （Pamp.） D. L. Fu var. biondii

本原变种内轮花被片白色。

（2）狭被望春玉兰（植物研究）　变种

Yulania biondii（Pamp.）D. L. Fu var. angutitepala D. L. Fu，T. B. Zhao et D. W. Zhao，傅大立等. 河南玉兰属两新变种. 植物研究，27（4）：16~17. 2007。

本变种叶椭圆形，先端钝而具尖头。单花具花被片 9 枚，外轮花被片 3 枚，萼状，披针形，早落，内 2 轮花被片 6 枚，花瓣状，长 5.0~6.5 cm，宽 0.8~1.3（~1.5）cm，白色，外面近基部微有淡紫色晕。

产地：中国河南。模式标本采自鸡公山，存河南农业大学。

（3）黄花望春玉兰（河南农业大学学报）　变种

Yulania biondii （Pamp.） D. L. Fu var. flava （T. B. Zhao，J. T. Gao et Y. H. Ren） T. B. Zhao et Z. X. Chen，赵天榜、田国行等主编. 世界玉兰属植物资源与栽培利用. 262. 2013；*Magnolia biondii* Pamp. var. *flava* T. B. Zhao，J. T. Gao et Y. H. Ren，丁宝章等. 中国木兰属植物腋花、总状花序的首次发现和新分类群. 河南农业大学学报，19（4）：362~363. 1985。

本变种叶倒卵圆状椭圆形，基部楔形，两侧不对称。花杯状，黄色。单花具花被片 9 枚，外轮花被片 3 枚，三角形，膜质，早脱落，萼状，内轮花被片 6 枚，薄肉质，匙状椭圆形。

产地：中国河南。模式标本采自南召县，存河南农业大学。

（4）富油望春玉兰（世界玉兰属植物资源与栽培利用）变种

Yulania biondii（Pamp.）D. L. Fu var. fuyou D. L. Fu et T. B. Zhao，赵天榜、田国行等主编. 世界玉兰属植物资源与栽培利用. 262~263. 2013。

本变种叶倒卵圆状椭圆形，基部楔形，两侧不对称。花杯状。单花具花被片 9~11 枚，外轮花被片萼状，内轮花被片薄肉质，匙状椭圆形。

产地：中国河南。模式标本采自郑州市，存河南农业大学。

用途：富油望春玉兰“辛夷”挥发油含率 4.9%，为挥发油植物之冠；望春玉兰还具有生长快、“辛夷”产量高、树形优美、扦插成活率高等优良特性，具有广阔的开发利用价值。

（5）紫色望春玉兰（河南农学院学报）　紫望春玉兰（植物研究）　变种

Yulania biondii（Pamp.）D. L. Fu var. purpurea （T. B. Zhao，S. Y. Wang et Y. C. Qiao） T. B. Zhao et Z. X. Chen，赵天榜、田国行等主编. 世界玉兰属植物资源与栽培利用. 263. 2013；*Magnolia biondii* Pamp. var. *purpurea* T. B. Zhao，S. Y. Wang et Y. C. Qiao，丁宝章等. 河南木兰属新种和新变种. 河南农学院学报，4：10. 1983；*M. biondii* Pamp. f. *purpurascens* Law et Gao，刘玉壶、高增义. 河南木兰属新植物. 植物研究，4 （4）：192. 1984。

本变种叶倒卵圆形，或长椭圆形。单花具瓣状花被片 6 枚，较小，两面紫色，或淡紫色；离生单雌蕊、雄蕊及花托均为紫色；花梗和缩台枝被白色短柔毛。

产地：中国河南。模式标本，采自鲁山县，存河南农业大学。

（6）白花望春玉兰（木兰及其栽培）　变种

Yulania biondii （Pamp.） D. L. Fu var. alba （ T. B. Zhao et Z. X. Chen ） T. B. Zhao et Z. X. Chen，赵天榜、田国行等主编. 世界玉兰属植物资源与栽培利用. 263. 2013；*Magnolia biondii* Pamp. var. *alba* T. B. Zhao et Z. X. Chen，赵天榜等. 木兰及其栽培. 12. 1991。

本变种单花具瓣状花被片 6 枚，白色。

产地：中国河南。模式标本采自南召县，存河南农业大学。

35. 日本辛夷（中国树木志）　皱叶木兰（中国植物志）　图 3-29

Yulania kobus（DC.）Spach，Hist. Nat. Vég. Phan. 7：467. 1839；傅大立. 玉兰属的研究. 武汉植物学研究，19（3）：189. 2001；田国行等. 玉兰属植物资源与新分类系统的研究. 中国农学通报，22（5）：408. 2006；赵东武等. 河南玉兰属植物种质资源与开发利用的研究. 安徽农业科学，36（22）：9489. 2008；*Magnolia kobus* DC.，nom. cons. prop., Syst. Nat. 1：456. 1817；牧野富太郎. 牧野 新日本植物圖鑑. 昭和五十四年 第 35 版；白澤保美著. 複製 日本森林樹木図譜 上册. 明治四十四年；De Candolle，Reg. Vég. Syst. 1：456. 1818，exclud. syn. *M. gracilis* C.de Vos；*M. kobus* Maxim. in Bull. Acad. Sci. St. Pétersb. 17：417 （in Mél. Biol. 8：507）. 1872，quoad specim e Hokkaido.；*M. kobushi* Mayr，Fremdl. Wald. & Parkbäume，484. f. 207. 1906；*Buergeria obovata* Sieb. & Zucc.（non *Magnolia obovata* Thunb. 1794.）in Abh. Math.-Phys. Cl. （Königl. Bayer.） Akad. Wiss. Münch. 4（2）：187（Fl. Jap. Fam. Nat. 1：79）. 1845，p. p.；*Magnolia glauca* Salisb. *a.* flore albo Thunb. Fl. Jap. 236. 1784. P. P.；*M. praecocissima* Köidz. in Bot. Mag. Tokyo, 43：386. 1929；*M. praecocissima* Köidz. var. *borealis*（Sarg.） Köidz. in Bot. Mag. Tokyo，43：387. 1929；*M. thurberi* Parsons in Garden，13：572. 1878，nom；*M. kobus* Maxim. in Bull. Acad. Sci. St. Pétersb.，17：417（in Mél. Biol.，8：507）. 1872，quoad specima ex Hokkaido；*M. kobus* Thunb. in L. H. Bailey，MANUAL OF CULTIVATED PLANTS. 290. 1925；*Magnolia kobus* DC. in D. J. Callaway，The World of Magnolias. 156~158. 1994.

落叶乔木。玉蕾单生枝顶，卵球状。叶倒卵圆状椭圆形，长 8.0~17.0 cm，宽 3.5~11.0 cm，先端急短尖，基部窄楔形，稍下延，边缘微波状，表面暗绿色，主脉基部被白色长柔毛，背面灰绿色，沿脉被白柔毛；叶柄长 1.0~2.5 cm，初被白柔毛，后无毛。花单生枝顶，先叶开放，径 7.0~10.0 cm，白色，芳香。单花具花被片 9 枚，外轮花被片 3 枚，萼状，绿色、黄白色，或浅褐色，三角状条形，长 1.5~4.0 cm，内轮花被片 6 枚，白色，有时外面基部紫红色，匙形、狭倒卵圆形，长 5.0~9.0 cm，宽 1.5~3.0 cm，内轮花被片较小；雄蕊多数，花丝紫红色；雌蕊群圆柱状；离生单雌蕊子房绿色；花梗长 7~10 mm，无毛。缩台枝被柔毛。聚生蓇葖果圆柱状，长 3.5~10.0 cm，常扭曲。蓇葖果扁球状，具白色皮孔。花期 3~4 月；果熟期 9~10 月。染色体数目 $2n = 38$。

图 3-29　日本辛夷 Yulania kobus（DC.） Spach

1. 叶、枝和聚生蓇葖果；2. 花枝；3. 玉蕾；4. 雌雄蕊群；5. 雌蕊群和缩台枝（选自白澤保美著.《複製 日本森林樹木図譜》）。

产地：日本和朝鲜半岛南部。我国山东青岛、河南新郑市有引种栽培。模式标本：Kaempfer （lectotype，selected by Rehder （1930），BM）。

繁育栽培：播种育苗、嫁接育苗、植苗技术等。

用途：本种为良优观赏树种。玉蕾入药，作“辛夷”，还可提取香料的原料。

注：作者尚未查到假日本辛夷（新拟） *Magnolia psuedo-kobus* Ashe 的有关资料，现存异，尚待进一步研究。

变种：

（1）日本辛夷　原变种

Yulania kobus（DC.）Spach var. kobus

（2）北方日本辛夷（世界玉兰属植物资源与栽培利用）　变种

Yulania kobus（DC.）Spach var. borealis（Sargent）T. B. Zhao et Z. X. Chen，赵天榜、田国行等主编. 世界玉兰属植物资源与栽培利用. 272. 2013；*Magnolia*；*kobus* DC. var. *borealis* Sargent，Trees & Shrubs. 2：57. 1908；*M. praecocissima* Köidz. var. *borealis*（Sargent）Köidz. in Bot. Mag. Tokyo，43：387. 1929；*Magnolia kobus* DC. 'Borealis' in D. J. Callaway，The World of Magnolias. 157. 1994.

本变种树冠圆锥状，耐寒。株体比日本辛夷模式大。花大，带微红白色。

产地：日本。

（3）变异日本辛夷（世界玉兰属植物资源与栽培利用）　变种

Yulania kobus（DC.）Spach var. variabilis（Sargent）T. B. Zhao et Z. X. Chen，赵天榜、田国行等主编. 世界玉兰属植物资源与栽培利用. 272~273. 2013。

本变种叶卵圆形、宽卵圆形，长 5.0~11.0 cm，宽 3.5~6.5 cm，中部最宽，先端急尖，稀钝圆，基部圆形，或宽楔形，两侧不对称，表面绿色，稍具光泽，无毛，主、侧脉微下陷，背面绿色，无毛，主、侧脉突起，无毛；叶柄细，长 0.8~1.8 cm，无毛。花枝细弱。玉蕾顶生，小，卵球状；芽鳞状托叶外面密被长柔毛；佛焰苞状托叶黑褐色，外面密被长柔毛。花先叶开放。单花具花被片 9 枚，稀 11 枚，外轮花被片 3 枚，萼状，淡黄绿色，窄披针形，长 0.8~1.2 cm，宽 2 mm，内轮花被片质薄，6 枚，稀 8 枚，白色，有时外面基部紫红色，沿中脉紫红色直达先端，倒卵圆形，长 4.5~5.0 cm，宽 2.0~2.5 cm，内轮花被片有时稍窄；雄蕊群高于雌蕊群；雄蕊多数，花丝紫红色；雌蕊群圆柱状；离生单雌蕊子房绿色，长 1.0~1.2 cm，花柱极短，长约 1 mm，浅黄色；花梗无毛，仅顶端具 1 环状、白色长柔毛。缩台枝无毛。缩台枝与花梗之间具有很短 1 节，其上密被白色柔毛。

产地：中国河南。模式标本采自新郑市，存河南农业大学。

（4）时珍玉兰（植物研究）　新组合变种　图 3-29-1

Yulania kobus（DC.）Spach var. shizhenii（D. L. Fu et F. W. Li）T. B. Zhao et Z. X. Chen，var. comb. nov.，*Yulania shizhenii* D. L. Fu et F. W. Li，傅大立等. 四川玉兰属两新种. 植物研究，2010，30（4）：387~389。

落叶乔木。叶倒卵圆形，长 9.5~14.5 cm，宽 4.5~6.5 cm，表面绿色，沿主脉疏被短柔毛，背面淡绿色，主侧脉疏被短柔毛，先端钝圆尖，具长 1.0~1.5 cm 的小短尖头，基部楔形，侧脉 8~10 对；叶柄浅黄绿色，长 0.8~1.3 cm，疏被白色短柔毛。玉蕾单生枝顶，卵圆球状，先端钝圆，长约 1.5 cm，径约 1.0 cm；芽鳞状托叶外面被浅黄色长柔毛。花先叶开放，或花叶同时开放。单花具花被片 9 枚，纯白色，外轮花被片 3 枚，萼状，膜质，条形，长 1~2 mm，内轮花被片 6 枚，倒卵圆状匙形，长 5.0~6.5 cm，宽 1.5~2.0 cm，先端钝圆；雄蕊约 20 枚，白色，长约 8 mm，药室侧向纵裂，药隔伸出短尖头，花丝宽于花药；雌蕊群圆柱状，白色；离生单雌蕊多数；子房白色，无毛，柱头和花柱白色；花梗长约 5 mm，无毛。缩台枝无毛。聚合蓇葖果未见。花期 3 月。

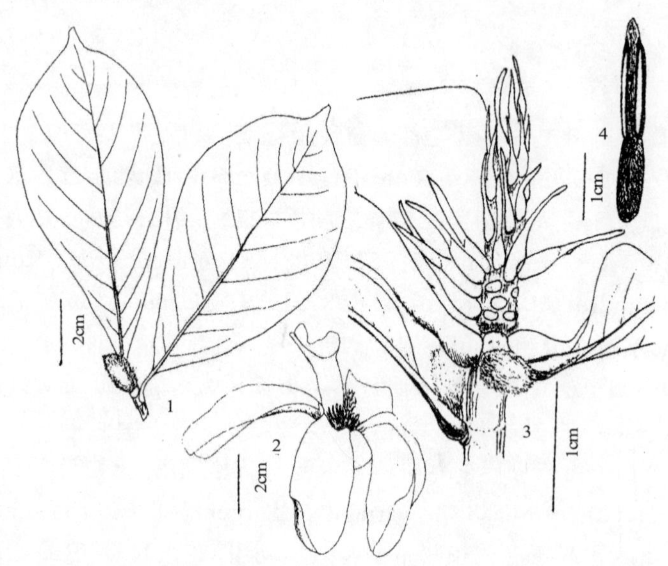

图 3-29-1　时珍玉兰 Yulania kobus （DC.） Spach var. shizhenii （D. L. Fu et F. W. Li）T. B. Zhao et Z. X. Chen

1. 叶、枝和玉蕾；2. 花；3. 雌雄蕊群和玉蕾状叶芽；4. 雄蕊（选自傅大立等《植物研究》）。

产地：四川。模式标本采自昌都市，存中国林业科学研究院。

用途：本种为优良观赏树种。

36. 星花玉兰（中国农学通报）　星花木兰（中国树木志）　星玉兰（辽宁植物志）四手辛夷（经济植物手册）　图 3-30

Yulania stellata（Sieb. & Zucc.）D. L. Fu，田国行等. 玉兰属植物资源与新分类系统的研究. 中国农学通报，22（5）：407. 2006；赵东武等. 河南玉兰属植物种质资源与开发利用的研究. 安徽农业科学，36（22）：9489. 2008；*Yulania stellata*（Maxim.）N. H. Xia et al.，Flora of China. vol. 7：75. 2008；*Buergeria stellata* Sieb. & Zucc. in Abh. Math.-Phys. Cl.（Königl Bayer.） Akad. Wiss. Münch. 4（2）：186. t. 11α（F1. Jap. Fam. Nat. I：78） 1843；*Talauma stellata*（Sieb. & Zucc.） Miq. in Ann. Mus. Bot. Lugd.-Bat. II：257（Prol. F1. Jap. 145）. 1866；*Magnolia stellata* Maxim. 牧野富太郎. 牧野 新日本植物圖鑑. 昭和五十四年 第 35 版；仓田 悟. 原色 日本林業樹木図鑑 第 1 卷. 128 ~ 131. 1971；*Magnolia stellata*（Sieb. & Zucc.） Maxim. Bull. Acad. Sci. St. Pétersb. XⅦ. 419.（in Mél. Biol. Ⅶ. 509）. 1872；*Magnolia kobus* DC. var. *stellata*（Sieb. & Zucc.）B. C. Blackburn，Baileya. 5（1）：3~13. 1957；*M. kobus* DC. f. *stellata*（Sieb. & Zucc.）B. C. Blackburn, Popul. Gard. 5(3)：73. 1954；*Magnolia halleana* Pars. in Gard. 13：572. t. 1878；*Gwillimia Halleana stellata* C. de Vos. Handb. Boom. Heest. ed. 2. 115. 1887；K. Ueda in

Taxon. 35：344. 1986，et in Journ. Arn. Arb. 69：281. 1988；*Magnolia tomentosa* Thunb. in Trans. L. Soc. London 2：336. 1794，quoad synonymum Kobus；*Yulania tomentosa*（Thunb.）D. L. Fu，傅大立. 武汉植物学研究，19（3）：168. 2001。

落叶灌木、大灌木，或小乔木。叶宽倒卵圆形、长椭圆形，长 4.0~11.0 cm，宽 2.0~7.0 cm，先端钝圆，急尖至短渐尖，基部楔形，边缘全缘，表面深绿色，无毛，仅沿脉疏被短柔毛，背面浅绿色，无毛，沿脉被密长柔毛，后无毛，主脉和侧脉隆起明显；叶柄长 1.3~1.4 cm，初被短柔毛，后无毛。玉蕾卵球状，顶生。花先叶开放。单花具花被片 12~18 枚，稀 48 枚，外轮花被片 3 枚，萼状，披针形，长 1.5~2.0 mm，宽 2~3 mm，早落，内轮花被片 9~15 枚，稀 45 枚，形状很相似，通常狭卵圆形、狭长椭圆形、倒卵圆形，长 3.2~6.5 cm，宽 7~17 mm，白色至玫瑰色，开后常反曲；雄蕊多数，花药线形；雌蕊群圆柱状；花梗密被灰色长柔毛。聚生蓇葖果圆柱状，不规则弯曲，长 5.0~10.0 cm；蓇葖果近球状，长 7~12 mm，先端具短喙。染色体数目 $2n = 38$。

图 3-30　星花玉兰 Yulania stellata（Sieb. & Zucc.）D. L. Fu

1. 花枝、叶芽和玉蕾；2. 玉蕾；3. 雌蕊群；4. 雄蕊；5. 叶枝和聚生蓇葖果；6. 聚生蓇葖果；7~8. 骨质种子（选自仓田 悟.《原色 日本林業樹木図鑑》）。

产地：日本。中国山东青岛市、河南新郑市有引种。

繁育栽培：播种育苗、嫁接育苗、植苗技术等。

用途：本种主要供观赏。玉蕾入药作“辛夷”用，也是提取香料的原料之一。

变种：

（1）星花玉兰　原变种

Yulania stellata（Sieb. & Zucc.）D. L. Fu var. stellata

本变种花白色。

（2）灌木星花玉兰（世界玉兰属植物资源与栽培利用）　变种

Yulania stellata（Sieb. & Zucc.）D. L. Fu var. keiskei（Makino）T. B. Zhao et Z. X. Chen，赵天榜、田国行等主编. 世界玉兰属植物资源与栽培利用. 276. 2013；*Magnolia stellata*（Sieb. & Zucc.） Maxim. var. *keikei* Makino in Bot. Mag. Tokyo，26：82. 1912；*M. keiskei*（Makino） Ihrig in Arb. Bull. Univ. Wash.，11（2）：33. 1948.

本变种丛生小灌木，枝密。花小，密，花被片外面淡红色，内面白色。

产地：日本。

（3）玫瑰星花玉兰（世界玉兰属植物资源与栽培利用）　四手辛夷（经济植物手册）　变种

Yulania stellata（Sieb. & Zucc.）D. L. Fu var. rosea （Veitch） T. B. Zhao et Z. X. Chen，赵天榜、田国行等主编. 世界玉兰属植物资源与栽培利用. 276. 2013；*Magnolia stellata*（Sieb. & Zucc.）Maxim. var. *rosea* Veitch in Journ. Hort. Soc. Lond.，27：865 f. 1902；*M. stellata*（Sieb. & Zucc.）Maxim. f. *rosea* （Veitch） Schelle in Beissiner et al. Handb. Laubh.-Ben.，99. 1903“f.”；*M. rosea*（Veitch）Ihrig in Arb. Bull. Univ. Wash.，11（2）：34. 1948.

本变种小枝密被细绒毛，深灰色。芽密被细柔毛，后无毛，或多或少有毛。叶倒卵圆形、宽椭圆形，先端短尖，或钝尖，基部楔形，表面深绿色，背面沿主脉被绒毛。花先叶开放，径 10.0~12.0 cm。单花具花被片 12~18 枚，粉红色。

产地：日本。我国引入栽培。

37. 柳叶玉兰（中国农学通报）　柳叶木兰（经济植物手册、世界园林植物与花卉百科全书）　图 3-31

Yulania salicifolia （Sieb. & Zucc.） D. L. Fu，傅大立. 玉兰属的研究. 武汉植物学研究，19（3）：198. 2001；田国行等. 玉兰属植物资源与新分类系统的研究. 中国农学通报，22（5）：408. 2006；*Buergeria salicifolia* Sieb. & Zucc. in Abh. Math.-Phys. Cl. Akad. Wiss. Münch. 4（2）：187 （Fl. Jap. Fam. Nat. 1：79）. 1843；*Magnolia salicifolia* Maxim. 牧野富太郎. 牧野 新日本植物圖鑑. 昭和五十四年 第 35 版：542. 第 1264 圖；仓田 悟. 原色 日本林業樹木図鑑 第 3 卷. 彩圖(绘)18 ~ 21. 1971；朝日新聞社編. 朝日園芸植物事典. 148. 彩圖 240. 1987；白澤保美著. 複製　日本森林樹木圖譜. 120~122. 第四十版圖解. 明治四十四年；*Magnolia salicifolia* （Sieb. & Zucc.） Maxim. in Bull. Acad. Sci. St. Pétersb. 17：419（in Mél. Biol. 8：509）. 1872；*Talauma* ？*salicifolia* Miq. in Ann. Mus. Bot. Lugd.-Bat. 2：258（Prol. Fl. Jap. 145）. 1866.

灌木，或大灌木。顶生玉蕾被黄色长柔毛，或银色长柔毛，通常具不同的香味。叶卵圆形，稀椭圆形，通常宽在中部，长 5.0~15.2 cm，宽 2.5~7.6 cm，表面暗绿色，具光泽，背面灰绿色，先端急尖至渐尖，基部楔形至圆形；叶柄无毛，黄棕色，长达 2.5 cm。花先叶开放。单花具花被片 9~12 枚，内轮花被片 6~9 枚，匙形，长 5.0~10.0 cm，宽 2.5~5.0 cm，具光彩，基部通常粉红色，外轮花被片 3 枚，萼状；离生单雌蕊多数，子房白色，或乳黄色，长达 1.3 cm；花梗无毛。聚生蓇葖果圆柱状，长 5.0~7.6 cm，红褐色。染色体数目 $2n=38$。

产地：日本。广东有引种栽培。

繁育栽培：播种育苗、嫁接育苗、植苗技术等。

用途：本种为优良观赏树种。玉蕾入药，称“辛夷”，也是香料的资源。

变种：

（1）柳叶玉兰　原变种

Yulania salicifolia（Sieb. & Zucc.）D. L. Fu var. salicifolia

（2）帚状柳叶玉兰（世界玉兰属植物资源与栽培利用）　变种

Yulania salicifolia（Sieb. & Zucc.）D. L. Fu var. fasciata（Millais）T. B. Zhao et Z. X. Chen，赵天榜、田国行等主编. 世界玉兰属植物资源与栽培利用. 283. 2013；*Magnelia salicifolia*（Sieb. & Zucc.）Maxim. var. *fasciata* Millais，Magnolias. 213. t. 1927，var. *fustigiata* sub tab.；*M. salicifolia*（Sieb. & Zucc.）Maxim. f. *fasciata*（Millais）Rehd. in Trees and Shrubs. 181. 1949.

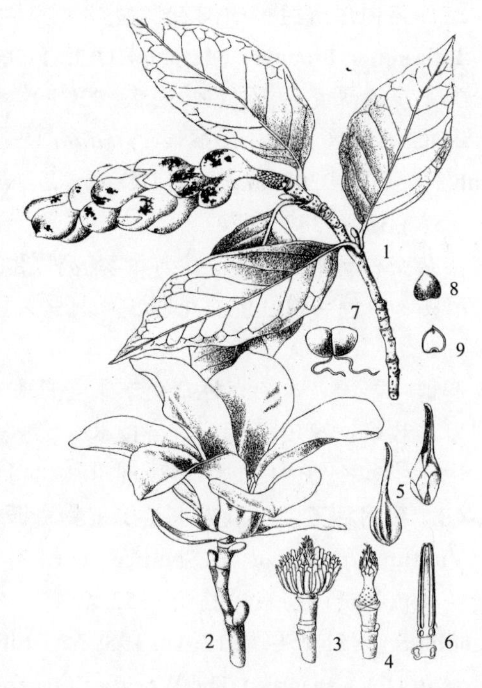

图 3-31　柳叶玉兰 Yulania salicifolia（Sieb. & Zucc.）D. L. Fu

1. 叶枝和聚生蓇葖果；2. 花枝；3. 雌雄蕊群；4. 雌蕊群、缩台枝；5. 雌蕊；6. 雄蕊；7. 拟假种片皮种子；8~9. 骨质种子（选自《原色 日本林業樹木図鑑》）。

本变种簇生，树冠帚状。

产地：英格兰。

38. 凯武玉兰（中国农学通报）　杂交种

Yulania × kewensis（Pearce）D. L. Fu et T. B. Zhao，田国行等. 玉兰属植物资源与新分类系统的研究. 中国农学通报，22（5）：409. 2006；*Magnolia* × *kewensis* Pearce in Gard. Chron.，3（132）：154. 1952；S. A. Spongberg in Arn. Arb.，36（4）：129~145. 1976；*Magnolia* ‘Kew Clone’ in Treseder’s Nurseries Catalog. 8. ca. 1973.

本杂交种花纯白色。单花具花被片 9 枚，内轮花被片 6 枚，比柳叶玉兰 Yulania salicifolia（Sieb. & Zucc.）D. L. Fu 宽，外轮花被片 3 枚，萼状。染色体数目 $2n=38$。

产地：英国。本杂交种杂交亲本：日本辛夷 × 柳叶玉兰。

繁育栽培：嫁接育苗、植苗技术等。

用途：本种是优良的绿化观赏树种。

39. 洛内尔玉兰（中国农学通报） 杂交种

Yulania × loebneri（Kache）D. L. Fu et T. B. Zhao，田国行等. 玉兰属植物资源与新分类系统的研究. 中国农学通报，22(5)：409. 2006；*Magnolia* × *loebneri* Kache［*M. kobus* DC. × *M. kobus* DC. var. *stellata*（Sieb. & Zucc.）B. C. Bllackburn］ in Garten Shonh.，1：20. 1920；*M. kobus* DC. var. *loebneri*（Kache） S. A. Spongberg in Journ. Am. Arb.，57（3）：287. 1976.

本杂交种丛生大灌木，或小乔木，高 7.8 cm。花径 10.0~15.0 cm。单花具花被片 11~16 枚，窄狭，白色—粉红色。花期 3~4 月；果熟期 8~9 月。成花年龄早。染色体数目 2 *n* = 38。

产地：德国。本杂交种杂交亲本：日本辛夷 × 星花玉兰。

繁育栽培：嫁接育苗、植苗技术等。

用途：本种是优良的绿化观赏树种和用材树种。

40. 玛丽林玉兰（世界玉兰属植物资源与栽培利用） 杂交种

Yulania × marillyn（E. Sperber）T. B. Zhao et Z. X. Chen，赵天榜、田国行等主编. 世界玉兰属植物资源与栽培利用. 352. 2013；*Magnolia* 'Marillyn'，L. E. Koerting in Jour. Magnolia Soc.，25（1）：12~13. 1989；'Marillyn'. *Magnolia kobus* DC. × *M. liliflora* Desr. 'Nigra' in D. J. Callaway，The World of Magnolias. 220. Plate 123. 1994.

本杂交种多干灌木状。叶椭圆形，长 15.0 cm，铜绿色，开展。花芳香、直立。单花具花被片 6 枚，外面淡红紫色，内面火红色，具深色条纹；雄蕊紫色。染色体数目 2 *n* = 57。

产地：美国。本杂交种杂交亲本：日本辛夷 × 黑紫玉兰 Yulania liliflora（Desr.） D. L. Fu var. nigra（Vietch）T. B. Zhao et Z. X. Chen。

繁育栽培：嫁接育苗、植苗技术等。

用途：本种是优良的绿化观赏树种。

41. 金星玉兰（世界玉兰属植物资源与栽培利用） 杂交种

Yulania × gold-star（Ph. J. Savage）T. B. Zhao et Z. X. Chen，赵天榜、田国行等主编. 世界玉兰属植物资源与栽培利用. 352. 2013；*Magnolia* 'Gold Star' in J. Gardiner，Magnolias：A Gardener's Guide. 212. 2000.

本杂交种乔木。叶椭圆形，或卵圆形，似渐尖玉兰，初为青铜红色，后转为青绿色。叶似渐尖玉兰，椭圆形。花似星花玉兰，先叶开放。花 3 月底至 4 月初先叶开放，乳黄色，星状，径 10.0 cm。单花具花被片 14 枚。非常耐寒。

产地：美国。本杂交种杂交亲本：星花玉兰 × 心叶渐尖玉兰 Yulania acuminata（Linn.）D. L. Fu var. subcordata（Spach）T. B. Zhao et Z. X. Chen。

繁育栽培：嫁接育苗、植苗技术等。

用途：本种是优良的绿化观赏树种。

42. 普鲁斯托莉玉兰 （中国农学通报） 杂交种

Yulania × proctoriana（Rehd.） D. L. Fu et T. B. Zhao，田国行等. 玉兰属植物资源与新分类系统的研究. 中国农学通报，22 （5）：409. 2006；*Magnolia* × *proctoriana*

Rehd. in Journ. Arn. Arb., 20：412. 1939；*M.* × *slavinii* B. Harkness［（*M. salicifolia* Sieb. & Zucc. ×（*M.* × *slavinii* B. Harkness；*M.* × *procotriana* Rehd.）］in Nat. Hort. Magazine, 33：118~120. 1954.

本杂交种乔木；树冠塔状。叶比柳叶玉兰小而宽。开花年龄比柳叶玉兰早。花白色。单花具花被片 6 枚，白色。花期 3~4 月。

产地：美国。本杂交种杂交亲本：柳叶玉兰 × 星花玉兰。

繁育栽培：嫁接育苗、植苗技术等。

用途：本种是优良的绿化观赏树种。

43. 星紫玉兰（中国农学通报）　杂交种

Yulania × george-henry-kern（C. E. Kern）D. L. Fu et T. B. Zhao，田国行等. 玉兰属植物资源与新分类系统的研究. 中国农学通报，22（5）：409. 2006；*Magnolia* 'George Henry Kern' in American Nurseryman, 89（5）:33~34. 1949；'George Henry Kern'. *Magnolia kobus* DC. var. *stellata*（Sieb. & Zucc.）B. C. Blackburn × *M. liliflora* Desr. in D. J. Callaway，The World of Magnolias. 217. 1994.

本杂交种单花具花被片 8~10 枚，花被片外面浓红－蔷薇色，内面颜色较浅；外轮花被片 3 枚，萼状。花期 4~7 月。

产地：美国。本杂交种杂交亲本：星花玉兰 × 紫玉兰。

繁育栽培：嫁接育苗、植苗技术等。

用途：本杂交种是优良的绿化观赏树种。

变种：

（1）星紫玉兰　原变种

Yulania × george-henry-kern （C. E. Kern）D. L. Fu et T. B. Zhao var. george-henry-kern.

（2）奥奇星紫玉兰（世界玉兰属植物资源与栽培利用）　变种

Yulania × george-henry-kern（C. E. Kern）D. L. Fu et T. B. Zhao var. orchid （L. Hillenmeyer）T. B. Zhao et Z. X. Chen，赵天榜、田国行等主编. 世界玉兰属植物资源与栽培利用. 353. 2013；*Magnolia* 'Orchid' in D. J. Callaway，The World of Magnolias. 222~223. Plate 129. 1994.

本变种为灌木。叶倒卵圆形。玉蕾弯曲，似紫玉兰。单花具花被片 9 枚，外轮花被片 3 枚，小，萼状，内轮花被片 6 枚，淡红紫色，有时弯曲，或边缘内卷，像紫玉兰；柱头和花药淡红紫色。花时，淡香味很浓。

产地：美国。本变种杂交亲本：紫玉兰 × 星花玉兰。

（3）安星紫玉兰（世界玉兰属植物资源与栽培利用）变种

Yulania × george-henry-kern（C. E. Kern）D. L. Fu et T. B. Zhao var. ann（Francis de Vos）T. B. Zhao et Z. X. Chen，赵天榜、田国行等主编. 世界玉兰属植物资源与栽培利用. 353. 2013；*Magnolia* 'Ann' in Dudley & Kosar，Morris Arb. Bull.，19：28. figs. 1. 4. 1968；'Ann'. *M. kobus* DC. var. *stellata*（Sieb. & Zucc.）B. C. Blackburn × *M. liliflora* Desr. 'Nigra' in J. D. Callaway，The World of Magnolias. 211. Plates 107~108. 1994.

本变种叶长达 10.0 cm，革质，边缘波状起伏。玉蕾直立，渐细。花红紫色，径 5.0~10.0

cm。单花具花被片 6~9 枚，外轮花被片 3 枚，萼状，内外轮花被片 6 枚，外面基部红紫色，向先端稍浅，或渐成细条纹。

产地：美国。本变种杂交亲本：星花玉兰 × 黑紫玉兰 Yulania liliflora（Desr.） D. L. Fu var. nigra（Nichols.）T. B. Zhao et Z. X. Chen。

44. **腋花玉兰**（河南农业大学学报） 图 3-32

Yulania axilliflora（T. B. Zhao，T. X. Zhang et J. T. Gao）D. L. Fu，傅大立. 玉兰属的研究. 武汉植物学研究，19（3）：198. 2001；田国行等. 玉兰属植物资源与新分类系统的研究. 中国农学通报，22（5）：407. 2006；赵东武等. 河南玉兰属植物种质资源与开发利用的研究. 安徽农业科学，36（22）：9488~9489. 2008；*Magnolia axillifolra*（T. B. Zhao，T. X. Zhang et J. T. Gao）T. B. Zhao，丁宝章等. 中国木兰属植物腋花、总状花序的首次发现和新分类群. 河南农业大学学报，19（4）：360. 照片 1. 2. 1985；*M. biondii* Pamp. var. *axilliflora* T. B. Zhao，T. X. Zhang et J. T. Gao，丁宝章等. 中国木兰属植物腋花、总状花序的首次发现和新分类群. 河南农学院学报，4：8~9. 1983；猴背子望春玉兰，丁宝章等. 中国木兰属植物腋花、总状花序的首次发现和新分类群. 河南农业大学学报，17 （4）：8~9. 1983；*M. biondii* Pamp. var. *multalastra* T. B. Zhao，J. T. Gao et Y. H. Ren，丁宝章等. 河南农学院学报，4：9. 1983；*Magnolia axillifolra*（T. B. Zhao，T. X. Zhang et J. T. Gao）T. B. Zhao，黄桂生等. 河南辛夷品种资源的调查研究. 河南科技，增刊. 31~32. 1991。

落叶乔木。玉蕾腋生和顶生，或枝顶部簇生，卵球状。每蕾内含 2~4 枚小玉蕾，有时多达 12 枚小玉蕾，构成总状聚伞花序，是玉兰属植物中极为特殊的类群之一。叶长椭圆形，稀长圆状椭圆形、长椭圆披针形，长 8.0~24.0 cm，宽 3.0~10.0 cm，先端短尖，稀渐尖，基部圆形，稀楔形，边缘全缘，表面深绿色，具光泽，主脉凹入，背面主脉明显隆起，沿脉密被短柔毛，脉腋密被片状短柔毛；幼叶紫色，具光泽；叶柄被短柔毛。花先叶开放。单花具花被片 9 枚，稀 9~14 枚，外轮花被片 3 枚，萼状，大小不等，形状不同，长 1.1~2.4 cm，宽 4.5~7.0 mm，内轮花被片 6 枚，稀 7、8 枚，花瓣状，匙状椭圆形，中部狭窄，长 4.9~9.0 cm，宽 1.6~3.0 cm，先端钝圆，基部渐狭，外面中基部深紫色，先端长渐尖；雄蕊粉红色，花丝紫色，药室侧向纵裂，药隔先端具短尖头；雌蕊群圆柱状；离生单雌蕊子房浅黄绿色，无毛。聚生蓇葖果长圆柱状，长 15.0~23.0 cm，径 2.3~3.5 cm；蓇葖果球状，表面具灰色细疣点。花 2~3 月；果熟期 9~10 月。

产地：中国河南。模式标本，采自河南南召县，存河南农业大学。

繁育栽培：播种育苗、嫁接育苗、植苗技术等。

用途：本种玉蕾入中药，称“河南辛夷”，是优良的经济林、水土保持林和绿化观赏良种。腋花玉兰也是玉兰属植物中特殊种群中 1 种。它具有花顶生、腋生和簇生兼备，蕾内含 2~4（~12）枚小玉蕾构成总状聚伞花序的特性，在研究玉兰属植物花从顶生花→腋生花→簇生花→聚伞花序的进化理论、物种形成及变异理论具有重要的意义。同时，亦是“河南辛夷”的优质、高产和观赏良种。腋花玉兰“辛夷”挥发油中含有桉叶油醇 eudesmol 35.50 %、金合欢醇 farneso 3.43%等，很有开发利用前景。

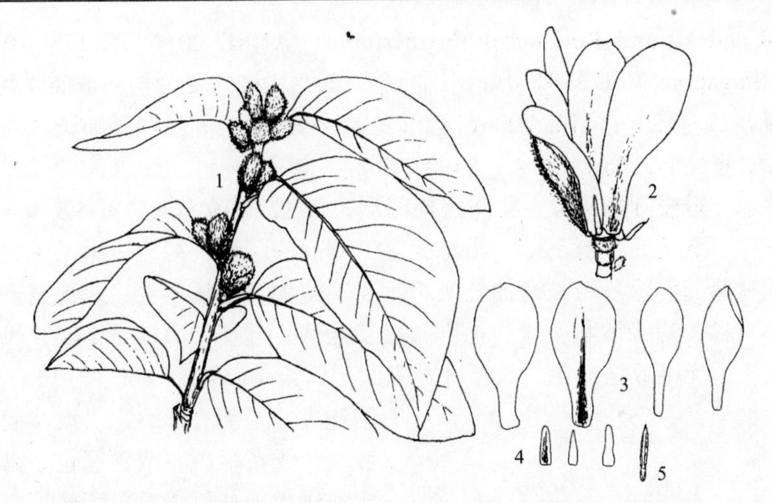

图 3-32　腋花玉兰 Yulania axilliflora（T. B. Zhao, T. X. Zhang et J. T. Gao） D. L. Fu

1. 叶、枝和玉蕾；2. 花；3~4. 花被片；5. 雄蕊（陈志秀绘）。

变种：

（1）腋花玉兰　原变种

Yulania axilliflora（T. B. Zhao，T. X. Zhang et J. T. Gao）D. L. Fu var. axillifolra

（2）白花腋花玉兰（河南农业大学学报）　变种

Yulania axilliflora（T. B. Zhao，T. X. Zhang et J. T. Gao） D. L. Fu var. alba（T. B. Zhao，T. X. Zhang et J. T. Gao）T. B. Zhao et Z. X. Chen，赵天榜、田国行等主编. 世界玉兰属植物资源与栽培利用. 299~300. 2013；*Magnolia axilliflora*（T. B. Zhao，T. X. Zhang et J. T. Gao）D. L. Fu var. *alba* T. B. Zhao，Y. H. Ren et J. T. Gao，丁宝章等. 中国木兰属植物腋花、总状花序的首次发现和新分类群. 河南农业大学学报，19（4）：360~361. 照片 4. 1985。

本变种花白色。

产地：中国河南。模式标本采自南召县，存河南农业大学。

（3）多被腋花玉兰（河南农业大学学报）　变种

Yulania axilliflora（T. B. Zhao，T. X. Zhang et J. T. Gao）D. L. Fu var. multitepala（T. B. Zhao，Y. Ren et J. T. Gao）T. B. Zhao et Z. X. Chen，赵天榜、田国行等主编. 世界玉兰属植物资源与栽培利用. 300. 2013；*Magnolia axilliflora*（T. B. Zhao，T. X. Zhang et J. T. Gao）D. L. Fu var. *multitepala* T. B. Zhao，Y. H. Ren et J. T. Gao，丁宝章等. 中国木兰属植物腋花、总状花序的首次发现和新分类群. 河南农业大学学报，19（4）：361. 1985；*Magnolia axillifolra*（T. B. Zhao，T. X. Zhang et J. T. Gao）T. B. Zhao，黄桂生等. 河南辛夷品种资源的调查研究. 河南科技，增刊. 31~32. 1991。

本变种单花具花被片 9~12 枚，外面基部淡紫色；离生单雌蕊子房无毛。

产地：河南。模式标本采自南召县，存河南农业大学。

45. 石人玉兰（中国农学通报）　图 3-33

Yulania shirenshanensis D. L. Fu et T. B. Zhao in 2011 International Confernce on

Agricultural and Nstural Rewsoures Enginering （ ANRE 2011 ）. July 30~31. 2011, Singapore, Singapore. Vol. 3 : 91~94；田国行等. 玉兰属植物资源与新分类系统的研究. 中国农学通报，22 （5）：410. 2006；赵东武等. 河南玉兰属植物种质资源与开发利用的研究. 安徽农业科学，36 （22）：9490. 2008。

落叶乔木。短枝叶椭圆形、卵圆状椭圆形，长 12.0~19.5 cm，宽 5.5~9.5 cm，表面深绿色，具光泽，无毛，主脉下陷，沿脉无毛，背面淡绿色，初疏被短柔毛，后无毛，主脉和侧脉明显隆起，沿脉疏被弯曲长柔毛，先端钝尖，或长尾尖，基部宽楔形，或近圆形，两侧不对称，边缘波状全缘，边部皱波状起伏；叶柄长 1.5~3.5 cm，浅黄绿色，初疏被长柔毛，后无毛或宿存毛。长枝叶宽椭圆形，长 16.5~25.0 cm，宽 15.0~21.0 cm，先端钝尖，基部心形，边缘波状起伏，表面具皱纹，浅黄绿色，或深绿色，具光泽，初疏弯曲短柔毛，后无毛；背面淡绿色，主脉和侧脉明显隆起，疏被弯曲长柔毛，后无毛；叶柄长 1.5~2.5 cm，初被长柔毛，后无毛。玉蕾顶生、腋生及簇生，有时 2~4 枚小玉蕾呈总状花序；玉蕾卵球状，长 1.5~2.8 cm，径 1.2~1.8 cm，先端钝圆，或突尖呈短喙状；芽鳞状托叶 4~6 枚，灰褐色，或黑褐色，外面密被灰白色长柔毛。花先叶开放。单花具花被片 9 枚，花瓣状，匙状椭圆形，长 5.0~7.0 cm，宽 2.5~3.5 cm，先端钝圆，具突短尖头，基部宽楔形，边缘全缘，外面中部以上白色，中部以下中间亮淡紫色；雄蕊多数，背面淡粉红色，花丝宽厚，背面淡粉红色；雌蕊群圆柱状，长 1.5~2.5 cm；离生单雌蕊多数，子房淡绿白色，无毛，花柱及柱头浅黄白色；花梗和缩台枝密被白色长柔毛。聚生蓇葖果不详。

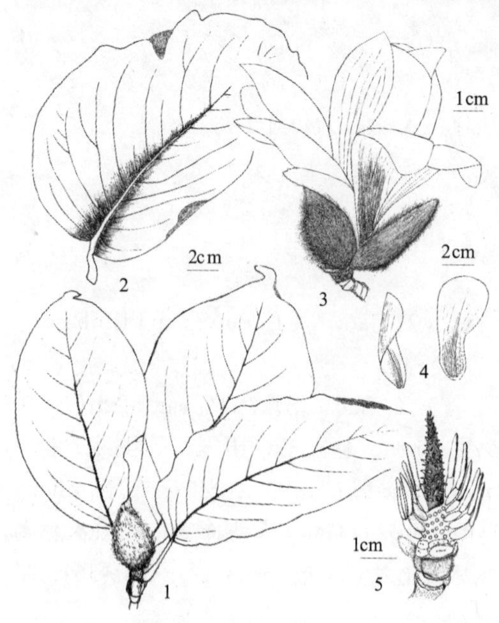

图 3-33 石人玉兰 Yulania shirenshanensis D. L. Fu et T. B. Zhao

1. 叶枝和玉蕾；2. 叶；3. 花；4. 花被片；5. 雌雄蕊群（陈志秀绘）。

产地：中国河南。模式标本采自鲁山县，存河南农业大学。

繁育栽培：嫁接育苗、植苗技术等。

用途：本种玉蕾入药，称“辛夷”，且具有顶生、腋生特性及单株年产量最高等特性，是目前推广的良种。

46. 黄山玉兰（中国农学通报） 黄山木兰（中国植物学杂志、中国植物志） 图 3-34

Yulania cylindrica（Wils.）D. L. Fu，傅大立. 玉兰属的研究. 武汉植物学研究，19（3）：198. 2001；田国行等. 玉兰属植物资源与新分类系统的研究. 中国农学通报，22（5）：408. 2006；赵东武等. 河南玉兰属植物种质资源与开发利用的研究. 安徽农业科学，36（22）：9488. 2008；Xia Nian-He et Liu Yu-Hu，Flora of China. vol. 7：75. 2008；*Magnolia cylindrica* Wils. in Journ. Arn. Arb. 8：109. 1927。

落叶乔木。玉蕾卵球状，先端尖。叶椭圆形、倒卵圆形、狭倒卵圆状长圆形，长 5.0~16.5 cm，宽 2.0~9.7 cm，先端渐尖、钝尖、急尖，或短尾尖，基部楔形，稀近圆形，边缘全缘，表面深绿色，无毛，主脉凹入，沿脉疏被短柔毛，背面苍白色，或淡绿色，疏被短柔毛，主脉和侧脉隆起，沿脉被黄褐色短柔毛；叶柄被短柔毛。花单生枝顶，先叶开放。单花具花被片 9 枚，大小不相等，外轮花被片 3 枚，膜质，萼状，狭披针形，长 0.5~1.5 mm，宽 2 mm，开张，多向后曲，早落，内 2 轮花被片 6 枚，宽匙状倒卵圆形、倒卵圆形、宽匙形，长 6.5~10.5 cm，宽 2.5~5.0 cm，先端钝圆，基部具爪，初花时淡黄绿色，后白色，外面中部以下中间为亮紫红色、亮淡红紫色，中脉及其两侧紫红色直达先端；雄蕊多数，长 6~12 mm，花丝长 1~2 mm，紫红色，宽于花药；雌蕊群圆柱状，绿色；离生单雌蕊多数；子房卵球状，鲜绿色，无毛，花柱长约 2 mm，浅黄白色；花梗长 0.7~1.2 cm，密被浅黄色长柔毛。缩台枝无毛。聚生蓇葖果卵球状，长 5.0~16.0 cm；果梗密被灰色柔毛；蓇葖果通常较少，木质，成熟时为亮橙红色，表面有疣状突起。染色体数目 $2n = 38$。

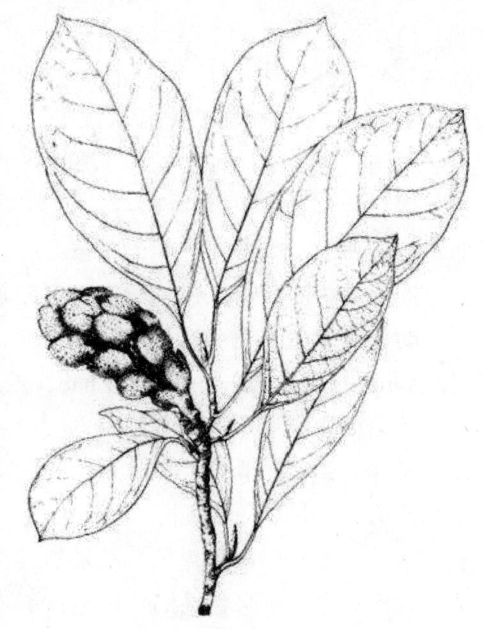

图 3-34　黄山玉兰 Yulania cylindrical (Wils.) D. L. Fu

叶、枝和聚生蓇葖果（选自《中国珍稀濒危植物》）。

产地：中国浙江、江西、湖北、福建、河南。模式标本，采自安徽黄山。河南鸡公山国家级自然保护区及郑州市有引种栽培。

繁育栽培：播种育苗、嫁接育苗、植苗技术等。

用途：黄山玉兰花白果红，甚为美丽，是城乡优良观赏树种；玉蕾入药作“辛夷”，又是优良的香料植物资源。

变种：

（1）黄山玉兰　原变种

Yulania cylindrica（Wils.）D. L. Fu var. cylindrica

（2）白花黄山玉兰（世界玉兰属植物资源与栽培利用）　变种

Yulania cylindrica（Wils.）D. L. Fu var. alba T. B. Zhao et Z. X. Chen，赵天榜、田国行等主编. 世界玉兰属植物资源与栽培利用. 286. 2013。

本变种玉蕾顶生，较大；第 2 枚和以内芽鳞状托叶外面密被黑暗长柔毛。单花具花被片 12 枚，瓣状花被片白色，稀基部外面微带粉红色晕。

产地：中国河南。模式标本采自鸡公山，存河南农业大学。

（3）狭叶黄山玉兰（世界玉兰属植物资源与栽培利用）　变种

Yulania cylindrica（Wils.）D. L. Fu var. angustifolia T. B. Zhao et Z. X. Chen，赵天榜、田国行等主编. 世界玉兰属植物资源与栽培利用. 287. 2013。

本变种：幼枝被短柔毛。叶狭椭圆形，长 10.3~17.3 cm，宽 5.3~8.0 cm，先端渐尖，基部楔形；叶柄长 1.5~2.5 cm。瓣状花被片白色，外面基部中间具淡紫色晕，无爪。

产地：中国河南。模式标本采自鸡公山，存河南农业大学。

（4）狭被黄山玉兰（世界玉兰属植物资源与栽培利用） 变种

Yulania cylindrica（Wils.）D. L. Fu var. angustitepala T. B. Zhao et Z. X. Chen，赵天榜、田国行等主编. 世界玉兰属植物资源与栽培利用. 287. 2013。

本变种单花具花被片 10~15 枚，瓣状花被片 7~12 枚，长椭圆形及披针形等多变，皱折，长 3.0~6.5 cm，宽 4~25 mm，白色，外面基部水粉色；雌蕊群与雄蕊群近等高。

产地：中国河南。模式标本采自新郑市，存河南农业大学。

47. 安徽玉兰（中国农学通报） 图 3-35

Yulania anhueiensis T. B. Zhao，Z. X. Chen et J. Zhao，赵天榜、田国行等主编. 世界玉兰属植物资源与栽培利用. 289. 2013；赵东武等. 河南玉兰属植物种质资源与开发利用的研究. 安徽农业科学，36（22）：9490. 2008；田国行等. 玉兰属植物资源与新分类系统的研究. 中国农学通报，22（5）：408. 2006。

落叶乔木。小枝灰褐色，疏被短柔毛，无光泽；幼枝灰黄绿色、灰黄色，密被短柔毛。叶椭圆形，或舟状椭圆形，通常下垂，纸质，长 9.0~18.0 cm，先端钝尖，基部通常近圆形，稀宽楔形，表面深绿色，疏被短柔毛，主脉和侧脉隆起明显，被短柔毛，背面灰绿色，被短柔毛；主脉和侧脉疏被短柔毛，边缘微波状全缘；叶柄长 1.5~2.0 cm，被短柔毛；托叶痕为叶柄长度的 1/3。叶芽椭圆体状，长 1.0~1.2 cm，灰褐色，被短柔毛。玉蕾顶生和腋生，卵球状，长 1.5~2.0 cm，径 1.0~1.3 cm；芽鳞状托叶 3~4 枚，第 1 枚外面黑褐色密被短柔毛，其余外面黑褐色，密被黑褐色长柔毛，始落期 6 月中下旬开始，至翌春花开前脱落完毕。花先叶开放，径 10.0~15.0 cm；单花具花被片 9 枚，外轮花被片 3 枚，萼状，披针形，长 3.0~3.5 cm，宽 7~10 mm，淡黄白色，外面基部有浅色晕，早落，内轮花被片 6 枚，花瓣状，宽卵圆状匙形，长 6.0~8.5 cm，宽 2.0~4.5 cm，先端钝圆，稀具短尖，内面白色，外面中基部亮紫色，具数条亮紫色脉纹，主脉亮紫红色，直达先端，基部楔形，无爪；雄蕊多数，长 1.2~1.5 cm，花丝长 2~3 mm，全紫红色，花药背部紫红色，腹部淡黄白色，药室侧向长纵裂，药隔先端具短尖头，紫色，长约 1.5 mm；雌蕊群圆柱状，长 1.3~1.5 cm，稀雌蕊群与雄蕊群等高；离生单雌蕊多数；子房椭圆体状，无毛，花柱长度为子房的 2 倍，子房背面、花柱和花柱紫色；花梗和缩台枝密被短柔毛。聚生蓇葖果未见。

本种与黄山玉兰 Yulania cylindrica（Wils.）D. L. Fu 相似，区别是：叶椭圆形，纸质，表面疏被短柔毛；叶柄无狭沟，托叶痕为叶柄长度的 1/3。玉蕾顶生、腋生，黑褐色，密被黑褐色柔毛。萼状花被片较大，长 3.0~3.5 cm，宽 7~10 mm，瓣状花被片宽卵圆状匙形，外面中基部亮紫红色，主脉亮紫红色直达先端，基部楔形，无爪；雄蕊花丝和花药背部红紫色；稀雌蕊群与雄蕊群等高；花柱长度为子房的 2 倍；花梗和缩台枝粗壮，密被柔毛。

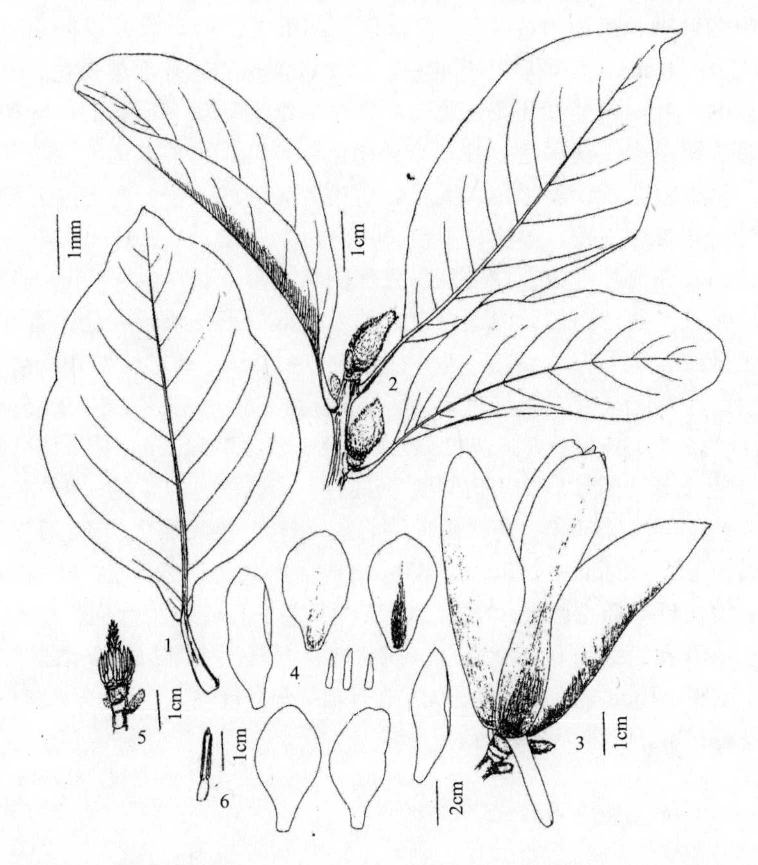

图 3-35　安徽玉兰 Yulania anhueiensis T. B. Zhao, Z. X. Chen et J. Zhao

1.叶，2.叶、枝和玉蕾，3.花，4.花被片，5.雌雄蕊群，6.雄蕊（陈志秀绘）。

河南：新郑市。2005 年 3 月 30 日，赵天榜和陈志秀，No.200503301（花）。模式标本，存河南农业大学。2004 年 3 月 20 日，赵天榜、赵杰，No.200503301（叶、枝和玉蕾）。2004 年 8 月 18 日，赵天榜等，No.2004081814、No.2004081810（叶、枝和玉蕾）。本种在安徽及河南大别山区也有分布，生于海拔 800 m 的天然杂木林中。

繁育栽培：播种育苗、嫁接育苗、植苗技术等。

用途：本种是优良的绿化观赏树种。玉蕾入药作"辛夷"。

48. 具柄玉兰（中国农学通报）　图 3-36

Yulania gynophora T. B. Zhao，Z. X. Chen et J. Zhao，赵天榜、田国行等主编. 世界玉兰属植物资源与栽培利用. 288~289. 2013；*Magnolia gynophora* D. L. Fu et T. B. Zhao，sp. nov. ined.，赵东武. 2005. 河南玉兰亚属植物的研究（D）. 河南农业大学硕士论文；田国行等. 玉兰属植物资源与新分类系统的研究. 中国农学通报，22（5）：408. 2006。

落叶乔木。幼枝淡黄色，被短柔毛，后无毛，宿存。叶椭圆形，纸质，长 6.0~11.5 cm，宽 5.5~7.5 cm，先端钝圆，基部楔形，边缘全缘，具微反卷的狭边，最宽处在叶的中部，表面深绿色，具光泽，无毛，主脉基部被短柔毛，背面淡绿白色，疏被短柔毛；主脉和侧脉明显隆起，沿脉疏被短柔毛；叶柄长 2.0~2.3 cm，被短柔毛；托叶膜质，黄白色，早落；托叶痕为叶柄长度的 1/3~1/2。玉蕾顶生和腋生，卵球状，或椭圆—卵球状，长 1.8~4.5 cm，径 8~10 mm；芽鳞状托叶 4 枚，第 1 枚薄革质，外面黑褐色，密被黑褐色短柔毛，具明显的小叶柄，翌春开花前脱落；第 2 枚纸质，没有明显的小叶柄，密被黑褐色长柔毛；第 3 枚膜质，淡绿色，被较密黑褐色长柔毛，包被着无毛的雏芽、雏枝及雏芽鳞状托叶；第 4 枚膜质，淡绿色，无毛，包被着无毛的雏蕾。花先叶开放；单花具花被片 9 枚，外轮花被片 3 枚，萼状，膜质，长三角形，长 1.2~2.0 cm，宽 1~3 mm，淡黄白色，早落，内轮花被片 6 枚，花瓣状，宽卵圆状匙形，长 7.0~8.5 cm，宽 4.0~4.5 cm，先端钝尖，或钝圆，通常内曲，内面白色，外面中部以下亮浓紫红色，通常具 4~5 条放射状深紫红色脉纹，直达先端；雄蕊多数，花药长 1.0~1.2 cm，药室长 8~10 mm，侧向长纵裂，背部具紫红色晕，中间有 1 条浓紫红色带，药隔先端具三角状短尖头，长约 1.5 mm，花丝长 2 mm，亮浓紫红色；离心皮雌蕊群圆柱状，淡黄白色，长 1.0~1.5 cm，具长 8~10 mm 的雌蕊群柄，无毛；离生单雌蕊多数，子房卵体状，淡白色，疏被白色短柔毛，花柱长 2~3 mm，背部淡紫红色；雄蕊群包被雌蕊群；花梗和缩台枝细，密被白色短柔毛。聚生蓇葖果未见。

本种与黄山玉兰 Yulania cylindraca（Wils.）D. L. Fu 相似，区别是：叶椭圆形，最宽处在叶的中部，表面近基部主脉被短柔毛，边缘微反卷；托叶痕为叶柄长度的 1/3~1/2。玉蕾顶生和腋生。开花时芽鳞状托叶脱落。瓣状花被片外面中部以下亮浓紫红色，基部无爪；雌蕊群具长 8~10 mm 的雌蕊群柄，无毛，且被雄蕊群包被；离生单雌蕊淡白色，疏被白色短柔毛；花梗和缩台枝细，密被白色短柔毛。

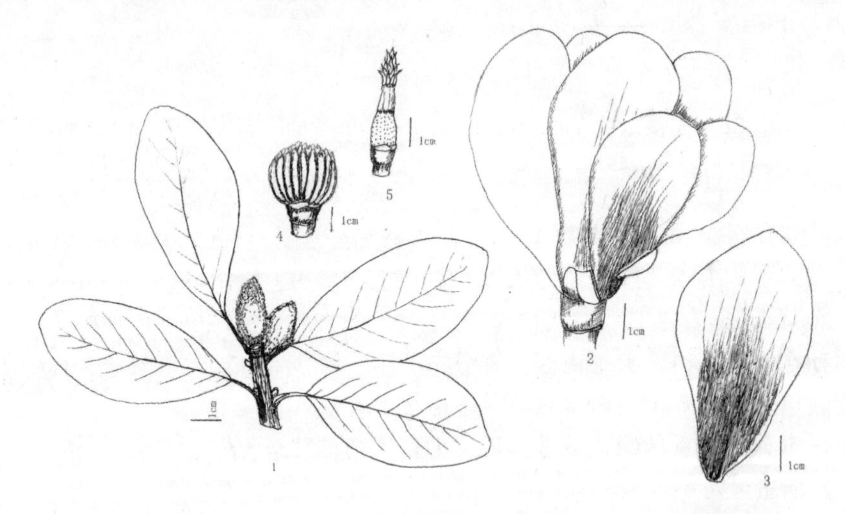

图 3-36　具柄玉兰 Yulania gynophora T. B. Zhao，Z. X. Chen et J. Zhao

1.枝、叶与玉蕾；2.花；3.花被片；4. 雌雄蕊群；5.雌蕊群柄（赵天榜绘）。

产地：中国河南新县。赵天榜和赵杰，No.200203131 （花）。模式标本，存河南农业大学。

繁育栽培：嫁接育苗、植苗技术等。

用途：本种是优良的绿化观赏树种，在研究其变异理论与规律中具有重要意义。玉蕾入药作“辛夷”。

49. **莓蕊玉兰**（中国农学通报）　图 3-37

Yulania fragarigynandria T. B. Zhao，Z. X. Chen et H. T. Dai，赵天榜、田国行等主编. 世界玉兰属植物资源与栽培利用. 236~238. 2013；Yulania fragarigynandria T. B. Zhao et D. L. Fu，sp. nov. ined. 河南玉兰属植物种质资源与开发利用的研究. 安徽农业科学，36（22）：9489. 2008；田国行等. 玉兰属植物资源与新分类系统的研究. 中国农学通报，22（5）：408. 2006；戴慧堂、李静、赵天榜等. 河南玉兰二新种. 信阳师范学院学报 自然科学版，25（3）：333~334. 2012。

落叶乔木。小枝褐色；幼枝黄绿色，密被短柔毛，后无毛，或疏被短柔毛；托叶痕明显。叶椭圆形，长 10.0~15.6 cm，宽 6.0~8.5 cm，先端钝尖，基部圆形，或宽楔形，表面绿色，通常无短柔毛，稀被短柔毛，主脉平，疏被短柔毛，背面淡灰绿色，疏被白色短柔毛，主脉和侧脉显著隆起，沿主脉疏被短柔毛，边缘全缘；叶柄长 1.5~2.5 cm，疏被短柔毛，托叶痕为叶柄长度的 1/3。玉蕾顶生和腋生，很大，陀螺状，长 2.0~3.0 cm，径 2.0~2.5 cm；长卵球状，长 2.0~2.5 cm，径 1.0~1.5 cm；芽鳞状托叶 2~3 枚，最外面 1 枚外面密被深褐色短柔毛，薄革质，花前脱落，其余芽鳞状托叶外面疏被长柔毛，膜质。花先叶开放，或花后叶开放。单花具花被片 9~18 枚，匙状椭圆形，长（4.8~）6.5~7.0 cm，宽（0.8~）2.0~3.5 cm，先端钝圆，或渐尖，中部以上皱折，外面中部以下中间亮紫红色，或紫红色脉直达先端，有时具 1~3 枚肉质、披针形、亮紫红色花被片；雄蕊多数，有时很多（336 枚），长 1.3~1.6 cm，外面亮紫色，花丝长 3~4 mm，粗壮，背面亮紫红色，药室长 1.0~1.3 mm，侧向纵裂，药隔先端伸出呈三角状短尖头，亮紫红色；雌蕊群长 2.0~2.3 cm；离生单雌蕊多数，子房淡绿色，或黄白色，无毛，花柱浅黄白色，外卷；雌雄蕊群草莓状而特异，长 2.0~2.5 cm，径 1.8~2.3 cm，有时具 2~5 枚雌蕊群；花梗中间具 1 枚佛焰苞状托叶；花梗和缩台枝密被白色长柔毛。生长期间开的花，无芽鳞状托叶，无缩台枝，具 1 枚革质、佛焰苞状托叶，稀有 1 枚淡黄白色、膜质、萼状花被片和特异肉质、紫红色花被片。聚生蓇葖果卵球状，长 7.5~8.5 cm，径 4.5~5.0 cm；蓇葖果卵球状，表面红紫色，疏被疣点；果梗粗壮，密被灰褐色短柔毛。花期 4 月及 8 月。

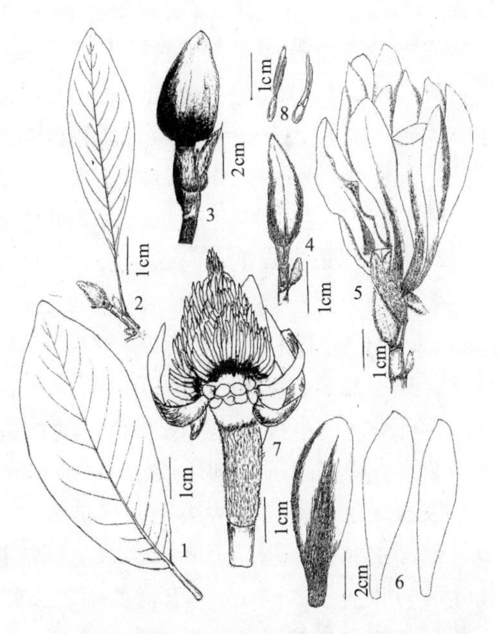

图 3-37　莓蕊玉兰 Yulania fragarigynandria T. B. Zhao，Z. X. Chen et H. T. Dai

1. 叶；2. 叶，枝和玉蕾；3~4. 玉蕾和缩台枝；5. 花；6. 花被片；7. 雌雄蕊群和异形花被片；8. 雄蕊（陈志秀绘）。

本种与黄山玉兰 Yulania cylindrica（Wils.）D. L. Fu 相似，但区别：叶倒卵圆状椭圆形，背面灰绿色，基部心形、圆形，稀楔形。玉蕾顶生，或腋生，大，陀螺状，或卵球状（基部短柱状，长 8~12 mm），长 2.0~3.0 cm，径 2.0~2.5 cm；芽鳞状托叶花前脱落。单花具花被片 9~18 枚，花瓣状，花被片外面中部以下中间亮紫红色；有时具 1~3 枚肉质、披针形、亮紫红色花被片；雌雄蕊群草莓状而特异，径 1.8~2.3 cm，有时单花具 2~5 枚雌蕊群。

产地：河南长垣县，2008 年 3 月 11 日，赵天榜和陈志秀，No.200803115（花），模式标本，存河南农业大学。新郑市 2008 年 4 月 2 日，赵天榜和赵杰，No.200804025（花）。长葛市，2009 年 3 月 28 日，赵天榜和范军科，No.2009030287（叶、枝、芽）。河南长垣县，2008 年 8 月 21 日，赵天榜等，No.200808215（叶、枝、芽和聚生蓇葖果）。

繁育栽培：嫁接育苗、植苗技术等。

用途：本种是优良的绿化观赏树种。玉蕾入药作“辛夷”。其花大、花被片多、皱折、变异显著，且有特异花被片，有些单花具多雌蕊群，是优良的观赏树种，并在研究玉兰属植物花的变异理论中具有重要意义。

变种：

（1）莓蕊玉兰　原变种

Yulania fragarigynandria T. B. Zhao, Z. X. Chen et H. T. Dai var. fragarigynandria

（2）变异莓蕊玉兰（世界玉兰属植物资源与栽培利用）　变种

Yulania fragarigynandria T. B. Zhao, Z. X. Chen et H. T. Dai var. variabilis T. B. Zhao et Z. X. Chen，赵天榜、田国行等主编. 世界玉兰属植物资源与栽培利用. 239. 2013。

本变种单花具花被片（6~）9~11 枚，匙状椭圆形，长 5.0~7.0 cm，宽 2.0~3.5 cm，外面中部以下中间亮紫红色，或紫红色脉直达先端；雄蕊多数，长 8~10 mm，花丝约 2 mm，药隔先端及花丝背面亮紫红色，并具有长约 1.5 cm，宽约 3 mm，背面亮紫红色，具 1~2 枚特异雄蕊，亮紫红色；雌蕊群长 1.5~2.0 cm；离生单雌蕊多数，子房淡绿色，或黄白色，无毛，花柱浅黄白色，微有淡粉红色晕；花梗和缩台枝密被白色长柔毛。

产地：中国河南。模式标本，采自长垣县，存河南农业大学。

50. 异花玉兰（世界玉兰属植物资源与栽培利用）　多变玉兰（安徽农业科学）　图 3-38

Yulania varians T. B. Zhao，Z. X. Chen et Z. F. Ren，赵天榜、田国行等主编. 世界玉兰属植物资源与栽培利用. 289~292. 2013；Yulania varians D. L. Fu，T. B. Zhao et Z. X. Chen，sp. nov. ined.，赵东武等. 河南玉兰属植物种质资源与开发利用的研究. 安徽农业科学，36（22）：9490. 2008。

落叶乔木。小枝褐色、灰褐色；幼枝黄绿色，密被短柔毛，后无毛，或疏被短柔毛。叶椭圆形，或卵圆–椭圆形，长 8.0~10.6 cm，宽 5.0~7.5 cm，先端钝尖，或钝圆，基部楔形，表面绿色，通常无短柔毛，稀被短柔毛，主脉疏被短柔毛，背面灰绿色，疏被白色短柔毛，主脉和侧脉显著隆起，沿主脉疏被短柔毛；叶柄长 1.0~2.0 cm，疏被短柔毛，托叶痕为叶柄长度的 1/3。玉蕾顶生，长卵球状，长 1.8~2.5 cm，径 2.0~2.5 cm；芽鳞状托叶 3~4 枚，最外面 1 枚外面密被深褐色短柔毛，薄革质，花前脱落，其余芽鳞状托叶外面疏被长柔毛，膜质。花先叶开放。花 5 种类型：① 单花具花被片 9 枚，匙状椭圆形；② 单花具花被片 9 枚，有萼、瓣状之分，萼状花被片 3 枚，小型，长约 3 mm，宽约 2 mm；③ 单花具花被片 9 枚，外轮 3 枚花被片狭披针形，长 3.5~6.5 cm，宽 3~5 mm，膜质；④ 单花具花被片 12 枚，外轮 3 枚花被片披针形，长 1.5~2.5 cm，宽 2~3

mm，膜质；⑤ 单花具花被片 11 枚，外轮 3 枚花被片披针形，变化极大，长 0.3~6.5 cm，宽 0.2~2.0 cm，膜质。花 5 种类型的外轮 3 枚花被片形状、大小及质地变化极大；内轮花被片除大小差异外，其形状、质地、颜色均相同，即匙状椭圆形，或匙状长椭圆形，长 5.0~6.5 cm，宽（0.8~）2.0~3.5 cm，先端钝尖，或渐尖，基部楔形，外面中部以下中间亮紫红色；雄蕊多数，长 1.0~1.3 cm，外面紫色，花丝长 2~3 mm，紫色，药室长 1.0~1.3 cm，侧向纵裂，药隔先端伸出呈三角状短尖头，紫色；有时单花具 2 枚并生雌蕊群，或在离生雄蕊中混杂有离生单雌蕊，以及花丝亮粉色与花药近等长；离生单雌蕊多数，子房黄白色，疏被短柔毛，花柱淡紫色；花梗和缩台枝密被白色长柔毛。雌雄蕊群两种类型：① 雄蕊群与雌雄蕊群近等高；② 雌蕊群显著高于雄蕊群。夏季花 3 种类型：① 单花具花被片 5 枚，匙状狭披针形，内卷，长 3.0~5.5 cm，宽 4~6 mm，肉质；② 单花具花被片 9 枚，花瓣状，匙状狭披针形，内卷，长 5.0~7.0 cm，宽 4~16 mm，肉质；③ 单花具花被片 12 枚，花瓣状，匙状狭披针形，内卷。夏季花 3 种类型中离生单雌蕊多数，子房无毛。聚生蓇葖果未见。花期 3 月。

本种与莓蕊玉兰 Yulania fragarigynandria T. B. Zhao, Z. X. Chen et H. T. Dai 相似，区别是：春季花 5 种类型：① 单花具花被片 9 枚，匙状椭圆形；② 单花具花被片 9 枚，有萼、瓣状之分，萼状花被片长约 3 mm，宽约 2 mm；③ 单花具花被片 9 枚，外轮 3 枚花被片狭披针形，长 3.5~6.5 cm，宽 3~5 mm，膜质；④ 单花具花被片 12 枚，外轮 3 枚花被片披针形，长 1.5~2.5 cm，宽 2~3 mm，膜质；⑤ 单花具花被片 11 枚，外轮 3 枚花被片披针形，变化极大，长 0.3~6.5 cm，宽 0.2~2.0 cm，膜质。5 种花类型的外轮 3 枚花被片形状、大小及质地变化极大，膜质；内轮花被片匙状椭圆形，或匙状长椭圆形，先端钝尖，或渐尖，基部楔形，外面中部以下中间亮紫红色；离生单雌蕊子房疏被短柔毛；有时单花具 2 枚并生雌蕊群，或在离生雄蕊中混杂有离生单雌蕊，以及花丝亮粉色与花药近等长。雌雄蕊群两种类型：① 雄蕊群与雌雄蕊群近等高；② 雌蕊群显著高于雄蕊群。夏季花 3 种类型：单花具花被片 5 枚、9 枚、12 枚，花瓣状，匙状狭披针形，内曲，肉质；离生单雌蕊多数，子房无毛。

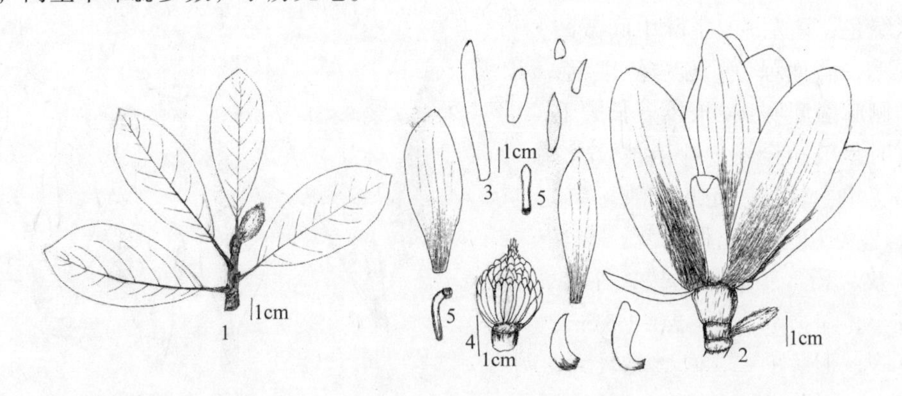

图 3-38　异花玉兰 Yulania varians T. B. Zhao, Z. X. Chen et Z. F. Ren

1. 枝、叶与玉蕾；2. 花，3. 各种外部花被片；4. 雌雄蕊群；5. 雌蕊（赵天榜绘）。

产地：河南。郑州市有引种栽培。2013 年 3 月 22 日，赵天榜和陈志秀，模式标本

No.201303221（花），采自河南郑州市，存河南农业大学。繁育栽培：嫁接育苗、植苗技术等。

用途：本种是优良的绿化观赏树种，在研究其变异理论与规律中具有重要意义。玉蕾入药作“辛夷”。

51. 河南玉兰（河南农学院学报） 图 3-39

Yulania honanensis（B. C. Ding et T. B. Zhao）D. L. Fu et T. B. Zhao，田国行等. 玉兰属植物资源与新分类系统的研究. 中国农学通报，22（5）：409. 2006；赵东武等. 河南玉兰属植物种质资源与开发利用的研究. 安徽农业科学，36（22）：9488. 2008；*Magnolia honanensis* B.C.Ding et T. B. Zhao，丁宝章等. 河南木兰属新种和新变种. 河南农学院学报，17（4）：6~8.（1983），19（4）：359. 图 3. 1985：赵天榜等编著. 木兰及其栽培. 12~13. 图 3~3. 1992；*M. elliptilimba* Law et Gao, in Bull. Bot. Res.，4（4）：189~194. 图 1. 1984；*M. honanensis* B. C. Ding et T. B. Zhao var. *elliptilimba*（Law et Gao）T. B. Zhao，赵天榜等编著. 木兰及其栽培. 13. 1992。

落叶乔木。玉蕾卵球状，较大，长 2.0~2.3 cm。叶椭圆形，或椭圆长卵圆形，长 9.0~18.0 cm，宽 4.5~8.0 cm，先端急尖，长渐尖，或长尾尖，基部近圆形、稍偏斜，或楔形，边缘全缘，表面深绿色，具光泽，无毛，或疏被短柔毛，主脉和侧脉隆起明显，网脉微凹，沿主脉微有短柔毛，背面浅绿色，无毛或被稀疏短柔毛，主脉和侧脉隆起明显，侧脉和网脉微凹，沿主脉和侧脉有时被较密长柔毛；叶柄细短，被较密短柔毛。长枝叶宽卵圆形、长椭圆状倒卵圆形，长 15.0~20.0 cm，宽 8.0~12.0 cm，先端长渐尖，或短尖，基部近圆形，或楔形，表面深绿色，具光泽，主脉中间微凹，通常无毛，背面绿色，疏被短柔毛，主脉和侧脉隆起明显，被较多长柔毛，边缘有时呈波状全缘；叶柄被较密短柔毛。花单生枝顶，先叶开放。单花具花被片 9~12 枚；3 种花型：① 花被片 9 枚，稀 8、10、11 枚，外轮 3 枚，较小，呈萼状，长 1.0~1.5 cm，大小不等，形状不一，内 2 轮较大；② 花被片 9 枚，稀 8、10、11 枚，外轮 3 枚，较大，花瓣状，长 5.0~8.0 cm，宽 1.5~3.0 cm，先端圆形或具短尖头，近基部渐狭窄；③ 花被片 11 枚，或

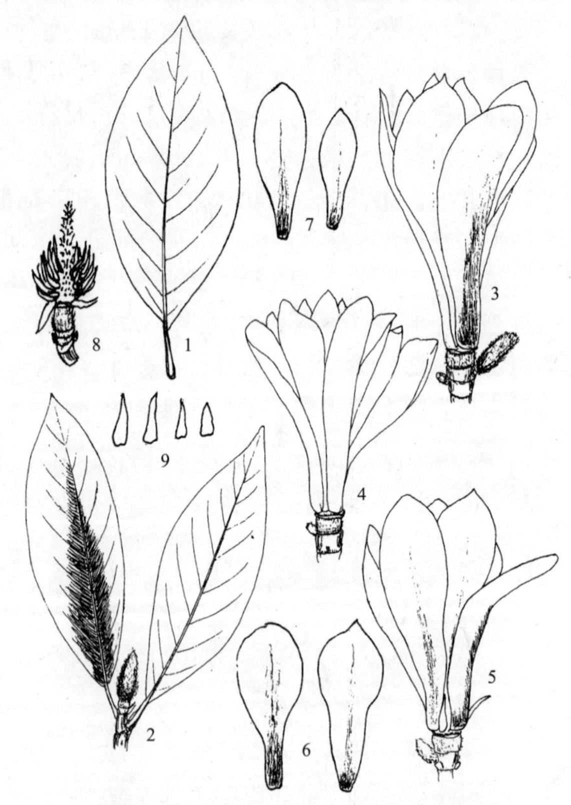

图 3-39 河南玉兰 Yulania honanensis（B. C. Ding et T. B. Zhao） D. L. Fu et T. B. Zhao

1. 叶；2. 叶和玉蕾；3~5. 三种花型；6~7. 瓣状花被片；8. 雌雄蕊群；9. 萼状花被片（陈志秀绘）。

12 枚，稀 10 枚，其形状与大小近似。3 种花型的内轮花被片花瓣状形状、大小、颜色一致，即：花被片外面中基部紫色，内面白色；雌雄蕊无明显区别；雄蕊多数，长 8~10 mm，花丝紫色，花药黄色；离生单雌蕊多数，子房淡黄绿色，无毛，柱头先端向内微弯曲，全发育，或大部分发育。聚生蓇葖果圆柱状，较弯曲，长 10.0~25.0 cm，径 4.0~5.0 cm；蓇葖果近球状，长 1.0~1.5 cm，表面具明显的圆形疣点，先端圆形，通常具骨质种子 2 枚。

产地：河南。模式标本采自南召县，存河南农业大学。

繁育栽培：嫁接育苗、植苗技术等。

用途：本种玉蕾入中药，作“辛夷”，其中挥发油中含有β-桉叶油醇 β-eudesmol 23.00%、聚伞花素 cymene 11.13 %、α-毕澄茄醇 α-cadinol 6.05 %、金合欢醇 farneso 4.73%等，很有开发利用前景。单株上具 3 种花型，在研究花的进化理论中具有重要意义。

变种：

（1）河南玉兰　原变种

Yulania honanensis（B. C. Ding et T. B. Zhao）D. L. Fu et T. B. Zhao var. honanensis

（2）椭圆叶河南玉兰（木兰及其栽培）　椭圆叶玉兰（植物研究）　变种

Yulania honanensis（B. C. Ding et T. B. Zhao）D. L. Fu et T. B. Zhao var. elliptilimba（Law et Gao）T. B. Zhao et Z. X. Chen，赵天榜、田国行等主编. 世界玉兰属植物资源与栽培利用. 305. 2013；*Magnolia honanensis* B. C. Ding et T. B. Zhao var *elliptilimba*（Law et Gao）T. B. Zhao，赵天榜等编著. 木兰及其栽培. 13. 1992；*M. elliptilimba* Law et Gao，刘玉壶、高增义. 河南木兰属新植物. 植物研究，4（4）：189~194. 图 1. 1984。

本变种叶椭圆形、卵圆状椭圆形、长卵圆状椭圆形，长 10.0~14.0 cm，宽 5.0~9.0 cm，先端渐尖，基部楔形，或宽楔形，表面绿色，无毛，背面淡绿色，沿主脉和侧脉被长柔毛；叶柄长 1.0~2.5 cm。玉蕾椭圆体状。花先叶开放。单花具花被片 9~12 枚（作者观察，单花具花被片 9 枚，有萼、瓣之分），近相似，白色，椭圆形、匙状椭圆形、长椭圆状匙形，长 5.5~7.5 cm，宽 2.0~3.5 cm，先端钝圆，或具短尖头，外面中基部具淡紫红色晕；雄蕊花丝紫红色，花药乳黄色，花丝背面紫红色；离生单雌蕊多数，子房狭卵球状，无毛；花梗密被浅黄色长柔毛。聚生蓇葖果圆柱状，长 10.0~20.0 cm；蓇葖果倒卵球状、近球状。花期 3~4 月；果熟期 8~9 月。

产地：中国河南。模式标本，采自南召县，存河南生物研究所标本室（HNIB）。

52. 大别玉兰（中国农学通报）　图 3-40

Yulania dabieshanensis T. B. Zhao, Z. X. Chen et H. T. Dai，赵天榜、田国行等主编. 世界玉兰属植物资源与栽培利用. 306~308. 2013；赵东武等. 河南玉兰属植物种质资源与开发利用的研究. 安徽农业科学，36（22）：9490. 2008；田国行等. 玉兰属植物资源与新分类系统的研究. 中国农学通报，22（5）：408. 2006；戴慧堂、李静、赵天榜等. 河南玉兰二新种. 信阳师范学院学报，25（3）：333~335. 2012。

落叶乔木；树皮灰褐色，光滑。小枝绿色，无毛；皮孔椭圆形，白色，隆起明显，稀少，具托叶痕。玉蕾单生枝顶，卵球状，长 1.5~2.3 cm，径 7~13 mm；芽鳞状托叶 3~4 枚，外面密被灰褐色长柔毛。叶卵圆形，稀椭圆形，长 9.0~15.0 cm，宽 3.5~5.0 cm，表面绿色，具光泽，沿主脉和侧脉初被疏短柔毛，后无毛，背面淡绿色，沿脉密被短柔毛，先端急尖，或渐尖，基部楔形，边缘全缘，有时波状全缘，被缘毛；叶柄长 1.5~2.0 cm。花先叶开放，径 12.0~15.0 cm；单花具花被片 9 枚，有 4 种类型：① 花被片 9 枚，外轮花被片 3 枚，萼状，膜质，三角形，或长三角形，长 5~15 mm，宽 3~5 mm，淡黄绿色，早落，先端急尖，或渐尖，内轮花被片花瓣状，其他与④种花相同；② 花被片 9 枚，外轮花被片 3 枚，萼状，多形状，肉质，长 1.0~1.5 cm，0.5~1.2 cm，紫红色、浓紫红色，或浅紫红色，内轮花被片花瓣状，其他与 ④ 种花相同；③ 花被片 9 枚，外轮花被片 3 枚，花瓣状，长 2.5~3.4 cm，宽 1.2~2.5 cm，其长度约为内轮花被片长度的 2/3，形状和颜色与内轮花被片相同；④ 花被片 9 枚，花瓣状，匙状长圆形，或匙状宽卵圆形，长 5.5~9.0 cm，宽 2.5~4.5 cm，上部最宽，先端钝圆，或外面中部以上浅紫红色，具明显的浓紫红色脉纹，中部以下浓紫红色，具光泽，内面肉色，脉纹明显下陷，多皱纹；雄蕊多数，长 1.2~1.5 cm，花药长 9~11 mm，背面具浅紫红色晕，药室侧向长纵裂，药隔先端具长 1~1.5 mm 的三角状尖头，花丝长 2.5~3.0 mm，近卵球状，浓紫红色；离生单雌蕊多数；子房淡黄绿色，花柱和柱头微紫红色晕，花柱微内卷。

本种与河南玉兰 Yulania honanensis（B. C. Ding et T. B. Zhao）D. L. Fu et T. B. Zha 相似，区别是：花顶生。单花具花被片 9 枚；花有 4 种类型：① 单花具花被片 9 枚，外轮花被片 3 枚，萼状，膜质，淡黄绿色，早落；② 单花具花被片 9 枚，外轮花被片 3 枚，萼状，肉质，不落，多种形状，先端外面肉色，或紫红色，外面中部以下浓紫红色，内面浅紫红色；③ 单花具花被片 9 枚，外轮花被片 3 枚，花瓣状，肉质，其长度为内轮花被片长度的 2/3 左右，形状和颜色与内轮花被片相同；④ 单花具花被片 9 枚，花瓣状，先端钝圆，或钝尖，中部最宽，外面中部以上淡紫红色，有浓紫红色脉纹，外面中部以下浓紫红色，内面肉色，脉纹明显下陷，表面多皱纹；雄蕊花药和花丝深紫红色；花柱和柱头具微紫红色晕。

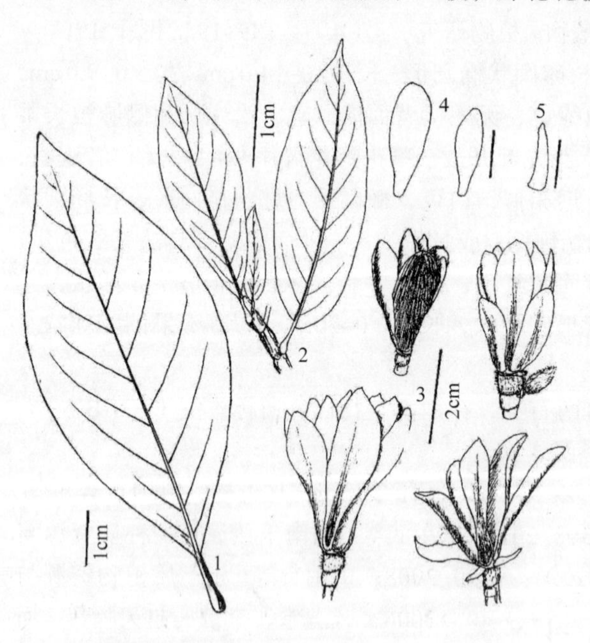

图 3-40 大别玉兰 Yulania dabieshanensis T. B. Zhao, Z. X. Chen et H. T. Dai

1.叶；2.短枝、叶；3. 4 种花型；4.瓣状花被片；5.萼状花被片（陈志秀绘）。

河南：鸡公山。1999 年 2 月 24 日，赵天榜和陈志秀，No.992241（花）。模式标本，存河南农业大学。1999 年 7 月 18 日，同地，赵天榜和戴慧堂，No.997181（枝、叶和玉蕾）。

繁育栽培：嫁接育苗、植苗技术等。

用途：本种是优良的绿化观赏树种。玉蕾入药作“辛夷”。其有 4 种类型；花大、花被片多、皱折、变异显著，且有特异花被片，有些单花具多雌蕊群，是优良的观赏树种，并在研究玉兰属植物花的变异理论中具有重要意义。

53. 两型玉兰（安徽农业科学）　图 3-41

Yulania dimorpha T. B. Zhao et Z. X. Chen，赵天榜、田国行等主编. 世界玉兰属植物资源与栽培利用. 312~314. 2013；赵东武等. 河南玉兰属植物种质资源与开发利用的研究. 安徽农业科学，36（22）：9490. 2008；戴慧堂、赵东武、李静等.《鸡公山木本植物图鉴》增补—Ⅱ. 河南玉兰两新种. 信阳师范学院学报 自然科学版，24（4）：482~485，489. 2012。

落叶乔木。小枝灰褐色，通常无毛；幼枝浅黄绿色，具光泽，密被短柔毛，后无毛。叶厚纸质，或薄革质，2 种类型：① 宽倒三角形，长 10.0~25.0 cm，宽 11.0~15.0 cm，表面深绿色，具光泽，通常无毛，主脉微下陷，无毛，背面淡绿色，疏被短柔毛，主脉和侧脉明显隆起，沿脉疏被长柔毛，侧脉 5~6 对，近顶部最宽，先端钝尖，基部宽楔形，边缘全缘；幼叶密被短柔毛，后脱落；叶柄长 1.0~3.0 cm，浅黄绿色，初密被短柔毛，后无毛，或宿存毛。② 近圆形，长 10.0~25.0 cm，宽 11.0~20.5 cm，先端钝尖，基部楔形，其他与宽倒三角形叶相同；托叶密被棕黄色长柔毛，托叶痕约为叶柄长度的 1/3。玉蕾单生枝顶，2 种类型：① 长圆锥状、卵球状，大，中部以上渐小，长渐尖，微弯，长 3.5~4.1 cm，径 1.3~1.5 cm，先端钝圆，近基部突然变细；② 卵球状，小，长 1.2~1.5 cm，径 1.0~1.2 cm，先端钝圆；芽鳞状托叶 3~4（~5）枚，外面密被灰黄棕色长柔毛。单花花被片 6~9 枚，2 种类型：① 单花花被片 9 枚，外轮花被片 3 枚，萼状，膜质，早落，披针形，长 6~12 mm，宽 2~3 mm，稀长 1.5~2.0 cm，宽 4~6 mm，内轮花被片 6 枚，花瓣状，匙状椭圆形，或匙状近圆形，长 4.0~4.5 cm，宽 3.5~4.5 cm，稀 1.2~1.5 cm 宽，先端钝圆，具喙，基部楔形，边缘全缘，边部稍反卷，基部外面具淡粉红色；② 9 枚，匙状椭圆形，或匙状近圆形，长 4.0~4.5 cm，宽 3.5~4.5 cm，稀 1.2~1.5 cm 宽，先端钝圆，无喙，内轮花被片花瓣状，先端钝圆，无喙，基部截形，边缘微波状，边部稍反卷，基部外面无淡红色晕；雄蕊多数，长 1.2~1.5 cm，花丝长 2~3 mm，粉红色，花药长 8~12 mm，药室侧向纵裂，药隔先端具淡紫红色，具三角状短尖头；雌蕊群长卵球状，绿色，长 1.5~2.0 cm；离生单雌蕊多数，子房无毛，花柱、柱头、药室先端淡粉红色。聚生蓇葖果圆柱状，长 15.0~20.0 cm，径 3.0~5.0 cm，无毛；缩台枝和果梗被长柔毛；蓇葖果近球状，长 1.2~1.5 cm，径 8~12 mm，无毛。花期 4 月；果熟期 8~9 月。

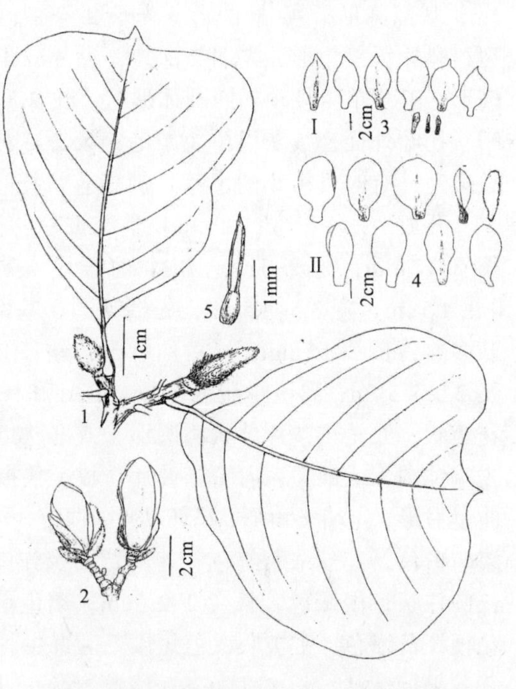

图 3-41　两型玉兰 Yulania dimorpha T. B. Zhao，Z. X. Chen et H. T. Dai

1. 叶 2 种类型，玉蕾 2 种类型；2. 初花 2 种类型；3~4. 2 种花型的花被片；5. 雄蕊（陈志秀绘）。

本种与舞钢玉兰 Yulania wugangensis（T. B. Zhao，W. B. Sun et Z. X. Chen）D. L. Fu 相似，区别是：叶 2 种类型：① 宽

倒三角形、② 近圆形，侧脉 5~6 对。玉蕾单生枝顶，2 种类型：① 长圆锥状，或椭圆体状、② 卵球状。花 2 种类型：① 单花花被片 9 枚，外轮花被片 3 枚，萼状，内轮花被片 6 枚，花瓣状，先端具喙，边部明显波状起伏；② 单花花被片 6 枚，或 9 枚，花瓣状，先端无喙，边缘微波状起伏。

河南：信阳县。1994 年 4 月 25 日，赵天榜和陈志秀 No.944251（花）。模式标本，存河南农业大学。同地，1997 年 8 月 20 日，赵天榜等，No.978201（叶、玉蕾和聚生蓇葖果）。

繁育栽培：播种育苗、嫁接育苗、植苗技术等。

用途：本种是优良的绿化观赏树种。玉蕾入药作“辛夷”。其叶、玉蕾与花各有 2 种类型，并在研究玉兰属植物形态变异理论中，具有重要意义。

54. 多型叶玉兰（世界玉兰属植物资源与栽培利用） 图 3-42

Yulania multiformis T. B. Zhao，Z. X. Chen et J. Zhao，赵天榜、田国行等主编. 世界玉兰属植物资源与栽培利用. 314~316. 2013。

落叶乔木。小枝灰褐色；幼枝浅黄绿色，密被短柔毛，后无毛。叶纸质，多种类型：① 倒卵圆形，长 9.0~12.0 cm，宽 3.0~5.0 cm，表面绿色，通常无毛，背面淡绿色，密被灰色油点，疏被短柔毛，主脉和侧脉明显隆起，沿脉疏被长柔毛，侧脉 5~6 对，先端通常 1 侧钝圆，另 1 侧三角形，基部楔形，边缘全缘；幼叶密被短柔毛，后脱落；叶柄长 1.0~2.0 cm，浅黄绿色，初密被短柔毛，后无毛，基部楔形；② 近圆形，长 5.0~7.0 cm，先端钝圆，基部圆形；③ 卵圆 – 椭圆形，即 1 侧半圆形，另 1 侧半椭圆形，长 9.0~12.0 cm，基部圆形；④ 椭圆形，先端 2 深裂，2 裂片先端钝圆；⑤ 近倒三角形，先端 2 深裂，裂片长三角形，先端 2 深裂，裂片三角形，1 大，1 小，近等于叶片 1/2 长度，基部楔形。玉蕾单生枝顶，椭圆体形状，长 2.3~3.0 cm，径 1.3~1.6 cm，先端钝圆；第 1 枚芽鳞状托叶外面密被灰黑色短柔毛；第 2~3 枚芽鳞状托叶外面密被灰色长柔毛，或灰白色长柔毛，有时具极小的小叶；佛焰苞状托叶灰棕褐色，外面疏被灰色长柔毛。花顶生，先叶开放。2 种花型：① 单花具花被片 9 枚，外轮花被片 3 枚，萼状，膜质，披针形，长 8~12 mm，宽 2~3 mm，内轮花被片 6 枚，花瓣状，匙状椭圆形，或匙状卵圆形，长 4.0~4.5 cm，宽 3.5~4.5 cm，先端钝圆，基部楔形，边缘全缘，基部外面具淡粉红色；雄蕊多数，长 8~15 mm，淡黄白色，花丝长 2~3 mm，紫红色；雌蕊群长圆柱形，淡绿色，长 2.0~2.5 cm；离生单雌蕊多数，花柱和柱头微被粉红色。② 单花具花被片 11~12 枚，花瓣状，外轮花被片匙状椭圆形，或匙状近圆形，长 6.0~10.0 cm，宽 3.5~4.5 cm，白色，先端钝圆，或钝尖，内轮花被片 3 枚，狭披针形，长 3.0~7.0 cm，宽 1.2~1.5 cm，向内卷曲呈弓形，先端三角形，基部具爪，白色，外面基部中间亮紫色；雄蕊多数，长 8~13 mm，淡黄白色，花丝浓紫红色，花药背面及先端微被淡粉红色晕，具三角状短尖头；雌蕊群长圆柱状，淡绿色，长 2.2~2.5 cm；离生单雌蕊多数，花柱和柱头淡绿白色。缩台枝和花梗淡黄绿色，密被灰白色短柔毛。聚生蓇葖果卵球状，长 7.0~10.0 cm，径 4.0~5.5 cm；蓇葖果近球状，长 8~11 mm，浅黄绿色。花期 4 月；果熟期 8~9 月。

本种与黄山玉兰原种 Yulania cylindrica（Wils.）D. L. Fu 相似，区别是：短枝叶形多种类型：倒卵圆形、卵圆形、椭圆形、近倒三角形、卵圆—椭圆形等，表面绿色，无毛，背面灰绿色，密被灰色油点，疏被短柔毛，脉上较密。长枝叶倒卵圆形，先端通常 1 侧钝圆，另 1 侧三角形。幼叶暗紫色。2 种花型：① 单花具花被片 9 枚，外轮花被片 3 枚，萼状，内轮花被片 6 枚，花瓣状，基部截形；雄蕊花药淡黄白色。② 单花具花被片 11~12 枚，花瓣状，内轮花被片 3 枚，披针形，内弯呈弓形；雄蕊花药背面和先端被淡粉色晕。

产地：山东青岛。河南郑州有引栽。2008 年 4 月 25 日，赵天榜和陈志秀，模式标本，No.200208075（花），采自河南郑州市，存河南农业大学。山东青岛。1997 年 8 月 20 日，赵天榜和陈志秀，No.978201（叶和玉蕾）。新郑市，2008 年 8 月 12 日，赵天榜、No.2008121（叶，玉蕾和聚生蓇葖果）。

繁育栽培：嫁接育苗、植苗技术等。

用途：本种是优良的绿化观赏树种。玉蕾入药作“辛夷”。其叶与花具有显著变异，在研究玉兰属植物形态变异理论中具有重要意义。

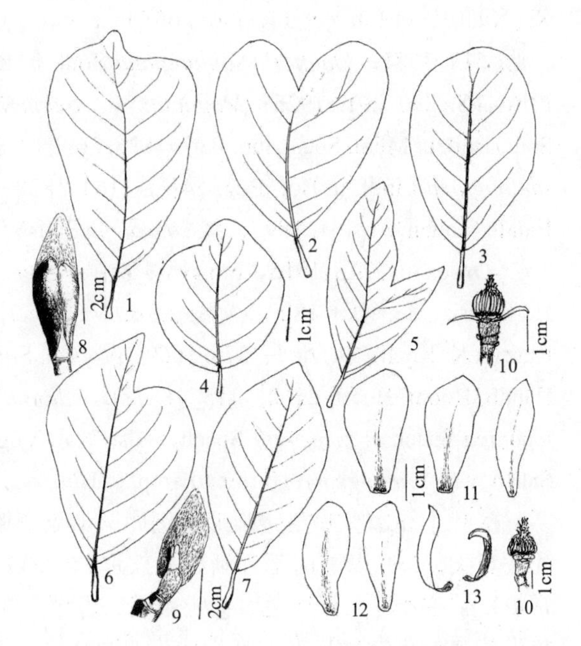

图 3-42　多型叶玉兰 Yulania multiformis T. B. Zhao, Z. X. Chen et J. Zhao

1~7. 叶；8~9. 玉蕾；10. 雌雄蕊群；11. 花型 I 花被片；12~13. 花型 II 花被片（陈志秀绘）。

变种：

（1）多型叶玉兰　原变种

Yulania multiformis T. B. Zhao，Z. X. Chen et J. Zhao var. multiformis

（2）白花多型叶玉兰（世界玉兰属植物资源与栽培利用）　变种

Yulania multiformis T. B. Zhao，Z. X. Chen et J. Zhao var. alba T. B. Zhao et Z. X. Chen，赵天榜、田国行等主编. 世界玉兰属植物资源与栽培利用. 316. 2013。

本变种叶卵圆形，或椭圆形，背面灰绿色，密被灰色油点。玉蕾 2 种类型。单花具花被片 9 枚，或 11~12 枚，2 种花型：① 单花具花被片 9 枚，外轮花被片 3 枚，萼状，内轮花被片 6 枚，花瓣状；② 单花具花被片 9~10 枚，花瓣状。花瓣状花被片白色，外面基部微被淡粉色晕。

产地：中国河南。模式标本，采自河南鸡公山，存河南农业大学。

55. 朱砂玉兰（河南植物志）　二乔玉兰（中国树木志、中国植物志）　苏郎辛夷（经济植物手册）　图 3-43

Yulania soulangiana（Soul.-Bod.）D. L. Fu，傅大立. 玉兰属的研究. 武汉植物学研究，19（3）：198. 2001；中国科学院昆明植物研究所主编　云南植物志. 第十六卷：29. 2006；田国行等. 玉兰属植物资源与新分类系统的研究. 中国农学通报，22（5）：409. 2006；田国行等. 玉兰属植物资源与新分类系统的研究. 中国农学通报，22（5）：408. 2006；赵东武等. 河南玉兰属植物种质资源与开发利用的研究. 安徽农业科学，36（22）：9489. 2008；

Xia Nian-He et Liu Yu-Hu，Flora of China. vol. 7：77. 2008；丁宝章等主编. 河南植物志 第一册. 514. 1981；*Magnolia soulangiana* Soul. in L. H. Bailey，MANUAL OF CULTIVATED PLANTS. 290~291. 1925；*Magnolia* × *soulangiana* ［*M. denuata* Desr × *liliflora* Desr］Soul.-Bod. in Mém. Soc. Linn. Paris 1826. 269 （Nouv. Esp. Mag.）. 1826；*M. Yulan* Spach var. *soulangiana* Lindl. in Bot. Rég. 14：t. 1164. 1828；*M. hybrida* Dipp. var. *soulangiana* Dipp.，Handb. Laubh. 3：151. 1893；*M. conspicua* Salisb. var. *soulangiana* Hort. ex Pamp. in Bull. Soc. Tosc. Ortic. 40：216. 1915，pro syn.；*M.* × *soulangiana* （contnued） Hamelin in Ann. Soc. Hort. Paris，1：90. t. 1827；*M. speciosa* Van Geel，Sert. Bot. cl. XIII. t. 1832；*M. cyathiformis* Rinz ex K. Koch，Dendr 1：376. 1869，pro syn. Sub *M. Yulan*；*Gwillimia cyathiflora* C. de Vos，Handb. Boom. Heest. ed. 2：115. 1887；*Gwillimia speciosa* C. de Vos，op. cit. 1887；*Yulania japonica* Spach γ. *incarnata* Spach，Hist. Nat. Vég. Phan. 7：466. 1839；*Magnolia conspicua* Salisb. var. *Soulangeana* Hort. ex Pamp. in Bull. oc. Tosc. Ortic. 40：261. 1915，pro syn..

落叶小乔木。叶宽卵圆形、倒卵圆形至宽椭圆形，长 6.0~15.0 cm，宽 4.0~7.5 cm，先端短尖，2/3 以下向基部渐狭呈楔形，幼时被短柔毛，表面绿色，具光泽，主脉基部常被短柔毛，背面淡绿色，被短柔毛，边缘全缘，被缘毛；叶柄被短柔毛。玉蕾卵球状，单生枝顶。花先叶开放。单花具花被片 9 枚，外轮花被片 3 枚，长为内轮花被片的 2/3，内轮花被片较大，匙状椭圆形，长 6.0~8.0 cm，宽 1.5~2.5 cm，外面淡红色，或淡紫色、玫瑰色，内面黄白色，少香味，或无香味；雄蕊多数；雌蕊群圆柱状，长约 1.5 cm；离生单雌蕊多数，子房无毛。聚生蓇葖果长约 8.0 cm，径约 3.0 cm；蓇葖果卵球状，长 1.0~1.5 cm。花期 3~4 月；果熟期 9~10 月。染色体数目 2 n = 76，114 等。

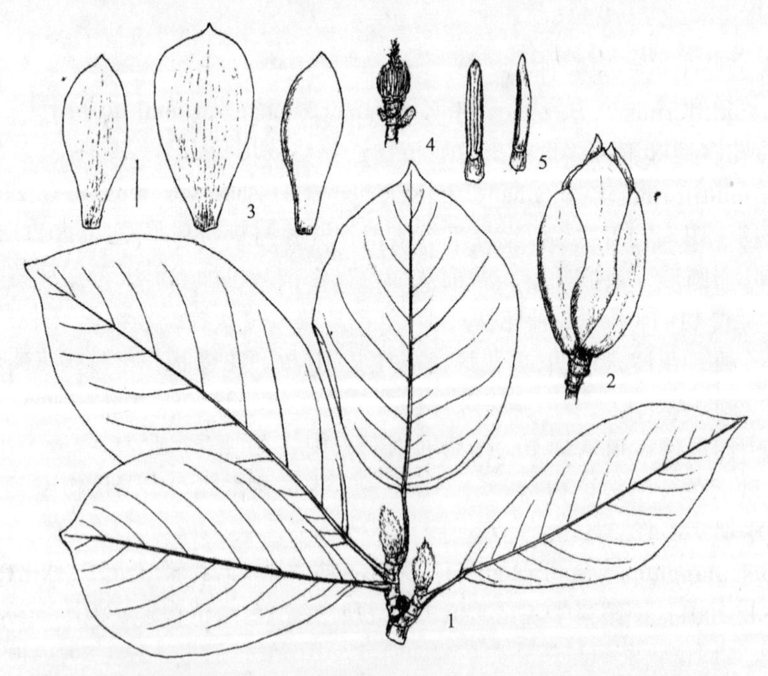

图 3-43　朱砂玉兰 Yulania soulangiana （Soul.-Bod.） D. L. Fu

1. 叶、枝和玉蕾；2. 花；3. 花被片；4. 雌雄蕊群；5. 雄蕊（陈志秀绘）。

产地：中国。1826 年，法国人 Soulange-Bodin 用玉兰与紫玉兰 Yulania liliflora（Desr.）D. L. Fu 杂交培育而成。目前，我国长城以南各省、区栽培很广。

繁育栽培：嫁接育苗、植苗技术等。

用途：本种是优良的绿化观赏树种。玉蕾入药作“辛夷”。其在研究玉兰属植物杂交理论及其杂交变异规律中具有重要意义。

亚种：

55.1 朱砂玉兰　原亚种

Yulania soulangiana (Soul. - Bod.) D.L.Fu subsp. **soulangiana**

55.2 萼朱砂玉兰（安徽农业科学）　新亚种

Yulania soulangiana (Soul. - Bod.) D.L.Fu subsp. **ezhushayulan** T. B. Zhao et Z. X. Chen，subsp. nov.，Yulania soulangiana (Soul.-Bod.) D. L. Fu subsp. ezhushayulan D. L. Fu，T. B. Zhao et Z. X. Chen，subsp. nov. ined.，赵东武等. 河南玉兰属植物种质资源与开发利用的研究. 安徽农业科学，36（22）：9490.2008。

Subspecies Yulania soulangiana (Soul. - Bod.) D.L.Fu subsp. soulangiana similis，sed tepalis 9 in quoque flore，Z-formis：① tepalis 9 in quoque flore，Calyciformibus et petalis，extus 3 Calyciformibus parvis；② tepalis 9 in quoque flore，petalis，extus petalis longitudine 1/3~2/3 intus petalorum partem aequantibus，albis basi purpurascentibus.

Henan：Zhengzhou City. 10-04-2008. T. B. Zhao et Z. X. Chen，No. 10-04-20083 (flos，holotypus hic disignatus，HNAC).

本新亚种与朱砂玉兰原亚种 Yulania soulangiana (Soul.-Bod.) D. L. Fu subsp. soulangeana 相似，但区别：单花具花被片 9 枚，2 种花型：① 单花具花被片 9 枚，有萼、瓣之分，外轮花被片 3 枚，萼状，小；② 单花具花被片 9 枚，花瓣状，外轮花被片长度为内轮花被片 1/3~2/3，白色，外面基部带紫色晕。

产地：河南。郑州市有栽培。2008 年 4 月 10 日，赵天榜和陈志秀，No. 10-04-20083 (花)。模式标本，采自郑州市，存河南农业大学。

55.3 变异花朱砂玉兰　新亚种

Yulania soulangiana (Soul. - Bod.) D. L. Fu subsp. **Varia** T. B. Zhao et Z. X. Chen，sousp. nov.

Subspecies Yuania soulangiana (Soul. - Bod.) D.L.Fu subsp. soulangiana similis，sed tepalis 9 in quoque flore，extus 3 calycibus et petalis，variantibus，intus petalis into flavidis post albis extus basi in medio purpurascentibus.

Henan：Zhengzhou City. 15-04-2010. T. B. Zhao et Z. X. Chen，No. 15-04-20105 (flos，holotypus hic disignatus，HNAC).

本新亚种与朱砂玉兰原亚种 Yulania soulangiana (Soul.-Bod.) D. L. Fu 相似，但区别：单花具花被片 9 枚，外轮花被片 3 枚，萼状和瓣状，变化极大，内轮花被片花瓣状，初淡黄色，后白色，外面基部中间紫红色。

产地：河南。郑州市有栽培。2010 年 4 月 15 日。赵天榜和陈志秀，No.15-04-20105 (花)。模式标本，采自郑州市，存河南农业大学。

变种：

（1）朱砂玉兰　原变种

Yulania soulangiana（Soul.-Bod.　）D. L. Fu var. soulangiana

（2）林奈朱砂玉兰（世界玉兰属植物资源与栽培利用）　变种

Yulania soulangiana（Soul.-Bod.）D. L. Fu var. lennei（Topf ex Van Houtte）T. B. Zhao et Z. X. Chen，赵天榜、田国行等主编. 世界玉兰属植物资源与栽培利用. 318. 2013；*Magnolia* × *soulangiana* Soul.-Bod. var. *lennei*（Topf ex Van Houtte）Rehd. in Bailey，Cycl. Am. Hort. 3：966. 1900；'Lennei'. *Magnolia* × *soulangiana* Soul.-Bod. in Hort. Dendr.，4. 1853；*M. Lennei* Topf ex Van Houtte in Flore des Serr. 16：159. t. 1693 / 4. 1866；*M. Lennea* hort. ex Koch，Dendr.，1：378. 1869，sub *M. obovata* Thunb；*M. obovata* Thunb. var. *Lennei* Lavallée，Arb. Segrez.，8. 1877；*M. purpurea* Curtis var. *Lennei* Mouillefert，Traité Arb. Arbriss.，120；Atl. t. Ⅱ. 1895；Magnolia 'Rubra'　，'Rustica'，'Rustica Rubra'. *M.* × *soulangiana* Soul.-Bod. in D. J. Cawallay，The World of Magnolias. 207. Plates 97~98. 1994；*M. soulangiana* see Pampanini in Bull. Soc. Tosc. Ortic.，40：151. etc. 1915；41：6 etc. 1916 and Millais，Magnolias. 1927，partly listed as binomials.

本变种灌木状，高 2.5 m，长势旺。叶宽卵圆形，背面沿脉被毛。郁金香花型；花被片匙状球形，外面紫色至鲜红色，内面白色，也可能会有颜色最暗的花。耐寒。染色体数目 $2n = 133$。

产于：意大利。

（3）红花朱砂玉兰（世界玉兰属植物资源与栽培利用）　变种

Yulania soulangiana（Soul.-Bod.）D. L. Fu var. rubra（Nichols.）T. B. Zhao et Z. X. Chen，赵天榜、田国行等主编. 世界玉兰属植物资源与栽培利用. 318. 2013；*Mgnolia rustica rubra* Nichols. in Fl. & Silva，1：16. t. 1903；*M.* × *soulangiana* Soul.-Bod. var. *rustica*（Nichols.）Rehd. in Bailey，Stand. Cycl. Hort. 4：1969. 1916；*M.* × *soulangiana* Soul.-Bod. f. *rubra*（Nichols.）Rehd. in Jour. Arnold Arb.，21：276. 1940；*M.* × *soulangiana* Soul.-Bod. 'Rubra'，'Rustica'，'Rustica Rubra' in D. J. Callllway，The World of Magnolias. 207. Plates 97~98. 1994.

本变种花为紫红色，或暗红色。单花具花被片 9 枚，外轮花被片短于内轮花被片。

产地：荷兰。河南长垣县有栽培。

（4）白花朱砂玉兰（世界玉兰属植物资源与栽培利用）　变种

Yulania soulangiana（Soul.-Bod.）D. L. Fu var. candolleana T. B. Zhao et Z. X. Chen，赵天榜、田国行等主编. 世界玉兰属植物资源与栽培利用. 318. 2013；*Magnolia* × *soulangiana* Soul.-Bod. 'Candolleana' in The Garden，44：470. 1893；D. J. Cawallay，The World of Magnolias. 205. 1994.

本变种花白色，大；开花期比其他品种晚 1 周。

产地：可能起源于法国。河南郑州市有栽培。

56. 星系玉兰（世界玉兰属植物资源与栽培利用）　杂交种

Yulania × galaxy（F. Santamour）T. B. Zhao et Z. X. Chen，赵天榜、田国行等主

编. 世界玉兰属植物资源与栽培利用. 364~365. 2013；*Magnolia* 'Galaxy' in Hort Science, 15（6）: 832. 1980；*M.* 'Galaxy'［*M. liliflora* Desr. 'Nigra' × *M. sprengeri* Pamp. 'Diva'］in J. D. Callaway，The World of Magnlias. 216~217. Plate 117. 1994.

本杂交种是个具有直立、单干乔木；塔状，或几为圆柱状树冠；树高 9.1 m。玉蕾深红－紫色。花径 20.3~25.4 cm。单花具花被片 12 枚，稍香，花被片外面淡红－紫色，内面淡蔷薇－紫色。染色体数目 2 *n* = 95。

产地：美国。本杂交种杂交亲本：黑紫玉兰 × 德维武当玉兰 Yulania sprengeri（Pamp.）D. L. Fu var. diva（Stapf）T. B. Zhao et Z. X. Chen。

繁育栽培：嫁接育苗、植苗技术等。

用途：本种是优良的绿化观赏树种。玉蕾入药作"辛夷"。

57. 玉柳玉兰（中国农学通报）　杂交种

Yulania × wada's-snow-white（K. Wada）D. L. Fu et T. B. Zhao，田国行等. 玉兰属植物资源与新分类系统的研究. 中国农学通报，22（5）: 409~410. 2006；*Magnolia* 'Wada's Snow White'（*M. denudata* Desr. × *M. salicifolia* Seib. & Zucc. in Magnolia. Issue 37，20（1）: 20. 1984.

本杂交种生长活力强，开花年龄早。花纯白色，芳香。

产地：日本。本杂交种杂交亲本：玉兰 × 柳叶玉兰 Yulania. salicifolia（Seib. & Zucc.）D. L. Fu。

繁育栽培：嫁接育苗、植苗技术等。

用途：本种是优良的绿化观赏树种。玉蕾入药作"辛夷"。

58. 玉星玉兰（世界玉兰属植物资源与栽培利用）　杂交种

Yulania × pristine（J. C. McManiel）T. B. Zhao et Z. X. Chen，赵天榜、田国行等主编. 世界玉兰属植物资源与栽培利用. 360. 2013；*Magnolia* 'Pristine'［*M. denudata* Desr. × *M. kobus* DC. var. *stellata*（Sieb. & Zucc.）B. C. Blackburn 'Waterlily'］in Magnolia. Issue 37，20（1）: 18~19. 1984.

本杂交种生长习性似白玉兰。花纯白色，直立；花被片数目位于两亲本之间。能耐 –26℃低温。

产地：美国。本杂交种杂交亲本：玉兰 × '睡莲'星花玉兰 Yulania stellata（Sieb. & Zucc.）D. L. Fu 'Waterlily'。

繁育栽培：嫁接育苗、植苗技术等。

用途：本杂交种是优良的绿化观赏树种。玉蕾入药作"辛夷"。

59. 滇紫玉兰（中国农学通报）　杂交种

Yulania × early-rose（O. Blumhardt）D. L. Fu et T. B. Zhao，田国行等. 玉兰属植物资源与新分类系统的研究. 中国农学通报，22（5）: 410. 2006；*Magnolia* 'Early Rose'（*M. campbellii* Hook.f. & Thoms. × *M. liliflora* Desr.）in D. J. Callaway，The World of Magnolias. 215. 1994.

本杂交种花粉红色，形状像滇藏玉兰。

产地：新西兰。本杂交种杂交亲本：滇藏玉兰 × 紫玉兰。

繁育栽培：嫁接育苗、植苗技术等。

用途：本种是优良的绿化观赏树种。玉蕾入药作“辛夷”。

60. **伊丽莎白玉兰**（中国农学通报） 杂交种

Yulania × elizabeth（E. Sperber）D. L. Fu，田国行等. 玉兰属植物资源与新分类系统的研究.中国农学通报，22(5)：410. 2006；*Magnolia × elizabeth* E. Sperber in Journ. Magnolia Soc.，13(2)：21~22. 1977；*Magndia* 'Elizabeth'. *M. acuminata*(Linn.) Linn. × *M. denudata* Desr. in D. J. Callaway，The World of Magnolias. 215. Plates 115~116. 1994。

本杂种植株高 6.10 m。幼叶铜绿色，成熟叶深绿色，倒卵圆形。花期早，芳香，呈现黄色。单花具花被片 6~9 枚，匙状；雄蕊蔷薇－红色，似玉兰。花的大小似玉兰，花形为双亲中间类型。本杂种通常不育，但是个易于无性繁殖的类型。花期 4~5 月，可免受霜害。成龄后，树形、叶很像渐尖玉兰。染色体数目 $2n = 95$。

产地：美国。本杂交种杂交亲本：渐尖玉兰 Yulania acuminata（Linn.）D. L. Fu × 玉兰。

繁育栽培：嫁接育苗、植苗技术等。

用途：本种是优良的绿化观赏树种。玉蕾入药作“辛夷”。

61. **红鹳玉兰**（世界玉兰属植物资源与栽培利用） 杂交种

Yulania × flamingo（Ph. J. Savage）T. B. Zhao et Z. X. Chen，赵天榜、田国行等主编. 世界玉兰属植物资源与栽培利用. 365. 2013；*Magnolia* 'Flamingo'［*M. acuminata*（Linn.） Linn. 'Fertile Myrtle' × *M. sprengeri* Pamp. 'Diva'］ in Magnolia. Issue 53，28（1）：15. 1992.

本杂交种乔木，树冠塔状。花钟状，白色至粉红色，清香宜人。单花具花被片 9~10 枚。

产地：法国。本杂交种杂交亲本是：'易繁 神木'渐尖玉兰 Yulania acuminata（Linn.）D. L. Fu 'Fertile Myrtle' × 德维武当玉兰。

繁育栽培：嫁接育苗、植苗技术等。

用途：本种是优良的绿化观赏树种。玉蕾入药作“辛夷”。

62. **火炬玉兰**（世界玉兰属植物资源与栽培利用） 杂交种

Yulania × fireglow（Ph. J. Savage） T. B. Zhao et Z. X. Chen，赵天榜、田国行等主编. 世界玉兰属植物资源与栽培利用. 366. 2013；*Magnolia* 'Fireglow'［*M. cylindrica* Wils. × *M. denudata* Desr. 'Sawada's Pink'］in Magnolia. Issue 4221（2）：11. 1986/7.

本杂交种是个笔直乔木。叶厚革质。花为亲本中间类型，白色。单花具花被片 6 枚，外面 1/3 处为洋红色，主脉红色。

产地：美国。本杂交种杂交亲本：黄山玉兰 Yulania cylindrica（Wils.）D. L. Fu × '萨沃达粉红'玉兰 *M. denudata* Desr. 'Sawada's Pink'。

繁育栽培：嫁接育苗、植苗技术等。

用途：本种是优良的绿化观赏树种。玉蕾入药作“辛夷”。

63. **勒达玉兰**（世界玉兰属植物资源与栽培利用） 杂交种

Yulania × leda（Ph. Spoelberch）T. B. Zhao et Z. X. Chen，赵天榜、田国行等主编.

世界玉兰属植物资源与栽培利用. 367. 2013；*Magnolia* 'Leda'［*M. cyindrica* Wils. × *M. campbellii* Hook.f. & Thoms. var. *alba* Treseder］in Magnolia. Issue 63，33(1)：29. 1998；*Magnolia* 'White Lips'［*M. cyindrica* Wils. × *M. campbellii* Hook.f. & Thoms. var. *alba* Treseder］in Magnolia. Issue 59，31（1）：18~19. 1996.

本杂交种乔木，分枝向上。花径 23.0 cm。单花具花被片 9 枚，厚，乳白色，内轮 3 枚呈杯形，中外轮 6 枚呈碟形，似滇藏玉兰；花被片先端急尖，非圆形；花被片有点扭曲。

产地：荷兰。本杂交种杂交亲本：黄山玉兰 × 白花滇藏玉兰 Yulania campbellii（Hook.f. & Thoms.）D. L. Fu var. alba（Treseder）D. L. Fu et T. B. Zhao。

注：有记载本杂交种亲本：[*Magnolia pegasus*? × 白花滇藏玉兰 Y. campbellii（Hook. f. & Thoms.）D. L. Fu var. alba（Treseder）D. L. Fu et T. B. Zhao]，系 Mark Bulk 于 1998 年选出。

繁育栽培：嫁接育苗、植苗技术等。

用途：本种是优良的绿化观赏树种。玉蕾入药作“辛夷”。

64. 背紫玉兰（世界玉兰属植物资源与栽培利用）　杂交种

Yulania × dorsopurpurea（Makino）T. B. Zhao et Z. X. Chen，赵天榜、田国行等主编. 世界玉兰属植物资源与栽培利用. 381. 2013；*Magnolia* 'Dorsopurpurea' in Jour. Jap. Bot.，6（4）：8. 1929；D. J. Cawallay，The World of Magnolias. 206. 1994；*M.* × *dorsopurpurea* Makinko in Jap. Gard. Treas. 36. ca. 1925；*M.* × *soulangiana* Soul.-Bod. var. dorspurpurea Makinko，最新園芸大辭典編集委员会. 最新園芸大辭典 第 7 卷. 167. 昭和五十八年。

本种花型很似玉兰花，苍白色。单花具花被片 9 枚，有萼、瓣之分，外轮花被片 3 枚，萼状，小，内轮花被片 6 枚，苍白色，外面基部带紫色；雄蕊紫色；雌蕊花柱紫色。

产地：日本。其杂交亲本：紫玉兰 × 玉兰。

变种：

（1）背紫玉兰　原变种

Yulania dorsopurpurea（Makino）D. L. Fu var. dorsopurpurea

（2）深紫花背紫玉兰　变种

Yulania dorsopurpurea（Makino）D. L. Fu var. deep-purple-dream T. B. Zhao et Z. X. Chen，赵天榜、田国行等主编. 世界玉兰属植物资源与栽培利用. 381. 2013；*Magnolia* 'Deep Purple Dream'（'Darrell Dean'）in D. J. Cawallay，The World of Magnolias. 206. 1994.

本变种花紫红色。单花具花被片 9 枚，外轮花被片 3 枚，萼状，内面白色。

产地：美国。

65. 首红玉兰（世界玉兰属植物资源与栽培利用）　杂交种

Yulania × first-flush（F. Jury）T. B. Zhao et Z. X. Chen，赵天榜、田国行等主编. 世界玉兰属植物资源与栽培利用. 370. 2013；*Magnolia* 'First Flush'［*M. campbellii* Hook.f. & Thoms. ×（*M.* × *soulangiana* Soul.-Bod. 'Ambilis'）］in D. J. Callaway，The World of Magnolias. 216. 1994.

本杂交种花白色；花被片外面中部以下初具粉红色。

产地：新西兰。本杂交种杂交亲本：滇藏玉兰 × '娇美'朱砂玉兰 Yulania soulangiana（Soul.-Bod.）D. L. Fu 'Amabilis'。

繁育栽培：播种育苗、嫁接育苗、植苗技术等。

用途：本杂交种是优良的绿化观赏树种。玉蕾入药作"辛夷"。

66. 赫伦福奇玉兰（世界玉兰属植物资源与栽培利用） 杂交种

Yulania × helen-fogg（Ph. J. Savage）T. B. Zhao et Z. X. Chen，赵天榜、田国行等主编. 世界玉兰属植物资源与栽培利用. 347. 2013；'Helen Fogg'. *Magnolia denudata* Desr. 'Sawadas Pink' ×（*M.* × *veitchii* Bean 'Peter Veitch'） in D. J. Callaway，The World of Magnolias. 218. 1994.

本杂交种是个生长健壮、匀称的乔木。花苍白色，花被片外面中部以下粉红色。

产地：美国。本杂交种杂交亲本：'萨沃德 粉红'玉兰 Yulania denudata（Desr.）D. L. Fu 'Sawadas Pink' × '彼特'维特奇玉兰 Y. × veitchii（Bean）D. L. Fu 'Peter Veitch'。

繁育栽培：播种育苗、嫁接育苗、植苗技术等。

用途：本杂交种是优良的绿化观赏树种。玉蕾入药作"辛夷"。

67. 黄灯笼玉兰（世界玉兰属植物资源与栽培利用） 杂交种

Yulania × yellow-lantern（Ph. J. Savage）T. B. Zhao et Z. X. Chen，赵天榜、田国行等主编. 世界玉兰属植物资源与栽培利用. 372. 2013；*Magnolia* 'Yellow Lantern' in Magnolia. Issue 42，21（2）：12. 1986 / 7.

本杂交种在肥沃条件下为高干乔木。玉蕾大，被绒毛。初花柠檬—深黄色，杯状，像'亚历山大'朱砂玉兰 Yulania soulangiana（Soul.-Bod.）D. L. Fu 'Alexandrina'，花被片外面略呈绿色。

产地：美国。本杂交种杂交亲本：心叶渐尖玉兰 × '亚历山大'朱砂玉兰。

繁育栽培：播种育苗、嫁接育苗、植苗技术等。

用途：本杂交种是优良的绿化观赏树种。玉蕾入药作"辛夷"。

68. 麦星玉兰（世界玉兰属植物资源与栽培利用） 杂交种

Yulania × maxine-merrill（Ph. J. Savage）T. B. Zhao et Z. X. Chen，赵天榜、田国行等主编. 世界玉兰属植物资源与栽培利用. 359. 2013；*Magnolia* 'Maxine Merrill' in Fairweather Gardens Nursery Catalog. Spring. 1999.

本杂交种花亮黄色；瓣状花被片 6 枚，强健，不松软。

产地：美国。本杂交种杂交亲本：'蜜蜂 小姐'心叶渐尖玉兰 Yulania acuminata（Linn.）D. L. Fu var. subcordata（Michx.）T. B. Zhao et Z. X. Chen 'Miss Honeybee' × '麦柔'洛内尔玉兰 Y. × loebneri（Kache）T. B. Zhao et Z. X. Chen 'Merrill'。

用途：本杂交种是优良的绿化观赏树种。玉蕾入药作"辛夷"。

69. 美蜡笔玉兰（世界玉兰属植物资源与栽培利用） 杂交种

Yulania × pastel - beauty（A. Kehr）T. B. Zhao et Z. X. Chen，赵天榜、田国行等主编. 世界玉兰属植物资源与栽培利用. 369. 2013；*Magnolia* 'Pastel Beauty'［*M. acuminata*

（Linn.）Linn. ×（*M.* × *veitchii* Bean ‘Peter Veitch’）］ in Magnolia. Issue 35，68（2）: 17. 2000.

本杂交种乔木；树枝伸展。花霜后开放，淡粉红色，有黄色晕。

产地：美国。本杂交种杂交亲本：渐尖玉兰 × 维奇玉兰。

繁育栽培：嫁接育苗、植苗技术等。

用途：本杂交种是优良的绿化观赏树种。玉蕾入药作“辛夷”。

70. 睡美人玉兰（世界玉兰属植物资源与栽培利用）　杂交种

Yulania × sleeping-beauty（A. Kehr） T. B. Zhao et Z. X. Chen，赵天榜、田国行等主编. 世界玉兰属植物资源与栽培利用. 370. 2013；*Magnolia* ‘Sleeping Beauty’ in Fairweather Gardens Nursery Catalog. 63. 1999.

本杂交种的其独特特性是花叶萌发期比其他品种晚 3~4 周。有时会被误认为树已死亡。夏季开花，花较稀疏，黄色。

产地：不详。本杂交种杂交亲本：‘蜜蜂 小姐’心叶渐尖玉兰 Yulania acuminata（Linn.）Linn. var. subcordata（Michx.）T. B. Zhao et Z. X. Chen ‘Miss Honeybee’ × ‘阳舞’伊丽莎白玉兰 [Y. × elizabeth（E. Sperber）D. L. Fu ‘Sundance’]。

繁育栽培：嫁接育苗、植苗技术等。

用途：本杂交种是优良的绿化观赏树种。玉蕾入药作“辛夷”。

71. 黑饰玉兰（中国农学通报）　杂交种

Yulania × dark-raiment（T. Gresham）D. L. Fu et T. B. Zhao，田国行等. 玉兰属植物资源与新分类系统的研究. 中国农学通报，22（5）: 410. 2006；*Magnolia* ‘Dark Raiment’ in Morris Arb. Bull.，13：47. 1962；*M.* ‘Dark Raiment’［*M. liliflora* Desr. × *M. veitchii* Bean］in D. J. Callaway，The World of Magnolias. 214. 1994.

本杂交种为乔木，生长健壮。叶厚革质，背面有时具紫罗兰彩色。花深红—紫罗兰色，像杯状。单花具花被片 12 枚，外面花被片 8 枚，内轮花被片 4 枚，像滇藏玉兰。开花年龄 4 年左右。

产地：美国。本杂交种杂交亲本：紫玉兰 × 维特奇玉兰。

繁育栽培：嫁接育苗、植苗技术等。

用途：本种是优良的绿化观赏树种。玉蕾入药作“辛夷”。

72. 安详玉兰　杂交种

Yulania × serene（F. Jury）T. B. Zhao et Z. X. Chen，（安详杂种）赵天榜、田国行等主编. 世界玉兰属植物资源与栽培利用. 369. 2013；*Magnolia* ‘Serene’ in Otto Eisenhut Nursery Catalog. 5. 1989.

本杂交种树冠帚状。花杯状，或碗状，直立，像紫玉兰。花被片短、宽，亮玫瑰色。

产地：瑞士。本杂交种杂交亲本：紫玉兰 ×［ *Magnolia* ‘Mark Jury’［*M. campbellii* Hook.f. & Thoms. var. *mollicomata*（W. W. Smith）F. Kingdon - Ward ‘Lanarth’ × 健凹叶玉兰 *M. sargentiana* Rehd. & Wils. var. *robusta* Rehd. & Wils.］。

繁育栽培：嫁接育苗、植苗技术等。

用途：本杂交种是优良的绿化观赏树种。玉蕾入药作“辛夷”。

73. **费尼奇亚玉兰**（世界玉兰属植物资源与栽培利用） 杂交种

Yualnia × fenicchia-hybrid（R. A. Fenicchia） T. B. Zhao et Z. X. Chen，赵天榜、田国行等主编. 世界玉兰属植物资源与栽培利用. 371. 2013；*Magnolia* 'Fenicchia Hybrid' in D. J. Callaway，The World of Magnolias. 216. 1994.

本杂交种是乔木类型。花期比朱砂玉兰迟。花为淡红紫色，比紫玉兰花大。

产地：美国。本杂交种系杂交亲本：黑紫玉兰 × '林奈'朱砂玉兰 Yulania soulangiana（Soul.-Bod.）D. L. Fu 'Lennei'。

繁育栽培：嫁接育苗、植苗技术等。

用途：本杂交种是优良的绿化观赏树种。玉蕾入药作"辛夷"。

74. **爱斯基摩玉兰**（世界玉兰属植物资源与栽培利用） 杂交种

Yulania × eskimo（A. Kehr） T. B. Zhao et Z. X. Chen，赵天榜、田国行等主编. 世界玉兰属植物资源与栽培利用. 371. 2013；*Magnolia* 'Eskimo' in J. Gardiner Magnolias：A Gardener's Guide. 250. 2000.

本杂交种较耐霜冻。花杯状，白色，具淡紫色晕。

产地：美国。本杂交种杂交亲本：'诺尔曼·古尔德'日本辛夷 Yulania kobus（DC.）Spach 'Norman Gould' × '林奈'朱砂玉兰。

繁育栽培：嫁接育苗、植苗技术等。

用途：本杂交种是优良的绿化观赏树种。玉蕾入药作"辛夷"。

75. **信天翁玉兰**（世界玉兰属植物资源与栽培利用） 杂交种

Yulania × albastross（M. Taylor）T. B. Zhao et Z. X. Chen，赵天榜、田国行等主编. 世界玉兰属植物资源与栽培利用. 367. 2013；*Magnolia* 'Albastross'［*M. cyindrica* Wils. × *M. veitchii* Bean 'Peter Veitch'］in Rehd. with Cam. & Mag.，41：61. 1988；*Magnolia* 'Albastross' in Kew Magazine，2（1）：201~204. 1985.

本杂交种树高 6.0 m。叶倒卵圆形，长 12.7~17.8 cm，宽 7.6~10.2 cm，表面无毛，背面被短柔毛。花径 20.0~30.0 cm。单花具花被片 11 枚，花被片内面白色，偶尔外面粉红色，或基部具绿色晕；外轮花被片 3~4 枚，比内轮花被片稍短；雄蕊粉红色。

产地：英格兰。本杂交种杂交亲本：黄山玉兰 × '彼得'维特奇玉兰 Yulania × veitchii（Bean）D. L. Fu 'Peter Veitch'。

繁育栽培：嫁接育苗、植苗技术等。

用途：本杂交种是优良的绿化观赏树种。玉蕾入药作"辛夷"。

76. **娇柔玉兰**（世界玉兰属植物资源与栽培利用） 杂交种

Yualnia × delicatissima（T. Gresham）T. B. Zhao et Z. X. Chen，赵天榜、田国行等主编. 世界玉兰属植物资源与栽培利用. 374. 2013；*Magnolia* 'Delicatissima' in Morris Arb. Bull.，13：49. 1962.

本属植物种花芳香，钟状。单花具花被片 9 枚，染有蔷薇–粉红色色彩。

产地：美国。本杂交种杂交亲本：'白林奈'朱砂玉兰 × '红'维特奇玉兰 Yulania × veitchii（Bean）D. L. Fu 'Rubra'。

繁育栽培：嫁接育苗、植苗技术等。

用途：本杂交种是优良的绿化观赏树种。玉蕾入药作“辛夷”。

77. 阳顶玉兰（世界玉兰属植物资源与栽培利用）　杂交种

Yulania × sun-spire（A. Kehr）T. B. Zhao et Z. X. Chen，赵天榜、田国行等主编. 世界玉兰属植物资源与栽培利用. 378. 2013；*Magnolia* ‘Hot Flash’ in Magnolia. Issue 68，35（2）：18. 2000.

本杂交种乔木，帚状。花深黄色，花期晚于霜后。

产地：美国。本杂交种杂交亲本：‘林奈’朱砂玉兰 × 伊丽莎白玉兰。

繁育栽培：嫁接育苗、植苗技术等。

用途：本杂交种是优良的绿化观赏树种。玉蕾入药作“辛夷”。

78. 大公子玉兰（世界玉兰属植物资源与栽培利用）　杂交种

Yulania × big-dude（Ph. J. Savage）T. B. Zhao et Z. X. Chen，赵天榜、田国行等主编. 世界玉兰属植物资源与栽培利用. 378. 2013；*Magnolia* ‘Big Dude’ in Magnolia. Issue 47 2（1）：19. 1989；*Magnolia* ‘Big Dude’ in D. J. Callaway，The World of Magnolias. 212. Plate 111. 1994.

本杂交种花芳香，很大，径达 35.6 cm。单花具花被片 9~12 枚，外面淡红－紫色，内面白色，凋谢时为玫瑰－粉红色和白色；花长杯状，其体太大，有时上下摆动。花期能耐–34℃低温。

产地：美国。本杂交种杂交亲本：‘沃达影’朱砂玉兰 × 德维武当玉兰。

繁育栽培：嫁接育苗、植苗技术等。

用途：本杂交种是优良的绿化观赏树种。玉蕾入药作“辛夷”。

79. 阿特拉斯玉兰（世界玉兰属植物资源与栽培利用）　杂交种

Yulania × atlas（F. Jury）T. B. Zhao et Z. X. Chen，赵天榜、田国行等主编. 世界玉兰属植物资源与栽培利用. 373. 2013；*Magnolia* ‘Atlas’ in Rhod. with Cam. & Mag.，44：52. 1992.

本杂交种花径 35.6 cm，花杯状，或浅碟状；花被片宽 15.2 cm，外面中基部淡紫－粉红色，上部色浅，或白色，内部白色，先端钝圆。开花年龄早。

产地：新西兰。本杂交种杂交亲本：‘马克 杰里’霍克玉兰 *Magnolia* ‘Mark Jury’ [（‘兰纳特’柔毛滇藏玉兰 × 健凹叶玉兰）× ‘林奈’朱砂玉兰]。

繁育栽培：嫁接育苗、植苗技术等。

用途：本杂交种是优良的绿化观赏树种。玉蕾入药作“辛夷”。

80. 粉奇玉兰（世界玉兰属植物资源与栽培利用）　杂交种

Yulania × pink-surprise（A. Kehr） T. B. Zhao et Z. X. Chen，赵天榜、田国行等主编. 世界玉兰属植物资源与栽培利用. 380. 2013；*Magnolia* ‘Pink Surprise’ in Magnolia. Issue 57，30（1）：30. 1996.

本杂交种玉蕾很小。本杂交种杂交亲本：‘光谱’星系玉兰 Yulania × galaxy（W. Kosar）T. B. Zhao et Z. X. Chen ‘Spectrum’ × ‘画影’朱砂玉兰 Y. soulangiana（Soul.-Bod.）D. L. Fu ‘Picture’。

产地：不详。本杂交种系 Dennis Ledvina 选育。

繁育栽培：嫁接育苗、植苗技术等。

用途：本杂交种是优良的绿化观赏树种。玉蕾入药作“辛夷”。

81. 逊萨廷玉兰（世界玉兰属植物资源与栽培利用） 杂交种

Yulania × sunsation（A. Kehr）T. B. Zhao et Z. X. Chen，赵天榜、田国行等主编. 世界玉兰属植物资源与栽培利用. 380. 2013；*Magnolia*‘Sunsation’in Magnolia. Issue 35，68 （2）：18. 2000.

本杂交种花很大，暗黄色。

产地：美国。本杂交种杂交亲本：渐尖玉兰 Yulania acuminata（Linn.）D. L. Fu、玉兰 Y. denudate （Desr.）D. L. Fu、布鲁克林玉兰 Y. × brooklynensis（G. Kalmbacher ）D. L. Fu。

繁育栽培：嫁接育苗、植苗技术等。

用途：本杂交种是优良的绿化观赏树种。玉蕾入药作“辛夷”。

82. 耐寒玉兰（世界玉兰属植物资源与栽培利用） 杂交种

Yulania × march-til-frost（A. Kehr）T. B. Zhao et Z. X. Chen，赵天榜、田国行等主编. 世界玉兰属植物资源与栽培利用. 379. 2013；*Magnolia* ‘March Til Frost’ in Fairweather Gardens Nursery Catalog. 62. 1999.

本杂交种被认为是玉兰杂交育种的“一个重大突破”。春季开花，然后持续不停地开花，直到霜期开始。花深紫色。

产地：美国。本杂交种杂交亲本：黄紫玉兰（*Magnolia cylindraca* Wils. × *M. liliflora* Desr.）× ‘皮卡德 鲁比’朱砂玉兰 Yulania soulangiana（Soul.-Bod.）D. L. Fu ‘Pichard’s Ruby’。

繁育栽培：嫁接育苗、植苗技术等。

用途：本种是优良的绿化观赏树种。玉蕾入药作“辛夷”。

注：*Magnolia* ‘March Til Frost’ 与 *Magnolia* ‘March Till Frost’ 两种可能为同亲本杂交种，但由于2文章报道有明显差异，故作者将 *Magnolia* ‘March Till Frost’ 记载，摘录如下：

Magnolia ‘March Till Frost’ in Magnolia. Issue 35 68（2）：16. 2000.

本杂交种为落叶小乔木，高 2.0~5.0 m。玉蕾与叶芽混生。花径 10.0~ 20.0 cm。单花具花被片9枚，外面粉红色，或苍白色；雄蕊水粉色，花丝紫色；花柱紫色。花期长达1月。

产地：美国。本杂交种杂交亲本：渐尖玉兰 Y. acuminata（Linn.）D. L. Fu × 黄山玉兰杂种 Y. cylindrica（Wlis.）D. L. Fu × *Magnolia*‘Ruby’。

83. 拂晓玉兰（世界玉兰属植物资源与栽培利用） 杂交种

Yulania × daybreak（A. Kehr ） T. B. Zhao et Z. X. Chen，赵天榜、田国行等主编. 世界玉兰属植物资源与栽培利用. 379. 2013；*Magnolia* ‘Daybreak’ in Magnolia. Issue 51 27（1）：25. 1991.

本杂交种花类似 ‘蒂娜·杜丽奥’娇柔玉兰，但开花时亮蔷薇－粉红色，极芳香。

产地：美国。本杂交种杂交亲本：‘伐木者’布鲁克林玉兰 Yulania × brooklynenlis G.

Kalmbacher 'Woodsman' × '蒂娜 杜丽奥'娇柔玉兰 Y. × delicatissima （ T. Gresham ） T. B. Zhao et Z. X. Chen 'Tian Durio'。

繁育栽培：嫁接育苗、植苗技术等。

用途：本种是优良的绿化观赏树种。玉蕾入药作"辛夷"。

84. **阳光玉兰**（世界玉兰属植物资源与栽培利用）　杂交种

Yulania × solar-flair（Ph. J. Savage）T. B. Zhao et Z. X. Chen，赵天榜、田国行等主编. 世界玉兰属植物资源与栽培利用. 359. 2013；*Magnolia* 'Solar Flair' in Fairweather Gardens Nursery Catalog. 63. 1999.

本杂交种花黄色，美丽，有明显的条纹。花期晚，不受晚霜和冻害。

产地：美国。本杂交种杂交亲本：'伐木者'布鲁克林玉兰 × 金星玉兰 Yulania × gold-star（Ph. J. Savage）T. B. Zhao et Z. X. Chen ×［Y. sellata（Sieb. & Zucc.）D. L. Fu × Y. acuminata（Linn.）D. L. Fu］。

繁育栽培：嫁接育苗、植苗技术等。

用途：本种是优良的绿化观赏树种。玉蕾入药作"辛夷"。

85. **晚粉红奇玉兰**（世界玉兰属植物资源与栽培利用）　杂交种

Yulania × late-pink-surprise （ Dnnis Ledvina ） T. B. Zhao et Z. X. Chen，赵天榜、田国行等主编. 世界玉兰属植物资源与栽培利用. 380. 2013；*Magnolia* 'Pink Surprise' in Magnolia. Issue 36　70（2）：20. 2001.

本杂交种为落叶小乔木，高 5.0~ 8.0 m。玉蕾大。花径 10.0~20.0 cm。单花具花被片 9 枚，外轮花被片 3 枚，萼状，披针形，淡白色，内轮花被片外面亮粉红色；雄蕊水粉色，花丝紫色；花柱紫色花期长达 1 月。

产地：不详。本杂交种杂交亲本：[黄山玉兰 Yulania cylindrica（Wils.）D. L. Fu × 德维武当玉兰 Y. sprengeri（Pamp.）D. L. Fu var. diva（Stapf）T. B. Zhao et Z. X. Chen］×[渐尖玉兰 Y. acuminata（Linn.）D. L. Fu × '画影' 朱砂玉兰 Y. soulangiana （Sdoul.-Bod.） 'Picture' ］。

繁育栽培：嫁接育苗、植苗技术等。

用途：本种是优良的绿化观赏树种。玉蕾入药作"辛夷"。

注：粉奇玉兰与晚粉红奇玉兰两者名称均为 *Magnolia* 'Pink Surprise'，前者符合《国际栽培植物命名法规》中有关规定，后者不符合《国际栽培植物命名法规》中有关规定。但两者起源明显不同。为此，作者在粉奇玉兰加上晚（late）字后为晚粉红奇玉兰。这样做是否妥当，尚待研究。

86. **蕉裂玉兰**（世界玉兰属植物资源与栽培利用）　杂交种

Yulania × banana-split（D. J. Callaway） T. B. Zhao et Z. X. Chen，赵天榜、田国行等主编. 世界玉兰属植物资源与栽培利用. 379~380. 2013；*Magnolia* 'Banana Split' in D. J. Callaway in Magnolia. Jour. of the Magnolia. Issue 66，35（2）：25. 1999.

本杂交种玉蕾（原为 bus）伸长。花形很像伊丽莎白玉兰。花先端绿色；花被片开展后长 15.0 cm，宽 5.0 cm，外轮花被片大，黄乳白色，外面基部绿色，具 5~7 条紫色脉纹，内面花被片白色，基部绿色；中部花被片大，基部具淡紫色光彩。

产地：本杂交种杂交亲本：'伐木者'布鲁克林玉兰 ×（'林奈'朱砂玉兰 × 伊丽莎白玉兰 ）。

繁育栽培：嫁接育苗、植苗技术等。

用途：本杂交种是优良的绿化观赏树种。玉蕾入药作“辛夷”。

87. 托德玉兰（世界玉兰属植物资源与栽培利用） 杂交种

Yulania × todd's-forty-niner（B. Dodd）T. B. Zhao et Z. X. Chen，赵天榜、田国行等主编. 世界玉兰属植物资源与栽培利用. 380. 2013；*Magnolia* 'Todd's Forty Niner., in D. J. Callaway，The World of Magnolias. 230. Plate 141. 1994.

本杂交种花在蕾期为暗紫色，盛开时色浅一些。单花具花被片 12 枚，开花期间外轮 4 枚花被片反折花药露出，外面红紫色，先端火红色，内面 8 枚白色，透明，花被片直立抱合；雄蕊和雌蕊群浅红色。

产地：美国。本杂交种杂交亲本：'白胭脂'娇柔玉兰（'白林奈'朱砂玉兰 × 维特奇玉兰）× '王冠'黑饰玉兰（紫玉兰 × 维特奇玉兰）。

繁育栽培：嫁接育苗、植苗技术等。

用途：本杂交种是优良的绿化观赏树种。玉蕾入药作“辛夷”。

88. 粉红完美玉兰（新拟） 新改隶组合杂交种

Yulania × pink-perfection（A. Kehr）T. B. Zhao et Z. X. Chen，sp. transl. nov.，*Magnolia* 'Pink Perfection' ？*Magnolia kobus* DC. var. *loebneri*（Kache）S. A. Spongberg 'Encore' × *M. sprengeri* Pamp. var. *diva* Stapf .

本杂交种花亮粉红色，单花具花被片 40 枚。

产地：美国。本杂交种系 A. Kehr 从'呼喊'洛内尔玉兰 × 德维武当玉兰杂交种实生植株中选出。

89. 塔布里卡玉兰（新拟） 新改隶组合杂交种

Yulania × darrell-dean（A. Kehr） T. B. Zhao et Z. X. Chen，sp. transl. nov.，*Magnolia* × 'Darrell Dean'（*M.* × *brooklynensis* Kalbacher 'Woodsman' × Magnolia 'Tina Durio'）in D. J. Callaway，The World of Magnolias. 214~215. 1994.

本杂交种相像 Magnolia 'Tina Durio' 花。花亮玫瑰粉红色。

产地：美国。本杂交种系 A. Kehr 从 '伐木者' 布鲁克林玉兰 *M.* × *brooklynensis* Kalbacher 'Woodsman' × *M.* 'Tina Durio' 的杂交实生植株中选出。

90. 蒂娜杜丽奥玉兰（新拟） 新改隶组合杂交种

Yulania × tina-durio（K. Durio）T. B. Zhao et Z. X. Chen，sp. transl. nov.，*Magnolia* × 'Tina Durio'（*M.* × *soulangiana* Soul.-Bod. 'Lennei Alba' × *M.* × *veitchii* Bean）in D. J. Callaway，The World of Magnolias. 230. Plates 139~140. 1994.

本杂交种花像滇藏玉兰。单花具花被片 9~12 枚，乳白色，外面基部微有淡粉紫色晕。

产地：美国。本杂交种系 K Durio 从 '林奈' 朱砂玉兰 *magnolia* × *soulangiana* Soul.-Bod. 'Lennei Alba' 与维特奇玉兰 *M.* × *veitchii* Bean 杂交实生植株中选出。

91. 格蕾沙姆玉兰（中国农学通报） 杂交种

Yulania × gresham-hybrid（T. Gresham）D. L. Fu et T. B. Zhao，田国行等. 玉兰属

植物资源与新分类系统的研究. 中国农学通报，22(5)：410. 2006；*Magnolia* × *Gresham Hybrid* of unknowm parentage（？）in D. J. Callaway，The World of Magnolias. 213、214、216、219、224、225、227、231. 1994.

本杂交类群形态特征具有多样性，不易鉴别其杂交亲本。

产地：美国。本杂交类群是 T. Gresham 于 1909~1969 年间，采用玉兰属 Yulania Spach 多种植物进行杂交，从杂交实生植株中选出一批优良的品种。其杂交亲本不清。

繁育栽培：嫁接育苗、植苗技术等。

用途：本杂交种是优良的绿化观赏树种。玉蕾入药作"辛夷"。

92. 托罗玉兰（新拟）　新改隶组合杂交种

Yulania × toro（Ph. J. Savage）T. B. Zhao et Z. X. Chen，sp. transl. nov.，*Magnolia* 'Toro'［*M. acuninata*（Linn.）Linn. × *M. soulangiana* Soul.-Bod.'Picture'.

本杂交种生长健壮。花叶同时开放。单花具花被片 9 枚，外轮花被片 3 枚，小，内轮花被片 6 枚，淡粉红色，或白色。

产地：美国。本杂交种杂交亲本：渐尖玉兰 Yulania acuminate（Linn.）Linn. × 朱砂玉兰 Y. soulangiana（Soul.-Bod.）D. L. Fu 'Picture'。

93. 金品玉兰（新拟）　新改隶组合杂交种

Yulania × golden-gift（D. Leach）T. B. Zhao et Z. X. Chen，sp. transl. nov.，*Magnolia* 'Golden Gift'［*M. acuninata*（Linn.）Linn. var. *subcordata*（Michx.）'Miss honeybee' × [*M. acuninata*（Linn.）Linn. × *M. denudata* Desr.] in Mgnolia 33（1）[Issue 63]：29. 1998.

本杂交种落叶小乔木。玉蕾腋生及顶生。花先于叶开放。花径 5.0~10.0 cm。单花具花被片 9 枚，外轮花被片 3 枚，小，内轮花被片 6 枚，外面基部微有淡绿黄色晕。

产地：美国。本杂交种杂交亲本：'蜜蜂小姐'心叶渐尖玉兰 Yulania acuminata（Linn.）Linn. var. subcordata（Michx.）T. B. Zhao et Z. X. Chen 'Miss honeybee' × [渐尖玉兰 Y. acuminata（Linn.）D. L. Fu × Y. denudata（Desr）D. L. Fu]，系 David Leach 选出。

94. 紫风玉兰（新拟）　新改隶组合杂交种

Yulania × purple-breeze（April）T. B. Zhao et Z. X. Chen，sp. transl. nov.，*Magnolia* 'Purple Breeze'（*M. sargentiana* Rehd. & Wils. unknown）in Mgnolia 35（2）[Issue 68]：17~18. 2000.

本杂交种落叶小乔木，高 7.0 cm。花期晚'德维'武当玉兰 Yulania sprengeri（Rehd. & Wils.）D. L. Fu 和'查尔斯 拉菲尔'滇藏玉兰 Yulania campbellii（Hook. f. & Thoms.）D. L. Fu 'Charles Raffill'与 Y. × leda（Ph. Spoelberch）T. B. Zhao et Z. X. Chen（*Magnolia* 'Leda'）同期。单花具花被片 12~13 枚，长约 12.0 cm，宽约 5.0 cm，紫色。

产地：法国。本杂交种杂交亲本：'德维'武当玉兰 Y. sprengeri（Rehd. & Wils.）D. L. Fu 'Diva' ×？。

此外，还有以下玉兰属植物物种尚待进一步查清，如：

Magnolia 'Winelight'

Magnolia 'Millie Golyon'

Magnolia denudata Desr ‘Chuanyuegogsha’

Magnolia psuedo-kobus Ashe

Magnolia × *watsonii* Hook.f.

Magnolia ‘Sweet Sinplicity’

Magnolia ‘Black Tulip’

Magnolia ‘Cleopatra’ ……。

第四章 玉兰属植物开发利用与建议

玉兰属 Yulania Spach 植物，也称辛夷植物，是一类生长迅速、适应性强、分布与栽培很广、寿命长、树姿雄伟、花色鲜艳、芳香四溢、材质优良、用途广泛的名贵花木、重要中药材、香精原料，绿化、美化荒山和平原的重要速生用材林、特用经济林和城乡风景林等多用途的优良树种，因而在我国林业生产和城乡园林建设事业中占据重要地位，也是荒山绿化与流域治理的重要树种。该属植物玉蕾（拟花蕾，过去误称“花蕾”）入中药，称“辛夷”。“辛夷”是我国传统的中药材之一。据傅大立等 2005 年测定，玉兰属植物“辛夷”中挥发油含率通常在 3.0% ~ 5.0%，最高达 7.2%，其中含名贵香料成分—金合欢醇［Z，E］-farnesol 达 10.9%。另有报道，β-桉叶油醇 β-eudesmol 含率高达 7.70%，具有抗癌、抑制癌细胞作用。同时，在研究花序进化、遗传变异、分类系统、良种选育和集约栽培理论，以及玉蕾药理学和开发利用研究等方面具有重要的意义。

一、玉兰属植物用途

1. 玉兰属植物学术价值

玉蕾（拟花蕾）是玉兰属植物特有的组织器官，是指能发育成花，或花序的芽，过去误称“花蕾”。玉蕾是由缩台枝、芽鳞状托叶、雏枝、雏芽、雏叶及雏蕾组成，是玉兰属植物的特异组成，是确立玉兰属的重要论据之一。同时，还具有许多特异特征，如：① 玉蕾顶生、腋生和簇生，有时内含 2 ~ 3 枚，稀 12 枚，呈总状聚伞花序；② 1 种植物具有 2 ~ 4 种花型；③ 单花具 2 枚佛焰苞状苞片，或无，花被片皱褶、边缘深裂或重叠，雌雄蕊群特大而宽；④ 雄蕊群超过雌蕊群，或与雌蕊群等高；⑤ 单花具 1 ~ 5 枚雌蕊群；⑥ 特异雄蕊为普通雄蕊长度 2 倍以上……。这些特异特征，在玉兰属植物中极为罕见，在进行形态变异、亲缘关系、花序进化和良种选育等多学科理论研究中具有重要学术价值。特别是作者根据提出的起源—形态理论，创建玉兰属新分类系统。新分类系统是：属、亚属、组、亚组、系、种。

2. 玉兰属植物“辛夷”利用

现代医药科学研究表明，“辛夷”（干燥玉蕾、拟花蕾）中挥发油 Volatile oils（精油 Essential oils）主要成分以种、亚种、变种与品种不同而异，其主要成分有：① β-水芹烯 β-phylladrene 8.34%；② 桉树脑 eucalyptol 35.98%；③ α-蒎烯 α-pinene 7.14%；④ α-松油醇 α-terpineol 4.43%；⑤ 吉玛烯醇 germacrenol 4.54%；⑥ β-桉叶油醇 β-eudesmol 3.35%~23.00%；⑦ 聚伞花素 cymene 11.13%；⑧ 聚伞花素 cymene 11.13%；⑨ 金合欢醇 farneso 4.73%等。“辛夷”是中药中的一类常见的重要的有效成分，具有利尿、祛痰、消炎、止咳及预防哮喘等作用，并对多种炎症具有良好的医疗效果。其中 β-桉叶油醇具有抗突变和抑制癌细胞增长活性，很有开发利用前景。目前，我国医药市场上销售的治鼻炎的药品，如“鼻炎净”等，就是以“辛夷”为主原料制成的。

玉兰属植物“辛夷”中挥发油还是化妆、食品工业的主要原料来源之一。根据傅大立等2005年测定，玉兰属10种植物“辛夷”中挥发油含率3.0%~5.0%，最高达7.2%。其中，1，8-桉叶素1，8-cineile含率17.48%（望春玉兰含率28.6%），而金合欢醇［Z，E］- fanesol等名贵香料成分达5.71%。应特别指出的是，望春玉兰1品种“辛夷”中金合欢醇含率达10.9%，为玉兰属植物的开发利用提供了宝贵优质资源和利用前景。

3. 优良的园林、庭院和“四旁”的观赏树种

玉兰属植物落叶乔木、树姿雄伟、花色艳丽、芳香，是现代园林、庭院和“四旁”植树的主要观赏良种，也是优良的切花资源。该属植物种类多，花色有白色、黄色、粉红色、紫红色、白色带紫红色等，是园林、庭院中，单栽、行植、丛栽、片植和盆栽置景的佳品。同时，该属植物适应性强、根系发达、固土护坡能力强，是水土保持林、水源涵养林的重要树种。为此，河南南召、鲁山县把望春玉兰作为长江上游水源涵养林、特用经济林、林农间作、荒山造林、退耕还林、沿河护岸林的首选树种，大力推广与发展。目前，造林面积12万hm^2以上、株数超过700万株，“辛夷”年产量约50.0万kg以上。南召县还被国家林业局、中国经济林协会命名为“中国名特优经济林辛夷之乡”。

目前，世界上很多植物园（公园）中均有木兰园，或玉兰园的设置。如我国北京植物园、武汉植物园、南京植物园、西安植物园、青岛植物园、广州植物园、华南植物园、郑州植物园等，均设置有木兰园或玉兰园。华南植物园中的木兰园占地12.0 hm^2，栽培11属近130种，是世界上收集木兰科植物最多的种质保存基地之一（1998）；郑州植物园中的木兰园内除荷花木兰 Magnolia grandiflora Linn. 外，均为玉兰属植物，其中有紫玉兰、玉兰、望春玉兰、宝华玉兰、黄山玉兰、青皮玉兰、朱砂玉兰等。郑州市人民公园中设置有望春玉兰区、玉兰区，儿童乐园内均栽植有望春玉兰和玉兰。木兰园，或玉兰园及儿童乐园内栽植该属植物，对于深入开展玉兰属植物多学科理论研究，以及普及其科学文化知识具有重大意义。

4. 玉兰属植物经济效益显著

望春玉兰是我国传统的药用植物之一，也是河南豫西伏牛山区经济林栽培的重要速生树种。河南南召、鲁山两县是我国“河南辛夷”的主产区，栽培历史悠久，并有丰富的品种资源和栽培经验。其经验是：在适宜的密度下，选用适宜作物品种，加强田间管理，是提高经济效益、建立农林混合生态体系的重要措施之一。其中，间作作物以小麦、花生、油菜、豆类作物为宜。也有选用玉米间作。近年来，南召、鲁山两县除营造大面积水土保持林和水源涵养林外，还推广大面积营造特用经济林的经验，获得了良好效果。据报道，“河南辛夷”产地集中在河南南召和鲁山两县的云阳镇、小店乡、皇后乡和鸡冢乡。“辛夷”年经济收入占当地农村农业经济总收入的60.0%以上，最高达85.0%。为此，发展和推广玉兰属植物中的优良品种，采用多种生产模式，如营造人工片林、农林间作等，对于改善当地农业单一经济结构、促进农林牧副工业全面发展，提高人民群众物质、文化生活水平和建设山区、绿化平原，改变自然面貌，保持生态平衡，具有特别重大的意义和作用。

此外，玉兰属植物绝大多数为落叶乔木树种，通常树干直；木材轻软，纹理直，不翘裂，是当地民用建材、家具等主要用材。

5. 玉兰文化资源

据考证，辛夷植物（玉兰属植物）描述始见于战国时期。如屈原《九歌·湘夫人》："桂栋兮兰橑，辛夷楣兮药房"，《九歌·山鬼》："乘赤豹兮从文狸，辛夷车兮结桂旗"，《九章·涉江》："露申辛夷，死林薄兮"等。

唐代王维《辛夷坞》曰："新诗已旧不堪闻，江南荒馆隔秋云。多情不改年年色，千古芳心持赠君"。因玉兰花高洁，且在初春开放，该作者以花自喻，成为后人引玉兰为长久高洁之心和高风亮节象征的佳句。

唐代，辛夷已分南北两种，北为木笔，南为迎春。例如陈藏器《本草拾遗》："辛夷花木发时，苞如小桃子，有毛，故名侯桃。初发如笔头，北人呼为木笔。其花最早，南人呼为迎春。"苏敬《唐本草》："此是树，花未开时收之。正月、二月好采……其树大，连合抱高数仞，叶大于柿叶，所在皆有。"钱起："谷口春残黄鸟稀，辛夷花尽杏花飞"等。

唐代李群玉的《二辛夷》："狂饮乱舞双白鹤，霜翎玉羽纷纷落。空庭向晚春雨微，却敛寒香抱瑶萼。"诗人用洁白仙鹤比喻两株盛开的玉兰，用霜翎玉羽比喻花瓣纷纷落。辛夷花色洁白，实为玉兰。

宋代王洲珍品《花竹锦鸡图轴》（绢本，故宫博物院藏）、明代陈洪绶的珍品《玉兰依石图册》（绢本，故宫博物院藏）、清代郎世宁的珍品《孔雀开屏图册》（绢本，台北故宫博物院藏）等，都以玉兰与其他花、鸟，尤以与孔雀相配合为题材，表达我国人民喜爱和平与吉祥的生活。

明代李贤《大明一统志》中有"五代时，南湖中建烟雨楼，楼前玉兰花莹洁清丽，与松柏相掩映，挺出楼外，亦是奇观"。这是我国文献中首次使用"玉兰"之名。

明代以后，"玉兰"成了"迎春"的通用名称。《学圃杂疏》："玉兰早于辛夷，故宋人名以迎春，今广中尚用此名。千干万蕊，不叶而花。当其盛时，可称玉树。"

明代王象晋《群芳谱》："玉兰九瓣，色白微碧，香味似兰，故名。丛生一干一花，皆着木末，绝无柔条。花落从蒂中抽叶，特异他花……"

明代王世懋《读史订疑》："余兄尝言玉兰花，古不经见，岂木笔之新变耶？余求其说而不得，近与元驭学士对坐，偶阅苕溪渔隐日感春时：辛夷花高最先井。洪庆善注云：辛夷树高，江南地暖，正月开，北地寒，二月开；初发如笔，北人呼为木笔。其花最早，南人呼为迎春。余观木笔、迎春自是两种。木笔色紫，迎春色白，木笔丛生，二月方开。迎春树高，立春已开，然则辛夷乃此花耳。其言如此，洗（注：可能系浩之误）然有悟，今之玉兰，即宋之迎春也。既呼元驭曰：兄知玉兰古何名？乃迎春也。元驭疾应曰：果然。昨岭南一门生来，见玉兰曰：此吾地迎春花，何此名为玉兰，其奇合如此。乃知迎春是本名，此地好事者美其花，改呼玉兰，而岭南人尚仍其旧耳。据丛话言：玉兰是迎春，迎春即辛夷，即木笔也。然今北方有木笔，而绝无玉兰。则王摩诘辛夷坞果是何花，岂古有之而今绝种耶？第花以辛名，今玉兰嚼之辛，而木笔不然，又似苕溪之说为是。夫玉兰之为辛夷，未可定，而其本名为迎春，则自今日始知也。尝恨山川草木鸟兽之名，古今不合，多如此类，是故恶夫改者！近阅宋小说，又有名白辛夷者，则木笔当无辛夷，而迎春、白辛夷、玉兰木名审矣。"

元代传世珍品《织成仪凤图》（辽宁省博物馆藏）中以拈金线织制玉兰枝头盛开的美景，以金彩织制的百鸟朝凤图案，展现出一幅富贵大气、吉祥如意而又生机勃勃的春景图。

清代陈淏子《花镜》："[辛夷 望春] 辛夷一名木笔，一名望春，较玉兰树小。叶类柿（叶）而长，隔年发蕊，有毛，俨若笔尖。花开似莲，外紫内白，花落叶出而无实。""[玉兰 木笔] 玉兰古名木兰，出于马迹山紫府观者佳，今南浙亦广有。树高大而坚，花开九瓣，碧白色如莲，心紫绿而香，绝无柔条。隆冬结蕾，一干一花，皆着木末，必俟花落后，叶从蒂中抽出。"据作者考证，陈淏子所记载的"玉兰古名木兰"是错误的。根据其题目所载 [玉兰 木笔] 可知，"玉兰古名木兰"是"玉兰古名木笔"的笔误。即便如此，其"辛夷是望春"、"玉兰是木笔"观点也是与古代文献记载相矛盾的。清朝吴其濬撰《植物名实图考长编》较全面地收集了我国古代有关"辛夷"的文献记载。

清代康熙题《玉兰》诗云："琼姿本自江南种，移向春光上苑栽。试比群芳真皎洁，冰心一片晓风开。"诗句中抒发了该作者指点世间万物苍生的情怀。又康熙四十七年修成的题《佩文斋广群芳谱》云："玉兰花九瓣，色白微碧，香味似兰，故名。"

清代恽寿平的《花卉》（台北故宫博物院藏），以牡丹、柏枝与玉兰，意为玉堂富贵之意。

清代恽寿平的《花卉图之二、玉兰》中以大胆突破冷色与淡色为主的传统花鸟画法，浓妆艳抹与冷暖色调并存技巧，完美地表现出玉兰高雅冰洁之意境。

清代郎世宁的《孔雀开屏图》（绢本，台北故宫博物院藏），用玉兰与孔雀相配合图，展现出我国人民喜爱和平之意。

6. 市花等

1）市花

我国上海、东莞、潮州、连云港、佛山、新余、保定、台湾嘉义等市、县，已将玉兰作为市花，而河南南召县将辛夷（望春玉兰）作为县花。

2）奖状

上海市白玉兰戏剧奖、国际电影节白玉兰奖、上海市政建设白玉兰奖。

3）玉兰艺术作品

玉兰高洁清雅和吉祥如意形象还以书画、瓷器等形式表现出来。如五代徐熙的《玉堂富贵图》。该图以我国传统的玉兰、海棠、牡丹 3 种名花相配，取玉兰与海棠谐音和牡丹之富贵营造了"玉堂富贵"之名画。

4）邮票

现代，玉兰的文化得到发展和弘扬，玉兰曾多次作为我国国家名片邮票的重要题材。如《联合国教科文组织中国绘画艺术展览纪念》邮票中的第 2 枚《黄鹂玉兰》（1980）、《珍稀濒危木兰植物》邮票一套与小型张（1986）、《玉兰花》（2005）特种邮票一套（玉兰、山玉兰、荷花玉兰、紫玉兰）。

5）举办玉兰文化节

2006 年及 2007 年，河南长垣县连续 2 年举办"中国长垣玉兰文化学术研讨会"。该会的召开对推动河南玉兰属新优种与品种的繁育和推广起到了巨大作用。还有玉兰的木雕、玉雕、窗花、剪纸、刺绣、陶瓷品、灯饰等。

6）现存玉兰属古树名木

（1）玉琼洁绝双玉兰。甘肃省天水市玉兰村太平寺内有2株玉兰，俗称“双玉兰”。据史料记载，这2株玉兰为1200多年前杜甫流寓天水所作《太平寺泉眼诗》中之玉兰幼树。现树高25.0 m，胸围2.60 m。我国著名画家齐白石于95岁高龄时曾题“双玉兰堂”匾，今悬挂于太平寺小殿，因而太平寺遂改名为“双玉兰堂”。

（2）东磊玉兰花王。江苏云台山东磊延福观内，有4株白玉兰。其中，2株树龄已达800年，1株树龄400年，另1株树龄150年。最大1株树高15.42 m，胸径1.03 m。古木参天，花时似万千白鸽飞舞。

（3）大觉寺古玉兰。北京市大觉寺中有3株古玉兰，其中，南院四宜堂前1株树龄400多年，树高10.0 m，胸径1.25 m。

（4）无染寺古玉兰。山东省无染寺中有1株白玉兰，树龄300多年，树高10.0 m。

（5）白玉兰古树。湖南溆浦县大华乡新胜村在海拔880 m的原始次生林中有3株白玉兰古树，最大1株树龄约500年，树高17.0 m，冠幅10.0 × 13.0 m。

（6）望春玉兰古树。河南南召县2013年报道，南召县是望春玉兰的原生区和发源地。至今仍保留有500年以上的天然植物群落，全县胸径100 cm以上的望春玉兰有1 618株，其中最大的一株胸径达200 cm，被誉为“玉兰王”。

总之，以上玉兰属古树名木，不仅是各地独特的自然景观和历史遗产，也是吸引众多游客的著名旅游景点，还是研究当地气候变迁规律的实物证据。

二、建议

作者提出几点建议：

（1）加强对现有玉兰属植物古树资源的保护；

（2）迅速建立玉兰属植物种质资源基因库；

（3）加速玉兰属植物新品种的选育、繁育与推广；

（4）深入开展“辛夷”化学成分及其利用研究；

（5）全面深入进行我国玉兰属植物资源的调查；

（6）加速玉兰文化建设。

第五章 玉兰属植物部分分类群拉丁文描述文献

根据作者初步统计，玉兰属植物先后用拉丁文描述的属的形态特征有 1 属、3 组、3 亚组、37 种、5 亚种及 50 变种与变型。本书中收录的玉兰属植物分类群以 1950 年后发表文献为主，并按文献发表的年份早晚排序。其中，不收录其他文字描述及图片等。现将它们介绍如下：

一、玉兰属植物拉丁文补充描述

1. 玉兰属拉丁文补充描述（2013）

赵天榜、田国行等主编. 世界玉兰属植物资源与栽培利用. 166~167. 2013。

Yulania Spach

Descr. Gen. Add：Folia multiformes，apice obtusis，biloba vel partita vel irregulares. Yulani-alabastra terminata vel axillares interdum caespitosa manifeste racemi-cymae. id constata：Soutai-ramulo，stipulis peruliformibus，ramulo juvenili et gemmis juvenlibus cum Yulani-alabastris jurenilibus. Soutai-ramuli saepe 3~5-nodis rare 1~2-nodis vel ＞6-nodis manifeste grossis vare gracilibus dense villosis rare glabris. Stipulis peruliformibus 3~5 rare 1~2 vel ＞6 in quoque Yulani-alabastro，medio junio primitus caducis ad annum secundum ante anthosin caduci-terminati vare ante anthesin. Quoque species 1 forma flore rare 2~4-formae flores，stipula spathaceo in quoque flore，membranaceo extus sparse villosis rare 2，quarum 1 cranoso extus a-villosis，interdum sine spathacei-stipulo. tepala 9~18（~32）rare 6~8 vel 33~48 in quoque flore，Stamina numerosa connectivis apice acutis cum mucronatis vare obtusis. disjuncte simplici-pitillis pubescentibus vel glabris，interdum stamina，disjuncte simplici-pitillis pulple-rubris vel laete persicinis，androecia gynoecios carpelleros aequantes vel superantia. Gynoecia disjuncte carpelligera sine gynophora.

Descr. species add：Yulania mirifolia T. B. Zhao et Z. X. Chen，Y. wugangensis（T. B. Zhao，W. B. Sun et Z. X. Chen）D. L. Fu，Y. honanensis（B. C. Ding et T. B. Zhao） D. L. Fu et T. B. Zhao，Y. axilliflora（T. B. Zhao，T. X. Zhang et J. T. Gao）D. L. Fu，Y. multiflora（M. C. Wang et C. L. Min）D. L. Fu，Y. viridula D. L. Fu，T. B. Zhao et G. H. Tian，Y. carnosa D. L. Fu et D. L. Zhang，Y. pyriformis（T. D. Yang et T. C. Cui）D. L. Fu，etc. .

二、玉兰组植物拉丁文描述（3 组、3 亚组）

1. 罗田玉兰亚组（2006）

Yulania Spach subsect. **Pilocarpa** D. L. Fu et T. B. Zhao，subsect. nova，田国行、傅

大立、赵东武、赵杰、赵天榜. 玉兰属植物资源与新分类系统的研究. 中国农学通报，5：405~406. 2006。

Subsect. nova floliis ob-ovatis，obpvati-ellipticis，subrotundti-obovatis vel subrotundatis apice obtisis cum acumine，lobatis vel partitis. Tepalis 9 in quoque flore extus 3 sepaliodeis membranaceis daducis intra 6 petaloideis ; disjunecte siplici-pistillis glabris vel pubescentibus.

Susect. typus：Yulania pilocarpa（Z. Z. Zhao et Z. W. Xie） D. L. Fu.

Subsect. plants：Yulania pilocarpa（Z. Z. Zhao et Z. W. Xie） D. L. Fu，Y. jigongshanensis（T. B. Taho，Z. X. Chen et W. B. Sun）D. L. Fu

2. 舞钢玉兰亚组（2006）

Yulania Spach subsect. **Wugangyulan** T. B. Zhao，D. L. Fu et Z. X. Chen，subsect. nova，田国行、傅大立、赵东武、赵杰、赵天榜. 玉兰属植物资源与新分类系统的研究. 中国农学通报，5：406. 2006。

Subsect. nova simili-alabastris terminatis et axillaribus cum caespitosis，interdum racemi-cymis. Tepalis 9 in quoque flore，2-formis：tepalis 6 extus 3 sepaliodeis membranaceis caducis；tepalis 9 rare 6~8，10，tepaloideis.

Subsect. typus：Yulania wugangyulan （T. B. Zhao，W. B. Sun et Z. X. Chen） D. L. Fu.

3. 宝华玉兰亚组（2006）

Yulania Spach subsect. **Baohuayulan** D. L. Fu et T. B. Zhao，subsect. nov.，田国行、傅大立、赵东武、赵杰、赵天榜. 玉兰属植物资源与新分类系统的研究. 中国农学通报，5：406. 2006。

Subsect. nova folia elliptica vel ob-ovata. Flores arte folia aperti. Tepalis 9 rare 12~18 in quoque flore，petaloideis sine sepaliodeis.

Subsect. typus：Yulania zenii （Cheng） D. L. Fu.

4. 河南玉兰派（1985）

Magnolia Linn. **Sect.** ***Trimorphaflora*** B. C. Ding et T. B. Zhao，sect. nov.，丁宝章、赵天榜、陈志秀、陈志林等. 中国木兰属植物腋花、总状花序的首次发现和新分类群. 河南农业大学学报，19 （4）：359~360. 1985。

Flores trimorpha：1. tepale 9，3 exteribus miniribus 1.0~3.5 cm longa in aequalia linearibus；2. tepale 9，3 exteribus，petaloides majore 5.0~8.0 cm longa，1.5~3.0 cm lata apice rotundata vel acuta prope basin anhustuta；tepale 11 vel 12，3 exteribus petaloides，majoribus 6.0~8.0 cm longa et 1.5~3.0 cm lata，apice rotundata vel acuta prope basin angustuta. Petale 9~12，rore 7. 8. 10.

Sect. typus：*Manolia honanensis* B. C. Ding et T. B. Zhao（zhao）.

5. 腋花玉兰派（1985）

Magnolia Linn. Sect. ***Axilliflora*** B. C. Ding et T. B. Zhao，sect. nov.，丁宝章、赵天榜、陈志秀、陈志林等. 中国木兰属植物腋花、总状花序的首次发现和新分类群. 河南农业

大学学报，19（4）：360. 1985。

Alabastra axillae et apices，interdum intime 2~4 gemmae florifri raclemis.

Sect. typus：*Magnolia axilliflora*（T. B. Zhao，T. X. Zhang et J. T. Gao）.

6. 朱砂玉兰组（1999）

Magnolia Linn. sect. × ***Zhushayulania*** W. B. Sun et T. B. Zhao，sect. nov.，傅大立、赵天榜、陈志秀. 关于木兰属玉兰亚属分组问题的探讨. 中南林学院学报，19（2）：27. 1999。

Sect. nov. evidenter distingubiles sect. *Tulipastru*，sect. *Axilliflorae*，sect. Trimorphafloraeque plantae. sect. *Zhushayulania* plantae omnes species hybridae ramili，folia，petiodi，gemmae，flores，tepala formae，numeri，colores et al.，omnes cum parentes plantae aequabiles vel similes，ac adest inter parentes transitivi multiformes plantae.

Sect. type species：*Magnolia* × *soulangiana* Soul.-Bod..

Sect. Zhushayulania species hybridae plantae：*Magnolia* × *soulangiana* Soul.-Bod. et ceteera.

三、玉兰属植物种拉丁文描述（37 种）

1. 重瓣紫玉兰（1995）

Magnolia plena C. L. Peng et L. H. Yan，sp. nov.，彭春良等. 湖南木兰科新分类群. 湖南林专学报，试刊 1：14~17. 1995

Species *M. liliflora* Desr. simillima，sed deffert tepala 12，4-seriata（3，3，3，3）. Folia tenuiter coriaea obovata.

Fretex 1~3 m alta. Cortice brunneo. Folia tenuiter coriacea obovata，8~17 cm longa，4~11.5 cm lata，apice breviter caudata，basi cuneata supra leviter nitida，subtus flavo-brunneo-pilose nervis lateralibus 8~10；petioli ad medium cicatricosi 8~20 mm longi. Flores terminales fragrantes. Tepala 12，rare 14，seriata（3，3，3，3）. 3 exterioris lanceolata 3~3.5 cm longi，9 interiora 8~10 cm longi，purpurascens；filamentis ca. 0.6 cm longis，antheris lateraliter dehiscentibus. Fructis 1 cm longis，folliculis globosis。 semina rubra.

Hunan：Cult. in Hunan Forest Botanical Garden. C. L. Peng et L. H. Yan 95007（Typus in HFBG = Huan Forest Botanical Garden 湖南省森林植物园. 长沙；Isotypus in HFTC = Huan Forest Technicaol Garden 湖南林业高等专科学校　衡阳）.

2. 望春玉兰（1910）

Magnolia biondii Pampanini，sp. nov.，in Nouv. Girn. Bot. Ital. n. ser. 17：275. 1910.

Ramuli ramulisque glabri，in sicco giseo-lutescentes，priores lenticellis saepe magnis，ovoideis vel circularibus spari. Folia decidua，hysteran-thia……. Flores intyer parvi. alabastris ovoideis，bracteis duabus；amplis，longe sericeo-villosis；pedunculis brevissimis，crassis，pubescentibus：sepala 3，parva，linearia，obtusiuscula；petala 5~6，alba(ut violetur in sicco) spathulato-rotundata，exteriora ampliora（coonnectivo producto），breve plus minusve obtuso；styli e basi，arcuat，breves；ovoiriorum apicasub anthesi gracilis，elonata， atamina, elongata, staminaloge superans. pedunnuli 3～5 mm longi bractae bractae 3 cm longe, circ. 2 1/2 cm latae. sepala 8~11mm, circ. 2 mm lata. petala exteriora 5 cm longa et circ. 2 1/2 cm lata, interiora 4~4 1/2 mm longa et 18~22 mm lata, stamina filamento 4 mm longo, anthera 5 mm longa, stylis circ. 5 mm longi; overiorum spica（sub anthesi）1 1/2~2 cm longa.

Scia-men-kuo, alt. circ. 900 m, 1. V. 10. 1906[Ju-teen-hoa, I. 1906]（n. 374, 374*a*）.

3. 望春玉兰（1911）

Magnolia aulacosperma Rehder & Wilson, n. sp. in C. S. Sargent, Plantae Wilsonianae. Vol. I. 396. 1911.

Arbor 6~12-metralis, trunco 0.5~1.5 m. , circuitu, ramis brevibus divaricatis; satis graciles, hornotini glabri, annotini sparse lenticellati, purpurreo-fusci; cortex trunci pallide cinereus, fere laevis; gemmae ovoideae, flavescenti-sericeae, nitidae, gemmae florales oviodeae, circiter 2 cm. longae, dense pilis longis villosis albidis vestitae. Folia decidua, menbranacea, oblongo-lanceolata v. ovato-lanceolata, rarius oblanceolata-oblonga, acuminata, basi rotundata v. rarius cuneata, 10~18cm., plerumque 12~15 cm. longa et 3.5~6.5 cm. lata, supra glabra, obscure viridia, in sicco leviter reticulata, subtus pallide viridia, secus costam et ad basim nervorum lateralium pilosa ceterum glabra, reticulata, nervis utrinsecus 10 ~ 15 fere rectis supra leviter subtus manifeste elevatis, costa media supra leviter impressa subtus manifeste elevata; petioli 6~10 mm. longi, glabri, flavescentes. Flores ignoti. Fructus irregulariter cylindricus, carpellis tantum partim fertilibus inaequalibus; pedunculus 5~6 mm. longus, dense sericeus; carpella lenticellata, rotundata, nec rostrata, valvis ovatis rotundatis 10~12 mm. longis et 8~10 mm. latis; semina solitaria, rarissime 2, orbiculari-obovoidea, compressa, 8~10 mm. longa et lata, acarlatina, testa interiore late obcordiformi basi fere rotundata apice emarginata vetre profunde et late sulcata dorso convexa nigrescente.

Western Hupeh: Hsing-shan Hsien, open coutry, alt. 600 m., very rare, September 1907（No.361, type）; same locality, roadside, alt. 1100 m., June 8, 1907（Nos. 361 *a*, 361 *b*）.

4. 康定玉兰（1911）

Magnolia Dawsoniana Rehder & Wilson, n. sp. in C. S. Sargent, Plantae Wilsonianae. Vol. I. 397. 1911.

Arbor 8~12-metralis, trunco ambitu 0.5~1.5 m. , ramis patentibus; ramili crassiuseculi, hornotini glabri, flavor-virides, annotini purpurascentes, leaves lenticellis sparsis exceptis; gemmae elongatae sparse adpresse sericeo-pilosae. Folia coriacea, obovata v. elliptico-obovata, obtuse v. brevissime acuminate, basi cumeata, rarius rotundata, plerumque oblique, 8~14 cm. longa et 4.5~7 cm. lata, utrinque glabra, supra nitida, in sicco reticulate, subtus reticulate, pallide viridia, v. glaucescentia, maturitate interdum rufescentia, nervis utrinsecus 8~12 supra ut costa leviter elevates subtus manifeste elevates; petioli graciles, saepe purpurascentes, glabri,

1.5~3 cm. longi. Flores ignoti. Fructus ramulum apice claviformi-incrassatum terminans, cylindricus, cireiter 10 cm. longus et 3~3.5 cm. diam. leviter curvatus, breviter pedunculatus pedunculo crasso glabro; carpella matura numerosa, modice congesta, fere omnia fertilia, lignea, compressa, aparse lenticellata, valvis late ovalibus circiter 1 cm. latis et longis, rotundata; semina plerumque 2 in quoque carpello, irregulariter orbiculari-obovoidea, compressa, 10~12 mm. longa v. lata, aurantiaco-scarlatina, testa interiore nigrescente basi rotundata apice truncate v. rotundata venter levissime sulcata v. plana dorso convexa.

Western Szech'uan: near Tachien-lu to the south-east, alt. 2000 ~ 2300 m. October 1908 (No.1241 type); same locality, October 1910 (No. 4116).

5. 凹叶玉兰（1911）

Magnolia Sargentiana Rehder & Wilson, n. sp. in C. S. Sargent, Plantae Wilsonianae. Vol. I. 398. 1911.

Arbor 10~25-metralis, trunco ambitu 1~3 m. , coma dense ramose umbrosa, ramis primariis erecto-patentibus, secundariis patentibus; ramili crassi, hornotini viridi-flavi, glabri, sparse lenticellati, annotini flavidi v. cinereo-flavidi, vetustiores cinerascentes; gemmae elongatae, oblongo-ovoideae, obtusae, villosae v. glabrescentes, gemmae florales ovoideae, acutae, 3.5~4 cm. longae, flavescenti-villosae. Folia decidua, subcoriacea, obovata v. rarius oblongo-obofata, apice rotundata, emarginata v. brevissime cuspidate, basi anguste v. late cumeata et saepe oblique, 10~17 cm. longa et 6~10 cm. lata, supra glabra, obscure viridia, nitidula, in sicco manifeste reticulate, subtus pallide viridian, reticulate, dense cinereo-villosa, costa media supra impressa subtus elevate glabra v. gkabrescente, nervis utrinsecus 8~12 angulo valde acuto divergentibus fere rectis supra vix prominulis subtus elevates; petioli graciles, 2~4.5 cm. longi, subteretes, glabri. Flores ignoti, verisrniliter praecoces. Fructus cylindricus, 10~14 cm. longus et 2.5~3 cm. diam. Plerunque tortuosus, ante maturitatem carnea; pedunculus crassus, 1~2 cm. longus et 7~10 mm. diam., glaber v. villosus; carpella numerosa, congesta, partim sterilia, lignea, verruculosa, valvis 8~10 mm. altis et 10~15 mm. longis, margine exteriore convexis v. rotundatis, supra plerumque breviter rostratis, infra plerumque rotundatis saepe utrinque cohaerentibus; semina 1~2 in quoque carpello, irregulariter orbiculari-obovoidea, compressa, 10~12 mm. longa v. lala, scarlatina, testa interiore fusco-atra v. atro-cinerea late obovoidea basi acutiuscula v. fere rotundata apice truncate v. leviter emarginata compressa ventre leviter sulcata v. frère plana dorso convexa.

Western Szech'uan: Tsai-erh-ti, 30 miles west of Wa-shan, roadside, thickets, alt. 1899 m., September 17, 1908 (No.914 type); Wa-shan, moist Woods, alt. 1600~2000 m., very rare, September, 1908 (No.923).

6. 武当玉兰（1915）

Magnolia sprengeri Pamp. in Nouv. Giorn. Bot. Ital. n. ser. 22: 295. 1915.

Ramuli glabri, intern odiis brevibus, corfice crusso ut videtur in siceo, lenticellis ovoideis raris sparsis. gemmis foliiferis vel ad apicem vix puberulis. Folia decidua, hysteran-thia……. Flores pedicello brevissimo glabro. alabastris longe sericeo-villosis; sepalis 3 valde inndegunalibus exterioribus triangulari-acuminatis, intimo majore et late rotundato; petalis 8~9, oblongo-spathulatis rotundatis exterioribus pallo-majoribus; staminibus filmaento brevissimo, connetivo producto, recto et acuminato; ovariorum spica sub anthesi gracile stamina pahllo supvrante, stylis rutis. parte superiore tanfum arcuntis. Ramulorum internodiis 8~15 cm longis et circ. 4 mm in dinutro; pideceblus circ. 3 mm longus; sepala circ. 3 cm longa; petala exteriora 4 cm longa et 18~20 mm lata, coetura circ. 6 cm longa et（majora）circ. 2 cm lata, stamina filamento 3 1/2 mm longo, anthera 11 mm longa, connectivo producto 2/3 mm longo; ovariorum spica sub anthes 1 1/2~2 mm longa, stylis 3 mm longis.

U-fan-scian. IV, 1912（n. 4104）［In-ciocn-scin］;［sina-loco］; 1912（n. 8106）; Zan-lan-scina。IV. 1913 （n. 4105）［In-tchoen-hoa］.

7. 天目玉兰（1934）

Magnolia amoena Cheng, sp. nov. fig. 28, in Biol. Lab. Science Soc. China, Bot. Ser., 9: 280~281. 1934.

Arbor 8~12 m. alta; cortice trunci cinereo vel pallide cinereo, laevi; ramis patentibus; ramulis gracilibus, hornotimis glabris, purpurascentibus, annotinis purpurascentibus, laevibus, lenticellis sparsis exceptis. Gammae elongatae, adpresse albo-pilosae. Folia decidua, membranacea, late oblanceolata, oblanceolato-oblonga vel oblonga, longe acuminata, basi cuneata vel rotundata, sawepe obliqua 10~15 cm. longa et 3.5~5 cm. lata, supra glabra, subtus glabra, venis secundariis paulo pilosis, axillis plus missuve barbatis exceptis, nervis utrinsecus10~13 ut costa subtus elevatis; petiolis glabris, supra sulcatis, 8~13 mm. longis. Flores praecoces, fragantes, cupulares, circiter 6 cm. diam.; Pedicellus 4~5 mm. longus, dense pilosus; sepala petalaque 9, similis, oblanceolata vel subspathulata, apice acuta vel rotundata, 5~5.6 cm. longa et 1.2~1.8 cm. lata, rosea; staminibus numerosis 9~10 mm. longis, filamentis 3.5~4 mm. longis rubris, connectivo apice acuto; gynaecium cum parte staminifer circiter 20 mm. longum; carpella numerosa, stigmatibus erecto-patentibus 1 mm. longis. Fructus immaturus, cylindricus, 4~6 cm. longus et 0.9~1.2 cm diam.; carpella lignea, partim sterilia, verrucolosa, apice obtusa vel rotundata.

Yutsien, Western Tienrnushan, alt. 700~1000 m., in forests, W. C. Cheng no.4444 A, in fruits, type July 6,1933; same locality, M. Chen no 654, July 1933; same locality, S. Chen no 2692, in flowers, type Apri 1934.

8. 椭圆叶玉兰（1984）

Magnolia elliptilimba Law et Gao, sp. nov., 刘玉壶、高增义. 河南木兰属新植物. 植物研究, 1984, 4（4）: 1189~1194. 图 1。

（Sect. Yulania）

Arbor 7~12 m alta; cortice trunci pallide cinereo; ramulis atrobrunneis glabris. Folia decidua，membranacea，elliptica vel ovato-elliptica vel obovato-elliptica，14~18 cm longa，5~7 cm lata，apice acuminata，basi late cuneata vel rotundata，supra obscure viridian glabra subtus leviter viridian，costa media supra subimpressa，nervis lateralibus utrinsecus 10~12，costa media et nervis lateralibus subtus villosa；petiolus 1~2.5 cm longus per circ. 1/3~2/3 longitudinem cicatriatus. Alabastrum ovideum circ. 2 cm longum，1.5 cm diam. In bractea spathoidea extus dense flavido-sericeum. Flores praecoces iragrates，circ. 10~13 cm diam. ，Pedicellus 4~8 mm longus dense villosus. Perianthium 3~4 cyclicum；tepala 9~12，subsimilia patentia sunspathulata apice rotundata vel subacuta，alba extus dimidio in feriore et secus lineam mediam purpurea excepta，dorso basi dense papilloso-granulosa 3 exterior 7 cm longa 2 cm lata intima circ. 5.5 cm longa 1 cm lata. Stamina numerosa 1~1.2 cm longa；antheris circ. 6 mm longis lateraliter dehiscentibus，connection mucronato. Gynoecium cylindricum circ. 2 cm longum 3 mm latum；carpellis numerosis anguste ovoideis circ. 2 mm longis，liberis，glabris，stigmatibus circ. 1 mm longis. Syncarpium cylindricum 10~20 cm longum，carpellis matures obovoideis 1.4~1.7 cm longis，1~1.2 cm diam.，Semina 1~2 quoque carpello，cinnabirina obovoidea 10 mm circ. longa et lata，compressa. Testa interiore nigro brunnea obovoidea basi acutiuscula vel fere-rotundata apice truncate vel leviter emarginata，compressa ventre leviter sulcata dorso convexa.

Species affinis M. Zenzii Cheng sed foliis ellipticia ovato-ellipticis vel obovato-ellipticis apice acuminates，tepalis 8~12，pedicellis 4~8 mm longis differt.

Henan：Namzhao Xian，Yunyang in sylvis，alt. 400~800 m，Mart. 12. 1983，Gao Zeng-yi 0129（Typus in Herb. Henan Inst. Bio.）；eob loco，Sept. 8. 1981，Gao Zeng-yi et al. 127.

9. 河南玉兰（1983）

Magnolia honanensis T. B. Zhao，T. X. Zhang et J. T. Gao，sp. nov.，丁宝章、赵天榜等. 河南木兰属新种和新变种. 河南农学院学报，1983，18（4）：6~8。

Species *Mangolia biondii* Pamp. similis，sed tepalis 9~12，trimorphis：1. tepalis 9，3 exterioris minoribus 1.0~3.5 cm longis，inaequalis，linearibus；2. tepalis 9，3 exterioris，petaloidibus，majoribus 5~8 cm longis，1.5~3.0 cm latis，apice rotundatis vela cutis，prope basin angututa；3. tepalis 11 vel 12，exterioris petaloidibus.

Arbor usque 15~20 m alta，trunco 60~80 cm diam.，cortice incano vel griseo-brunnei. Rami laxis patentibus，grisei，glabri；ramuli annotini atro-viridies vel flavor-viridies，glabervimi；vetustiores fusco-brunnei vel purpuye，valde juveniles fulvido-viridies，densis sime puberuli mox glabrescentes. Gemmae ovatae parvi dense puberulae. Flos terminals in alabastro ovata 2~2.5 cm longa，dense fulvido-puberulis. Folia alterma tenniter coriacea，oblonga ovata elliptica，elliptico-ovata vel elliptico-obovata，9~18 cm longa，4.5~8 cm lata，apice acuta，acuminate vel bteviter saepe caudate，basi subrotundata vel cuncata，margine integra，supra atro-viridia，glabrescens，subtus elevate，nervis lateralibus gracilibus，utrinque inconspicue elevates，ad costam dense pubrula；petiolo 1~2 cm longo，supra canaliculato，subtusrotunco，puberulo. Flores solitarii，terminals，bisexuals，praecoices；tepala 9~12， imbricatae 3~4-seriatim; trimorpha: 1. tepala 9, raro 8, 10, 11, 3 exterioris minoribus 1-3.5 cm longis inaequalis, linearibus; 2. tepala 9, 3 exterioris, petaloideis, majorribus 5~8 cm longis, 1.5~3.0 cm latis, apice rotundatis vel acutis prope basin angustutis; 3. tepala 11 vel 12, raro 9, 10, 3 exterioris petaloideis. Staminum 45~65, filamenta basi dilatata, 8~10 mm longa, glabra purpurei antherae 3~3.5 mm longae oblongae glabrae, stylus flavido-viridian, apice curvativa.

Henan（河南）: Yu-Xian（禹县）. 28. VIII.1983. T. B. Zhao et al.（赵天榜等）, 838281、838282, Typus in Herb. Henan College of Agriculture Conservatus（模式标本，存河南农学院）。

10. 伏牛玉兰（1985）

Magnolia funiushanensis T. B. Zhao, J. T. Gao et Y. H. Ren, sp. nov., 丁宝章、赵天榜等. 中国木兰属植物腋花、总状花序的首次发现和新分类群. 河南农业大学学报, 19（4）: 361~362. 照片 5. 1985。

Species M. henanensis B. C. Ding et T. B. Zhao similis, sed tepalis 9, vel 8 vel 10, anguste ellipticis 3.5~7 cm longis et 1.3~2.3 cm latis, apice subrotundatis vela cutis prope basin angututis, albis.

Arbor usque 10~15 m. ramuli juvenles fulvide viridies, densis sime puberuli mox glabrescentes, annotini viridies vel purpure. Flos terminales in alabastra ovata, dense flavo-puberulis. Folia alterma coracea, oblonga oblongellitica, 6.7~17 cm longa 2.8~7.0 cm lata, apice acuminata vel longacuminata, basi subrotundata vel cuneata, margine integra, sopra fulvideviridia, glabrescens, subtusviridia; petioli 1~2 cm longi, flores solitarii. Termanles, bisexuales, tepale 9, rore 8 vel 9, late elliptici-ovata 3.5~7.0 cm lonha et 1.3~2.3 cm lata apice subrotundata vel acuta prope basin angututa, alba.

Henan（河南）: 15. VI. 1985. T. B. Zhao, J. T. Gao et Y. H. Ren, No.85019 flores. Typus; 15. V. 1985, T. B. Zhao, Y. H. Ren et S. D. Chuao, No.855201、855202, Typus in Herb. Henan Agriculture Conservatus（模式标本，存河南农业大学）.

11. 腋花玉兰（河南农业大学学报）（1985）

Magnolia axillifolra（T. B. Zhao, T. X. Zhang et J. T. Gao） T. B. Zhao, sp. nov., 丁宝章，赵天榜等. 中国木兰属植物腋花、总状花序的首次发现和新分类群. 河南农业大学学报, 19（4）: 360. 照片 1. 2. 1985。

Descr. Add.: Arbor decidua. Ramuli cinereo-brunnei, virelli-brunnei vel atro-purpuri nitidi glabri, in juventute viridibus vel flavo-virentibus pubescentibus post glabris. Yulani-alabastra axillares et terminata vel in ramulis ad apicem caespitulis, ovoideae 2.1~3.0 cm longa diam. 0.8~1.2 cm; peruli-stipulis extus flavidi-villosis. 2~4-Yulani-alabastra in quoque Yulani-alabastro, interdum 12-Yulani-alabastra racemi-cyme. Folia alternis, coriaceis vel chartacealonge elliptica rare longe oblongi-elliptica, oblongi-lanceata 8.0~24.0 cm longa 3.0~10.0 cm lata, apice mucronata rare acuminata basi rotunda margine supra atro-viridia nitida costis depressionibus, subtus costis consoicuo elevatis, ad costam et nervis lateralibus dense pubescentibus；folia in juventute purpurea nitida；petioli pubesce ntes. Flores ante folia aperti；tepala 9 in quoque flore，rare 9~14，extus 3 calyciformis magnitudinibus aequalibus，formis non similibus 1.1~2.4 cm longa，4.5~7.0 cm lata，intra 6 rare 7，8，tepalis spathulati-ellipticis in medio angustis 4.9~9.0 cm longis 1.6~3.0 cm latis extus in medio et basin atro-purpureis，apice acuminata；Stamina persicina，filamentis purpureis，thecis longtudinali-dehiscentibus，connectivis apice trianguste mucrionatis；Gynoecia catpelligera cylindrica；ovariis disjuncte simplici-pistillis pallide flavo-albis glabris. Aggregati-folliculi longe cylindruli 15.0 23.0 cm longi；folliculis sphaeroideis supra cinerascentibus variolis.

Descr. Add.：Type，T. B. Zhao et al.（赵天榜等），No. 83816（HEAC）、83815。

12. 罗田玉兰（1987）

Magnolia pilocarpa Z. Z. Zhao et Z. W. Xie，sp. nov.，赵中振等. 药用辛夷一新种及一变种的新名称. 药学学报，22（10）：777. fig. 1. 1987。

Haec species affinis M. Biondii Pamp. sed foliis obovatis apice truncates saepe mucronata；floribus mwrjoiribus，tepalis exterioribus anguste triangulates；carpis basi pilosis carpellis marturis etiam saepe pilosis.

Arbor 12~15 m alta；cortice et ramis vetustioribus griseo-brunneis，ramulis purpureis glabris. Folia alterna decidua，tenuiter coriacea，obovata vel obovato-elliptica，10~17 cm longa，8.5~11 cm lata，apice saepe mucronata，basi cunneata vel late cuneata，margine integra，supra atro-viridia glabra subtus pallido-viridis，costa supra subimpressa，nervis lateralibus untrinsecus 9~11，subtus ad costam et nervos laterals puberula，petiole 2~3.5 cm longo，cicatricibus stipularum circ. Dimidio longicribus. Gemma ovoidea circ. 3 cm longa 1.5 cm diam.，bracteis extus dense flavido-sericeis. Flores terminals praecoces fragrantes erecti bisexuals；tepala 9，3-seriata，3 exteriora minora，anguste triangularia 1.7~3 cm longa，basi 0.4~1 cm lata flavovirentia；6 interiora majora 2-seriata，subspathulata 7~10 cm longa 3~5 cm lata，alba，extus infra medium ferruginea；stamina numeros circ. 1.1 cm longa，filamentis dilatatis 2~3 mm longis，circ. 1 mm latis，antheris 8~9 mm longis，lateraliter dehiscentibus，apice connective mucrone circ. 1 mm longo；gynoecium cylindricymcirc. 2 cm longum，5 mm latum；carpellis numeroisis anguste ovoideis circ. 3 mm longis，liberis，basi pilosis，stigmate circ. 1 mm longo，reflexo. Syncarpium irteg quoque carpello，rubra obovoidea compressa，circ. 1 cm longa et 1 cm lata carnosa，tegmine nigro-brunneo.

Hubei：Luotian Xian Dabieshan Montes in sylvis. alt. 500 m. Mar. 20. 1983，Z. Z. Zhao 83012（TYPUS IN Herb. CMMI）……

13. 景宁玉兰（1989）

Magnolia sinostellata P. L. Chiu et Z. H. Chen，sp. nov.，裘宝林等. 浙江木兰属一新种. 植物分类学报，27（1）：79~80. 图. 1989。

Proxima *M. stellatae*（Sieb. et Zucc.）Maxim. Japoniae，quae ramulis annotinis cinereo-fuscis，foliis minoribus，1~10 cm longis，apice obtuse acutis vel retusis，tepalis 3.5~4.1 plo longioribus quam latioribus，steminibus tantum 37~47 facile distinguitur，Species characteribus ramorum foliorumque *M. amoenae* Cheng similis, tamen non arcte affinis, quae albiribus ad 25 m altis, tepalis solum 9, saepe omnino dilute purpurea rubris, ad 5~6 cm longis, conspicue distat.

Frutex deciduus, 0.35~2.4 m altus, cortice trunci pallide cinerco, synclisto. Ramuli aliquot graciles, lanticellis laxe praediti, hornotini et annotini virideapao, saepe glabri, vetusti cinereo-fusci. Folia elliptica vel angusto-elliptica vel obovato-elliptica, 7~12 cm longa, 2.5~4 cm lata, apice acuminata vel subito caudato-acuminata, basi cuneata, supra viridia, vulgo glabra, subtus lweviter voridia, glabra vel secus nervos et in axillis venarumalbo-villosa, costa media supra subimpressa, nervis lateralibus utrinsecus 6~8; petioli 0.3~1.2 cm longi, glabri, cicatricis per circ. 1/2 longitudinem ornati. Alabastrum anguste ovoideum vel ovoideum, circ. 1.5~2 cm longum, extus dense flavido-sericeum. Flores praecoces, circ. 5~7 cm diam.; pedicelli 3~5 mm longi, dense flavido-sericei. Perianthium 4~5（~6） cyclicum; tepala 12~15（~18）, subsimilia patentia, primo resea, post sensim albescentia, tantum extus dimidio inferiore vel secus lineam mediam saepe rubra, carnosa, oblanceolata vel spathulato-obovata, 3.3~4.5 cm longa, 1.3~1.8 cm lata, 2.5~3.3 plo longioraquam latiora, apice rotundata vel subacuta, intima angustiora; stamina 86~99, 8.5~10 mm longa, antheris circ. 6 mm longis lateraliter dehiscentibus, connectivo mucronato, filamentis circ. 2 mm longis. Gynoecium cylindricum, 6-8 mm longum, 2~4 mm latum, carpellis numerosis anguste ovoideis, circ. 2 mm longis, liberis, glabris, stigmatibus circ. 1.5 mm longis. Fructus desiderati.

Zhejiang: Jingning-Xian. Chaoyutang, crescit inter frtices in valde laxis sylvis frondosis decliviantum alt. 1000 m. 26 Feb. 1987, J. P. Si et H. F. Pan J. N. -002（Typus, HZBG）; …….

14. **椭蕾玉兰**（1992）

Magnolia elliptigemmata C. L. Guo et L. L. Huang, sp. nov., 郭春兰等. 湖北药用辛夷一新种. 武汉植物学研究，10（4）：325~327. 图 1. 1992。

Sect. Yulania（Spch） Dandy *Magnolia elliptigemmata* C. L. Guo et L. L. Huang, sp. nov. Haec species affinis M. sprengeri Pamp. sed foliis. Gemmis, florious et fruetibus omnine minoribus, gemmis floralibus ellipsoidalis apice rotundatis a congenicis bene distinguites.

Arbor 10 m et ultra alta, 42 cm diam. Cortice griseis, maculato pllide, glabris. Folia decidua, tenuiter conuiter coriacea obovata, 6~9 cm longa 4.5~6.6 cm lata, apice mucronata, basi cunneata, margine integera, supra atro-viridia, glabra, subtus pallido-viridia pubescentia, nervis lateralibus utrinsecua 7~8, petioli 1.5~2 cm longa, cicayricibus stipularum pars quarte adpars tertio, alabastris ellipseideis apice retundaties, braeteis non facile delapsis, extus rare facile delapsis brevi-sericeis. Flores terminals praecoces fragrantes, tepala 11, rare 12, 3-scriata（3, 4, 4）, similiora spathulata 5.5~6.7 cm longa, filamentis circ. 0.4 cm longis, antheris lateraliter dehiseon-tibus, apice connective mucrona to circ. 1 mm longo. Gynoecium cylindrium cir. 2 cm longum stigmatibus circ, 1 mm longis. Syncarpium circ. 7 mm longum saepe contortum, folliculis globosis circ. 3 mm diam. Tubercatis, semina rubra.

Hubei：Anyuan Xian in montibus alt. 700 m. Sep. 29. 1987，C. L. Guo et L. L. Huang. 087901, 087903, 087908. Typus in SCBI of Academia Sinica; Paratypus in Instituto of Hubei Chinoso Medicial Crops Co. Wuhan.

15. 多花玉兰（1992）

Magnolia multiflora M. C Wang et C. L. Min，sp. nov.，王明昌、闵成林. 陕西木兰属一新种. 西北植物学报，12（1）：85~86. fig. 1992。

Species *Magnolia sprengeri* Pamp. Affinis，sed manifeste differt alabastris intra 1，3 floribus，minpribus；fructubus 1~3 gregariis ramuli apice，fructibus brevius gracilioribus.

Arbor ad 14 m alta, 31 cm diam.; cortex cinereus. Ramuli hornotini purpreo-virides, glabri, lucidis. Folia obovata, 5~10 cm lonha, 3.5~7 cm lata, apice acuta, basi late cuneata, supraglabra, subtus in axillis nervorum parce pilosis vel glabris；petioli 1~2 cm longi，stipulae cicatricatae minutae. Alabastra dense flavido-sericea, apicale，intra 1~3 floribus，ante folium aperta，flores cupiformis，leviter fragrantes；perianthiis 12~14（15），anguste obovatis vel oblanceolatis circ. 4.5~6.8 cm longis，1.1~2.23 cm latis，album，extus subtus rufum；stamina 1.1~1.6 cm longa, antheris 7~8 mm longis，lateridebiscentibus，filameentis circ. 4 mm lopngis，purpureo-rubris, lato-complanise, cnnectivo extense, mucronato. Gynoecia teretia 1.8~3 cm longa, viridia. Fructus polyanthocarpi cylindrici increbre pro perte carpidiis non fertilibus curvi，4~9 cm longi；folliculi complanoorbiculati，maturitatesgriseo-brunnei.

Anth. Aest.（May.）；Fr. aut.（Aug.-Sep.）

Shaanxi（陕西）：Ningshan Xian（宁陕县）；……. 1996，Min Chenglin（闵成林）No.2701，Fruiting branch（Typus，in herb. Northwestern College of Forestry）.

16. 舞钢玉兰（1999）

Magnolia wugangensis T. B. Zhao，W. B. Sun et Z. X. Chen，sp. nov. fig. 1，赵天榜、孙卫邦等. 河南木兰属一新种. 云南植物研究，21（2）：170~172. 图 1. 1999。

Magnolia denudata Desr. Similis，sed floribus terminalibus axillaribusque，tepalis exteriorebus minoribus interdum calycoidibus facile differt.

Arbor decidua ca. 5 m alta. Ramuli hornotini viridi-flavidi vel cinerceo-brannei primum pilosi demum glabri. Folia coriacea lateovata vel obovata 8~20 cm lonha，5~14 cm lata, supeme atro-viridia nitida in juventute sericea, in vestutate glabra, subtus flavi-viridia, apice obtusa vel retusa leviter mucronata，basi cuneata，margine plus minusve recuruata，costiselevatis dense sericeis, nervis lateralibus 6~10-jugis leviter villosis; petioli flavi-brannei 1~3 cm longi，in juventute flavido-villosi. Alabastra terminalia axillariaque obovoidea 2.5~3.5 cm longa, 1.3~1.8 cm crassa, vaginis bractiformibus, dense griseo-flavido-villossimis subtenta. Flores ante folium aperti，8~15 cm diam.，tepalis 9，interdum 7~10，quorum 3 exterionibus flavido-viridibus vel flavido-albis leviter interioprobus monoribus ubi minimis calycoidibus lanceolatis 1~3.5 cm longis，2~6 mm latis，apice acumenatis，6 interioribus petaloidibus albis spathulato-ellipticis 6~9 cm longis，2.5~3.5 cm latis，apice obtusis vel emarginstis，mucronatis basi subrotundatis extus purpurscentibus；pedicelli viriduli in juvenales dense villosi. Stamina numerosa 1~1.2 cm longa, antheris ca. 6 mm longis, flavidis usque purpurascentibus lateraliter dehiscentibus, apice gcutis. Gynoecia cylindrical 1.8~2.3 cm longa viridian, carpelis numerosis anguste ovoideis liberis 1.2~1.5 cm longis, stigmatibus flavido-viridibus, curvatis. Syncarpia cylindria premum viridian erecta demum pendula 10~20 cm longa, 3~5 cm crassa, follicutis ad maturitatem atro-purpureis, verrucis flavido-albis apice obtusis, seminibus 1~2 praeditis; pedicelli 8~12 mm crassi puberascentes.

Henan: Wugang. 23. 3. 1991, T. B. Zhao, No. 913232(flos); 15. 10. 1990, T. B. Zhao et al., No.9010152 (fructes et folia). Typus in Herb. Henan Agricultural University; Paratypus, KUN.

17. 鸡公玉兰（2000）

Magnolia jigongshanensis T. B. Zhao, D. L. Fu et W. B. Sun, sp. nov., fig. 1, 赵天榜等. 中国木兰属一新种. 河南师范大学学报, 26（1）: 62~65. fig. 1. 2000。

Species *Magnolia pilocarpa* Z. Z. Zhao et Z. W. Xie similis, sed ramulis juvenilibus flavo-virentibus pubescentibus. Foliis tenuiter coriaceis vel corioceis, nervis lateralibus 5~9-jugis, subtus curtis pubescentibus 7-formis: ① ob-ovatis apice retusis similis *M. sargentiana*, basi subrotundatis; ② late ellipticis vel late ovatis apice emarginatis similis *M. offcinalis* var. biloba; ③ ob-triangulatis supra medium latissimis apice retusis 3-bolis in medio lobis parviis triangularibus, 2-lbis lateralibus late triangulatis apice obtus cum mucronatis; ④ late ob-triangulati-subrotundatis supra medium latissimis apice obtusis praeclare retusis costa in medio saepe bifurcis, 2-lobis; lobis lateralibus latiorimis late triangularibus apice macronatis; ⑤ ob-ovatis apice obtusis cum macronatis aequantibus *M. heptapeta*; ⑥ rotundatis vel subrotundatis apice obtusis cum macronatis rare retusis cum mucronatis basi subrotundatis; ⑦ ovatis. Alabastris parvis ovoideis apice obtusis 1.0~2.0 cm longis; bracteis prmis nigri-brunneis sparse concolor-villosis. tepalis calyciformibus saepe 1~5 mm longis, rare 1.0~1.5 cm longis, petaloformibus spathuli-ellipticis flavidi-albis. extus basi infra medium pallide purpurascentibus in medio foliiscaduia 30~40 d.

Arbor decidua. Ramuli juveniles cylindrici dense pubescentes purpurei-brunnei nitidi glabra, rare pubescentes. Foliis tenuiter coriacea, coriacea, nervis lateralibus 1~9-jugis, 7-formis: ① late elliptica vel late ovata 10~19.5 cm longa et 5.5~17.5 cm lata supra medium latissima supra atro-viridia nitida dense curvi-pubescentes, costis et nervis lateralibus imressis utrinque dictyoneuris subtus flavo-viridis dense curvi-pubscentibus costis et nervis lateralibus elevatis dense curvi-pubescentibus apice partita vel emarginata similis *M. officinalis* var. *biloba* basi subrotundatis margine repandi-integris; petioli 1.5~3.0 cm longi supra expresseimpressi dense pubescentes, stipulis membranaceis caducis; ② ob-ovata 6.5~9.5 cm longa et 5.0~6.5 cm lata supra medium latissima apice emargata basi subrotundatis similis *M. sargentiana*; ③ late ob-triangulati-subrotundata 11.5~18.0 cm longa et 9.0~15.0 cm lata supra flavo-viridia a-nitida, costis et nervis lateralibus sub angulo 45° abeunibus subtus cinereo-flavo-viridibus dense curvi-pubescentibus costis et nervis lateralibus expresse elevatis saepe costis in medio 2-lobis, lobis magnis subtriangulatis, utrinque dictyoneuris elevati, basi late cuneatis margine repande integis; petioli 1.0~2.0 cm longi; ④ ob-triangulata 15.0~18.5 cm longa et 11.0~15.0 cm lata apice retusis 3-lobis in medio lobis anguste deltatis 2.0~2.5 cm longis et 1.0~1.5 cm latis apice longi-acuminatis, 2-lobis lateralibus late triangulatis 2.0~3.0 cm longi et 3~5 mm latis apice brevi-acuminatis basi cuneatis margine repande integris; petioli 1.0~3.0 cm longis et 3~5 mm latis apice brevi-acuminatis, basi cuneata margine repande integra; petiolo 1.0~3.0 cm longi; ⑤ ob-ovata apice obtusis cum mucronatis similis *M. Heptapeta* （*M. denudata*）; ⑥ rotundata vel subrotundata 25.0~30.0 cm longa et 21.0~25.0 cm lata apice obtusa cum mucronatis vel retusa cum mucronatis basi subrotundata; ⑦ ovata 7.0~9.0 cm longa, 4.5~6.5 cm lata, apice obtusa cum mucrontas basi cuneata vel rotundatis. stipulis cicatricibus longitudiem ca. 1/3 petiolorum partes aequantibus. Alabastra teminata parva ovoidea apice obtusa 1.0~2.0 cm longa diam. 1.0~1.5 cm; saepe 4~5-bracteae quoque extus 1 minute rotundi-folialatis, prime bractea nigri-brunnea sparse concolori-villosis ceter dense cinerei-albi- vel pallide rotundi-foliolatis, prime bractea nigri-brunnea sparse concolori-villosis cetyere dense cinerei-albi- vel pallide glandacee villosis. Flores ante folia aperti. Tepala 9 raro 8 vel 10 extus 3 calycibus triangustis vel lanceolatis membranaceis flavo-virentiis 1~5 mm longis rare 1.0~1.5 cm longis intus 6 rare 5 vel 7, flavidi-albis pataliformibus spathule ellipticis 5.0~9.0 cm longis et 3.0~5.0 cm latis apice obtusis interdum retusis extus infra medium pallide purpureis in medio; stamina 65~71, filamentis purpures; carpidiis dense pubscentibus; pedicellis dense villosis. Syncarpia cylindrica 5.0~20.0 cm longa diam. 3.0~5.0 cm longa, carepella maturitatem valvae decidua basi in axibus persistentes.

Henan: Jigongshan. 8. Apr. 1993. T. B. Chao et al., No.9341841（flos）. Typus in Herb. HNAC; …….

18. 奇叶玉兰（2004）

Yulana mirifolia D. L. Fu, T. B. Zhao et Z. X. Chen, sp. nov., Fig. 1, 傅大立、赵天榜等. 中国玉兰属两新种. 植物研究, 24（3）: 261~262. 图 1. 2004。

Species Yulania sprengeri（Pamp.）D. L. Fu similis, sed foliis irregulariter obtriangularibus, apice irregularibus, vel 2 late triangulares, costis apice secundis, vel e basibus vel in medio 2-furcatis. Alabastris parvis, ovoideis 1.5~2.0cm longis; perulis 1（2）, crasse coriaceis extus dense villosis; floribus ante folia apertis; tepalis 12 in quoque flore, albis, extus in medio basis minute purpurascentibus; pistillis viridulis, dense albo-pubescentibus. Pedicellis dense flavo-villosis.

Arbor decidua, ca. 8 m alta. Ramuli anniculi purpureo-brunnei nitidi primum flavovirentes dense flavo-pubescentes demum glabri vel persistentes; stipulis longe lanceolatis 1.5~2.0 cm longis extus dense aregenti-pubescentibus apice obtusis, cicatricibus stipularum expressis. Folia irregulariter obtriangula 9.2~16.5 cm longa 7.0~11.5 cm lata, supra flavo-virentia vel politiviridia glabra, costis et nervis lateralibus leviter impressis ad costas pubescentibus, sutus viridula primum densius pubsentia, costis et nervis lateralibus expressi-elevatis pubscentibus, utrinque conspiciretinevia，apice irregularis 2-rotundilobata vel 2 late triangulata basi cuneata margine integra costis genereliter secundis vel basibus vel in medio bifurcaties，nervis lateralibus 6~9-jugis；petioli 1.5~2.5（~5.0） cm lnogi pubescentes，cicatricibus stipularum longitudine 1/5 petiolorum parte brevioribus. Yulani-alabastra terminalia parva ovoides 1.5~2.0 cm lnoga diam. 1.0~2.0 cm apice obtusa；perulis 1 rare 2 crasse coriaceis extus dense pallide brunnei-villosis. Flores ante folia aperti；tepala 12 in quoque flora，alba petaliformias spathuli lnogi-elliptica 5.5~6.5 cm longa 2.5~3.2 cm lata apice obtusa basi anguste cuneata extus in medio basis minute purpurascentia；stamina numerosa 6~8 mm longa，antheris 4~6 mm longis thecis lateraliter longitudinali-dehiscentibus connectivis apice acutis cum mucronatis ca. 1.5 mm longis，filamentis ca. 2 mm longis extus politi-purpurascentibus；gynoecia disjuncte carpelliera cylindrica 1.2~2.0 cm longa viridula vel viridia；pistillis numerosis dense albo-pubescentibus，stylis et stigmatibus viridulis 5~6 mm longis，sopra stigmatibus serruloti-formibus. Pedicellis dense flavo-villosis. Aggregati-folliculi non visi.

Henan：Xinyang Xian，Mt. Dabieshan. 2000-03-22. T. B. Zhao et D. L. Fu，No.20003221（flos，holo Typus nic designatus，CAF）. ibid. 2000-09-10. T. B. Zhao et D. L. Fu，No.200009106（fola et alabastrum）.

19. **青皮玉兰**（2004）

Yulania viridula D. L. Fu，T. B. Zhao et G. H. Tian，sp. nov.，Fig. 2，傅大立、赵天榜等. 中国玉兰属两新种. 植物研究，24（3）：261~262. 图 1. 2004。

Species Yulania campbellii （Hook.f. & Thoms.） D. L. Fu sinilis，sed ramulis perennibus viridulis. Foliis roundatis ellipticis vel late ellipticis. Cicatricibus stipularum longitudine 1/3 petiolorum partem aequantibus. Alabastris ellipsoideis vel ovoideis. Pedicellis prope apicem anncelis dense incanivillosis instructis interdum infra medium pubescentibus vel glabris. tepalis 33~48 in quoque flore，petaliformibus anguste ellipticis extus infra medium vivide persicinis；staminibus，stylis stigmatibusque laete persicinis.

Arbor decidua. Ramuli anniculi grossi diam. ca. 1.0 cm viriduli primo plus minusve pubescentes，demum glabri interdum pubescentes，cicatricibus stipularum manifeste elevates ad bilaterem dense pubescentibus annuliformibus，lenticellis manifeste elevates. Alabastra ellipsoidea vel ovoidea；ea flavoviventes 2.0~2.5 cm longa diam. 1.4~1.6 cm；perulis 3~4 externis extus dense flavor- vel brunnei-villosis internis extus dense villosis cinerei-albis. Folia late elliptica vel elliptica chartacea 15.0~19.5 cm longa 11.5~15.5 cm lata apice obtus rare mucronata，basi rotundata vel cordata，supra atro-vitentia glabra，costis planis saepe pubescentibus，subtus cinerei-viridia glabra，costis conspicue elevates ad costas et nervis laterals longe villosis，nervis lateralibus 6~9-jugis cum costis sub angulo 45~70；Petioli 3.5~4.5 cm longi sparse pubescentes vel glabri，cicatricibus stipularum longitudine 1/3 petiolorum partem aequantibus. Flores ante folia aperti；tepala 33~48 in quoque flore，petaliformis anguste elliptica 5.7~7.2 cm longa 1.7~2.5 cm lata apice obtuse basi anguste cuneata，externa extus infra medium laete persicina basi laete atro-persicina，intra nivea，sub finem anthesis extus revolute； stamina numerosa ca. 80，1.3~1.5 cm longa，filamentis ca. 3 mm longis extra ourpureo-rubris，thecis lateraliter longitudinali-dehiscentiis，connetivis apice acutis cum mucronatis ca. 1 mm longis；gynoecia cylindrical ca. 3.0 cm longa，pistillis numerosis viridibus glabis，stylis stigmatibusque laete persicinis involutis，in quoque flore spathacei-bractea 1 membranacea nigri-brunnea extus dense villis pallide cinereis. Pedicelli prope apicem annulis dense inoarivillosis instructi in fra medium saepe glabri vel pubescentes. Aggregati-folliculi non vibi.

Henan：Xinzheng. 2003-03-26. T. B. Zhao et al.，No.200303261（flos，holotypus hic designatus，CAF）. ibid. 2002-10-20. T. B. Zhao et al., No. 200210201（folia et alabastrum）；……

20. 红花玉兰（2006）

Magnolia wufengensis I. Y. Ma et L. R. Wang，sp. nov.（Subgenus Yulania（Spach）Reichendach） Fig. 1，马履一、王罗荣等. 中国木兰科木兰属一新变种. 植物研究，26（5）：516~519. fig. 1. 彩片. 2006。

Species Magnolia wufengensis Pamp. et M. sprengerio Pamp. et M. denudato Desr.，sed distincta，tepalis nine，intus et extus aequqliter coccineis，rubris，petiolis longioribus，dorsis foliorum adcostam dense albo-pubescentibus differt.

Arbor decidua，circ. 20 m alta，cortex canescens，in vetustate scabrosus，fissuratus，desquamatus.

Ramli circ. 0.5 cm crassi，nitidi，primo flavido-virides，postea brunneo-rubelli. Petioli 1.5~2.5（~3.3）cm longi，pubescentes；cicatricibus stipularum delapaorum 1/4~1/3 longis quam petiolibus，conspicue notatis. Folia chartacea，late obovata vel obovata，9.0~13.2 cm longa，6.5~9.7 cm lata，superne aeruginosa，subtus viridula，apice rotunda vel truncata，mucronata，basi latecuneata；venis lateralibus 5~10 jungis，inpressis，subtus conspicue elevatis，secus costam dorsunum albo-pubescentibus appressis. Flores odorati，uni-terminales，erecti，praecoces. Alabastra ovato-globosa，1.8~3.1 cm longa，1.2~2.2 cm crassa，apice acuta，bracteis alabastrorum 3，parum coriaceis，extus dense flavido-sericeis，deciduis sub anthesi，pedicellis 7.5 mm longis，8 mm crassis，dense pubescentibus. tepala mine，subaequalia，intus et extuse aequaliter coccinea，nubra obovato-cochleariforma v. late obovato-cochleariformia 7.2~8.8 cm longa，2.9~4.7 cm lata，apice rotunda，basi late cuneata，receptaclis cylindrico-clavatis，fulvo-viridulis，30 mm longis，androeciis numerosis，15 mm longis，3 mm latia，extus purpureis，striis，two，rubris apice attingentibus，intus purpurascentibus，filamentis 4 mm longis，2 mm latis，antheris lateri-dehiscentibus，apice connectivorum obtusis，brevi-appendicibus，carpiliis numonosis，liberis，stigmatibus atro-purpureis. Folliculi non visa.

Hubei（湖北）：Wufeng（五峰）. L. Y. Ma（马履一）et L. R. Wang（王罗荣），（Hobtypus，BJFC）；No.45290，No.45304（Isotypus，BJFC）.

21. 湖北玉兰（2010）

Yulania verrucata D. L. Fu，T. B. Zhao et S. S. Chen，sp. nov.，Fig. 1，傅大立、赵

天榜等. 湖北玉兰属两新种. 植物研究，30（6）：642~643. 2010。

Species Yulania sprengeri （Spch） D. L. Fu sinilis，sed ramulis，foliis et petiolis cum stipulis，pedicellis et pedicellis fructibus onmino glabris. Ramulis lenticellis verrucata anguste longi-ellipsoideis fuscis in juventutibus.

Arbor decidua. Ramuli cinerei-brunnei，glabri，veerticali-striatis，lenticellis verruciformibus anguste longi-ellipsoideis fuscis，in juventute cinerei-viridi nitidi glabri. Gemmae foliae elliptsoideae ca. 1.0 cm longae apice obtusae sparse pubescentes. Yulani-alabastra terminate longe ellipsoidea 2.0~2.5 cm longa apice acuminate，peruli-stipulis 5 pallide flavor-brunneis in siceo nigris extus sparse villosis interdum glabris saepe apice villosis. Pedicelli viriduli glabri. Folia anguste obovati-elliptica 8.0~19.5 cm lonha，3.5~12.5 cm lata，supra viridia glabra nervis lateralibus elevates manifestis costis aliquantum recaxis，sparse pubescentibus subtus viridula glabra，costis et nervis lateralibus cum dictyoneuris elevates glabra，margine integra apice obtuse mucronulata infa medium gradatim angusta basi cuneata vel anguste cuneata，in juventute atro-purle-rubra post supra viridula subtus viriduli-alba utrique glabra；petioli 1.2~3.0 cm longi viriduli supra minute sulcati glabri，stipulia lanceilatis 2.5~3.5 cm longis flavor-albis apice obtusis glabris caducis，cicatricibus stipularum longitudine 1/3~1/4 petiolorum partem aequantibus. Flores ante folia aperti；tepalis 9 in quoque flore，alba petaloidea spathuli-elliptica 4.5~7.0 cm longa et 1.5~3.5 cm lata apice obtuse cum acumine basi truncate 3~5 mm lata；Stamina numerosa 10~1.3 cm longa filamentis 1.5~2.0 mm longis pallide ablis，antheris 7~10 mm longis，thecis lateraliter longit udinali-dehiscentibus，connectivis apice trianguste mucrionatia 1~1.5 mm longis；Gynoecia carpelligera cylindrica 1.8~2.2 cm longa pillide flavor-alba；disjuncte simpici-pistillis numerosis 3~5 mm longis pallide flavor-albis glabris，stylis ca. 3 mm longis minute revolutis vel involutis viriduli-albis；pedicellis viridulis. Aggregati-fructus cylindrici 10.0~15.0 cm longi，saepe curvati；folliculis discretis supra dense verrucis. Ossei-semina late cordata ca. 1.0 cm lata ca. 0.8 cm longa.

Hubei：Wuhan. 22. 06. 2001. D. L. Fu，No. 2001062201 （holotypus，CAF）. ibid. 15. 04 2000. T. B. Zhao et D. L. Fu，No. 20004151（flora）.

22. 楔叶玉兰（2010）

Yulania cuneatofolia T. B. Zhao，Z. X. Chen et D. L. Fu，sp. nov.，Fig. 2，傅大立、赵天榜等. 湖北玉兰属两新种. 植物研究，30（6）：642~644. 2010。

Species Yulania denudata(Desr.)D. L. Fu sinilis，sed foliis cuneatis；spathacei-bractelis atro-brunneis maximis extus miniime pubescentibus. Tepalis 9~14 in quoque flora，rugiformibus laete persicinis.

Arbor decidua，8 m alta. Ramuli atro-brunnei；lenticellis punctiformibus albis sparsis in juventutibus hirnotini flavor-virides primo pubescentes post glabri. Yulani-alabastra solitari-terminata ovoidea 2.5~3.5 cm longa diam. 1.2~1.7 cm，peruli-stipulis 3~5，extus dense longe villosis brunneis. Folia cuneata 9.5~15.0 cm longa 5.5~9.5 cm lata supra atro-viridia nitida sutus viridian sparse pubescentes costis et nervis lateralibus pubescentibus densioribus，apice obtusa mucronayis ca. 1.0 cm longa，basi cuneata margine integra nervis lateralibus 8~11-jugis；petioli 1.3~2.0 cm longi. Flores ante folia aperti，diam. 12.0~15.0 cm；spathaceo-bracteis maximis 6.0~7.5 cm longis 3.5~4.2 cm latis extus atro-brunneis minime pubescentibus. tepalis 9~14 in quoque flore，late ovati-spatulati-rotunda rugiformes 8.5~11.5 cm longa 2.5~4.5 cm lata laete persiciniis. Stamina numerosa 1.5~1.7 cm longa atro-purpureo-rubris，thecis lateraliter longitudinali-dehiscentiis，connetivis apice trianguste mucronatis 1.0~1.5 mm longia；filamentis 2.5~3.0 mm longis subovoideis atro-purpureo-rubris；Gynoecia cylindrica ca. 2.0 cm longa，disjuncte simpici-pistillis numerosis ovariis flavor-virentibus glabris，stylis et stigmatibus pallide cinerei-albis，stylis curvativis；pedicelli grossi，3~10 mm longi dense pubescentibus. Aggregati-fructus non vidi.

Henan：Zhengzhou. 24-03-2005. T. B. Zhao et al.，No.200503241.（holotypus，HEAC；isotypus，CAF）. ibid. 118-09-2005. T. B. Zhao et Z. X. Chen. No. 200509181（leaves and Yulania-alabastrum）.

23. 北川玉兰（2010）

Yulania carnosa D. L. Fu et D. L. Zhang，var. nov.，Fig. 1，傅大立等. 四川玉兰属两新种. 植物研究，2010，30 （4）：385~387。

Species Yulania dawsoniana（Rehd. & Wils.）D. L. Fu similis，sed foliis late ovatis basi rotundatis rare cordatis. Tepalis 12 in quoque flore，palide persiciniis. Spathacei-bracteis 2 in quoque flore，uno in medio pedicello membranaceo extra sparse villosis caducis，aliis apicem pedicello crescents，petaloideo late elliptici-spathulato carnoso subreseo non deciduo glabro；pedicellis glabris. Pedicellis et pedicelli-fructibus annulati-cicatricatis spathacei-bracteis manifestis，2-noduliformibus.

Arbor decidua. Ramuli anniculi robusti viriduli laete nitidi glabri，interdum in juventute gemmis circumscriptionibus dense pubescentibus. Gemmae foliae longe ovoideae apice obtusae. Folia alterna chartacea lateovata 7.0~14.5 cm longa 4.0~8.5 cm lata apice acuta rare obtusa basi rotundata rare conrdata supra atro-viridia nitida glabra subtus cinereo-viridulia glabra ad costam sparse curvi-villosis，nervis lateralibus 7~10-jugis；petioli graciles 1.5~2.6 cm longi glabri，stipulis membraceis，cicatricibus stipularum longitudine 1/5~1/4 petoilorum partem aequatibus. Yulani-alabastra longe ovoidea，penruli-stipulis extus dense flanse flavidi-pubescentibus. Ramuli flores in juventute et pedicelli glabri . Flores ante folia aperti；spathacei-bracteis 2 in quoque flore，uno in medio pedicello membranaceo caduco dorsaliter sparse villosis；alio ad apicem cresente petaloideo carnoso pallide glabro，tepaliforma late elliptici-spathulato. Tepala 12 in quoque flore，petaloidea extra pallide persiciniis intra alba，late elliptici-spathulia 9.5~10.5 cm longa 4.8~6.0 cm lata，apice obtusa infra medium tarde angustis basi anguste cuneata unguibus；stamina ca. 70，dorsaliter purpurascentes ca. 1.5 cm longa，filamentis grossis latis antherem purpureo-rublis，thecis lateraliter longitudinali-dehiscentibus，connectivea apice trianguste mucronatis；gynoecia cylindrica glabra 1.0~1.5 cm longa；disjuncte simplici-pistillis mumerosis，ovariis glabris，stylis longioribus purpurascentibus；pedicelli flores 2-noduliforme ca. 1.2 cm longi, glabri. Aggregati-fructus cylindrici 10.0~17.0 cm lonhi saepe curvis, pedicelli frucibus glabri in medio annuli-cicatricibus spathacei-bracteis manifesis 2-noduliformibus; folliculis ocpideis apice obtusis Ossei-semina subcordata.

Sichuan: Beichuan Xian. 14-03-2001. D. L. Fu, No.200103141 (holotypus, CAF). Elevation 1000 m in secondary forest.

24. 时珍玉兰（2010）

Yulania shizhenii D. L. Fu et F. W. Li, sp. nov., Fig. 2, 傅大立等. 四川玉兰属两新种. 植物研究，2010，30（4）：387~389。

Species Yulania liliflora (Dear.) D. L. Fu similis, sed arboribus, foliis ob-ovatis apice mucronatis. tepalis et staminibus cum filamentis, stylis stigmatibusque candidis staminibus ca. 20 in quoque flore albis.

Arbor decidua. Ramuli graciles nitidi sparse pubescentes post glabri; lenticellis minimis albis albis punctatiformibus. Gammae, pubescentes. Folia alterna chartacea ob-ovata 9.5~14.5 cm longa 4.5~6.5 cm lata supra viridia ad costam sparse pubescentibus albis, subtus pallide viridulia sparae pubescentibus albis apice obtuse mucronata 1.0~1.5 cm longis, basi cuneata, nervis lateralibus 8~10-jugis; petioli flavo-viriduli 0.8~1.3 cm longi sparae pubescentibus albis; cicatricibus stipularum longitudine 1/5~1/3 petiolorum partem aequantibus. Yulani-alabastra soliaria terminata ovoidea, apice obtusa, ca. 1.5 cm longadiam. 1.0 cm, peruli-stipulisextus flavo-villosis. Flores ante folia aperti vel synanthitepala 9 in quoque folre, candidis exterius 3 sepaliodeia membranacea lineara 1~2 mm longa intra 6 petaloidia obovati-spathulata 5.0~6.5 cm longa 1.5~2. 0 cm latia, apice obtusis; stamina ca. 20 alba, ca. 8 mm longa, thecis lateraliter longitudinali-dehiscentibus, connectivisapice trianguste mucrionibu, filamentis superantibus antheram; gynoecia cylindraca glabraalba 2.0~2.5 cm longa; disjiuncte simplici-pistillisnumerosis, ovariis albisglabris, stigmatibus et stylis albispedicelli ca. 5 mm longi glabri. Aggregati-fructus non vidi.

Sichuan: Chengdu City. 16-03-2001. D. L. Fu, No.200103161 (flos et foliajuvenles, holotypus hic disignatus, CAF). ibid. 11-09-2000. D. L. Fu, No.200009112.

25. 石人玉兰（2011）

Yulania shirenshanensis D. L. Fu et T. B. Zhao, var. nov. in 2011 International Confernce on Agricultural and Nstural Rewsoures Enginering [ANRE 2011]. July 30-31, 2011, Singapore, Singapore. Vol. 3: 91~94.

Species Yulania zenii (Cheng) D. L. Fu similis, sed foliis ellipticis supra rugosis marginantibus crispis. Yulani-alabastris terminatis axillaribusque interdum caespitosis racemi-cymis. Tepalis apice obtusis saepe briter rostris extus infra medium in medio laete purpurascentibus.

Arbor decidua. Ramuli cinerei-brunnei glabri in sicco nigri tantum cicatricibusstipulis sparse pubescentibus, in juventute flaco-virescentes primitus sparse pubescentes post glabri. Folia chartacea elliptica vel ovati-elliptica 12.0~19.5 cm longa et 5.5~9.5 cm lata supra atro-viridia nitida glabra costis recavis glabris subtus virella primitus sparse pubescentes post glabra, costis et nervis lateralibus conspicue elevatilis sparse curvi-villosis in sicco utrinque dictyoneuris elevatis apice obtusa cum acumine vel longe caudata basi late cuneata vel subrotumndata utrinque non aequilatera margine repandi-integra marginantibus crispis; petioli 1.5~3.5 cm longi flavo-virentes primitus sparse villosi post glabri vel persistentes; stipulis membranaceis sparse villosis flavo-albis caducis, cicatricibus stipularum longitudine 1/5~1/3 petiolorum partem aequantibus. Folia surcula crasse chartacea vel tenuitercoriacea late elliptica 16.5~25.0 cm longa et 15.0~21.0 cm lata apice obtusa cum acumine basi cordata margine crispa supra rugosa flavo-virentes vel atro-viridia nitidia primitus sparse pubescentes post glabra subtus viridula costis et nervis lateralibus conspicue elevatis saprse curvi-villosis post glabris; petioli 1.5~2.5 cm longi primitus villosi post glabri; cicatricibus stipularum longitudine ca. 1/2 petiolorum partem aequantibus. Yulani-alabastra terminata et caspitosa cum axillares interdum 2~4 Yulani-alabastra parvis caespitosis racemi-cymis. Yulani-alabastra ovoidea 1.5~2.8 cm longa diam. 1.2~1.8 cm apice obtus vel abrupte brevi-rostra; peruli-stipulis 4~6, cinerei-brunneis vel nigri-brunneis extus dense villosis cinerei-albis. Flores ante folia aperti. Tepala 9 in quoque flore, petaloidea spathuli-elliptica 5.0~7.0 cm longa et 2.5~3.5 cm lata apice obtus abruque mucronata basi late cuneata margine integra extus supra medium albis infra medium in medio laete purpurascentibus; Stamina numerosa 1.0~1.5 cm longa dorsaliter purpurascentibus antheris 8~12 mm longis thecis lateraliter longitudinali-dehiscentiis, connetivis apice purpurascentibus triangsti-mucronatis filamentis 3~5 mm longislati-crassis dorsaliter subrosis; Gynoecia carpelligera cylindrica 1.5~2.5 cm longa; disjuncte simplici-pistillis numerosis ovariis viriduli-albis glabris stylis et stigmatibus flavo-albis; pedicelli et Soutai-ramuli dense villosi albi. Aggregati-folliculi cylindrici 7.0~10.0 cm longi diam. 3.5~4.5 cm; folliculis ovoideis supra lenticellis; pedicellis fructibus non visi.

Henan: Zhengzhou City. 26-03-2005. T. B. Zhao et Z. X. Chen, No.200303268 (flos, holotypus hic disignatus, HNAC).

26. 飞黄玉兰(世界玉兰属植物资源与栽培利用)(2013)

Yulania fëihuangyulan (F. G. Wang) T. B. Zhao et Z. X. Chen, sp. transl. nov., 赵天榜、田国行等主编. 世界玉兰属植物资源与栽培利用. 230~231. 2013。

Species Yulania denudata (Desr.) D. L. Fu similis, sed ramulis primo pubescentibus, hornotinis glabtis vel sparse pubescentibus. foliis ob-ovatis vel ovatis utrinque dense flavo-pubescentibus. Yulani-alabastris terminatis vel axillaris, peruli-stipulis 1~3. tepalis 9~12 rare 7 in quoque Flore, flavo-virentibus vel flavis winnowiformibus extus tepalis basi longe villosis vel glabris; ovariis disjuncte simplici-pistillis sparse pubescentibus; pedicellis and soutai-ramulis dense villosis albis, rare a-soutai-ramulis.

Arbor decidua. Ramuli juveniles flavo-viventes dense pubescentes, anniculi cinerei-brunnei nitidi glabri vel minime pubescentes; cicatricibus foliis paulo expressis glabris. Gemmae foliae ellipsoideae (0.5~) 1.0~2.2 cm longae diam. 3~10 mm apice obtusae vel obtusae cum acunime, nigri-brunneae dense pubescentes. petiolis expressis, foliis exsiccatis caducis in juventute. folia ob-ovata vel ovata crasse chartacea 11.5~13.5 cm longa 10.5~13.0 cm lata vitrentia nitida saepe minute pubescentes cotis expressis basi ad costam pubescentibus subtus viridula pubescentibus densiora，costis et nervis lateralibus expressi-elevatis ad costam et nervos lateralos pubescentibus densioribus，nervis lateralibus 7~9-jugis apice obtusa vel obtusa cum acumine basi subrotundata utrique non aequalibus margine repandi-integra crispi-marginatis；petioli grossi 1.0~1.5 cm longi sparse pubescentes，cicatricibus stipularum longitudine 1/3 potiolorum partem aequantibus. Yulani-alabastera terminata vel axllares longe ellipsoidea 1.5~2.3 cm longa，diam. 1.2~1.7 cm apice et basi gradatim tenues apice obtusa，peruli-stipulis 1~3，extus 1 nigri-brunneis dense pubescentibus deciduis in junventute，ceter peruli-stipulis extus dense villosis cinere-brunneis vel flavo-brunneis，ante anthesin omnino deciduis. Tepala 9~12 rare 7 in quoque flore，flava ad flaidos crasse carnosa elliptici-spathalata 4.5~8.5 cm longa 2.5~4.5 cm lata apice obtusa basi lata extrinsecus tepalis extus basi villosis albis vel cinereo-albis vel glabra；stamina numerosa 1.1~1.3 cm longa filamentis 2~3 mm longis antherem quam latioribus thecis lateraliter longituinali-dehiscentibus connectivis apice mucronatis；gynoecia disjuncte corpelligera cylindrica viridia vel viridula 1.5~2.2 cm longa；disjuncte simplici-pistillis numerosis flavo-albis vel flavo-viridulis，ovariis sparse pubescentibus，stylis et stigmatibus flavo-arbis stylis paulo involutis；pedicelli et soutai-ramuli tenui dense villosi cinereo-albi，rare sine soutai-ramuli. Aggregati-folliculi cylindraci 8.0~15.0 cm，diam. 3.0~4.5 cm.

Henan：Xinzheng. 26-03-2003. T. B. Zhao et Z. X. Chen，No. 200303268（flos，holotypus hic disignatus，HNAC）. Nanzhao Xian. 15-08-2003. T. B. Zhao et Z. X. Chen，No. 200308153（folia，ramulum et simili-alabastrum）.

27. 怀宁玉兰（中国农学通报）

Yulania huainingensis D. L. Fu，T. B. Zhao et S. M. Wang，sp. nov.，赵天榜、田国行等主编.世界玉兰属植物资源与栽培利用. 219~220. 2013。

Species Yulania denudata（Desr.）D. L. Fu et Y. wugangensi（T. B. Zhao，Z. X. Chen et W. B. Sun）D. L. Fu similis，sed foliis dorsualibus，petiolis et pedcellis dense tomentosis. floribus terminatis axillaribusque. tepalis 9 in quoque flore；ovariis disjuncte simplici-pistillis flavo-viridulis pubescentibus.

Arbor decidua，10 m altus. Ramuli crassi purple-brunnei aliquantum nitidi sparse tomentosis vel dense tomentosis. Folia late ob-ovata，elliptica vel rotundata，chartacea 7.0~18.5 cm longa 6.9~14.0 cm lata supra atro-viridia glabra nitidia costis planis sparse pubescentibus dictyoneuris rotusis subtus cinerei-viridula dense curvi-tomentosis costis nervisque lateralibus manifeste elevatis dense curvi-villosis apice obtusa cum acumine vel emariginata margine integra minuti-repandis supra latissima basi anguste cuneata vel rotundata nervis lateralibus 6~10-jugis；petioli 3.0~4.5 cm longi densiori-tomentosi；cicatricibus stipularum longitudine 1/3~1/2 petiolorum partem aequantibus. Yulani-alabastra terminata axillia et caespitosa，longe ellipsoidea magna 2.5~2.8 cm longa diam. ca. 1.5 cm supra medium gradatim minutis apice obtusa；Yulani-alabastra axillaribus parva ovoidea

1.4~1.8 cm longa diam. 9~11mm；peruli-stipulis 3~5 extremum 1 atro-cinerei-brunneis crassis dense tomentosis , interius membranaceis extus dense longe villosis cinerei-albis. Flores ante folia aperti. tepala 9 in qouque flore，spathuli-elliptica 9.5~10.5cm langa 3.5~4.2 cm lata albis apice obtusa extus infra medium in medio laete purpurascentibus extra tepalis 3 basi latis intra（5~） 6 aliquantum angustatis apice obtusa cum acumine basi cuneata；Stamina numerosa 1.4~1.7 cm longa anthetis 1.0~1.2 cm longis thecis laterialiter longitudinali dehiscentibus，connectivis apice triangule mucronatis filamentis applanatis et latis，antherarum aequantibus，atro-purpureis；Gynoecia carpelligera cylindrica 2.5~2.8 cm longa，disjuncte simplici-pistillis numerosis ovariis flavo-viridulis pubescentibus，stylis 5~7 mm longis revolutis；pedicelli crassi dense vollisis. Aggregati-follicali cylindraci 8.5~20.0 cm，diam. 2.0~4.5 cm，pluries simplici-pistillis partialibus sterilibus.

Anhui：Huaining Xian. 27-09-2001. D. L. Fu，No.0009271（holotypus hic disignatus，CAF）. 31-03-2001. D. L. Fu，No.20010315（CAF）.

28. 信阳玉兰（中国农学通报）

Yulania xinyangensis T. B. Zhao，Z. X. Chen et H. T. Dai，sp. nov.，赵天榜、田国行等主编. 世界玉兰属植物资源与栽培利用. 240~241. 2013。

Species Yulania denudata（Desr.）D. L. Fu similis，sed foliis serotinis 15~20 d. foliis late obovati-triangustis nervis lateralibus 5~6-jugis. Yulani-alabastris 2-formais，terminatis ellipsoideis parvis 1.3~1.5 cm longis，diam.8~10 mm. floribus tubaeformibus；2-formis：teplis 6 vel. 9 in quoque flore，2 typis：① teplis 6 in quoque flore，② teplis 9 in quoque flore，anguste ellipticis.

Arbor decidua. Rumuli purple-brannei saepe glabri nitidi rare pubescentes，juveniles viriduli dense pubescentes post glabri. Folia chartatea ob-ovata，late obtriangulati-ovata，9.5~20.5 cm longa et 5.2~12.3 cm lata supra atro-viridia nitida minute pubescentibus costis et nervis lateralibus minute impressis dense pubscentibus subtus viridula spasre pubescentes costis et nervis lateralibus conspicue elevatis ad costam dense curvi-pubescentibus sparse albi-villosis，nervis lateralibus 5~6-jugis apice latissima saepe emarginata vel mucronata 1.2 cm longa interdum 2-loba vel 3-loba breviter trianguste mucronatis basi cuneata margine integra，folia juveniles dense pubescentes alba post glabra；petioli 1.5~3.7 cm longi flavo-virentes primo sparse pubescentes post glabri vel dense curvi-pubescentes，cicatricibus stipularum longitudine 1/3 petiolorum partem aequantibus. Yulani-alabastra solitaria terminatia ovoidea vel cylindrica 1.3~1.5 cm longa diam. 8~10 mm apice obtusa；peruli-stipulis 3~5 extus cinerei-brunneis sparse villosis. Yulani-alabastra 2-formae.Flores ante folia aperti. Flores tupaeformes. 2-formae. tepala 6~9 in quoque flore，2-typi：① tepalis 6 in quoque flore；② tepulis 9 in quoque flore，petalioideis anguste ellipticis albis. staminis，filamentis et stylis purpurascentibus. spathuli-elliptica alba extus basi supra medium laete purpurascentes 6.1~11.5 cm longa et 2.6~4.5 cm lata apice obtusa cum acumine basi in petioli-formibus，margine irregulariter serrulatis vel integris；Stamina 55~72，0.8~1.3 cm longa purpurea filamentis 2~3 mm longis dorsaliter purpureis, antheris 7~9 mm longis, thecis lateraliter longitudinali-dehiscentibus, connoctivis apice obtusis; Gynoecia carplligera cylindrica 2.2~2.5 cm longa diam.1.0~1.2 cm viridia; disjuncte simplici-pistillis ca. 100, ovariis viridulis dense pubescentibus stylis 4~6 mm longis apice revolutis minute purpurascentibus; pedicelli et Soutai-ramuli dense villosi. Aggregati-folliculi cylindrici parvi 10.5~14.5 cm longi diam. 3.5~4.5 cm; folliculis a-rostris.

Henan: Xinyang Xian. Mt. Dabieshan. 25. 03. 2000. T. B. Zhao et Z. X. Chen, No.200003251 (fols, holotypus hic disignatus HNAC). ibdim. 05. 10 1999. T. B. Zhao et D. L. Fu, No.199910051 (folia, Yulani-alabastrum).

29. 朝阳玉兰（安徽农业科学）

Yulania zhaoyangyulan T. B. Chao et Z. X. Chen, sp. nov., 赵天榜、田国行等主编. 世界玉兰属植物资源与栽培利用. 235~236. 2013。

Species Yulania denudata(Desr.)D. L. Fu similis, sed foliis late obovati-ellipticis apice obtusis. Floribus terminatis. tepalis 6~12 in quoque flore, variantibus, late spathulati-ellipticis, anguste ellipticis apice obtusis, extus infra medium laete persicinis; Digynandriums: ① androeciis gynoecum aequantibus vel paulo breviorobus; ② androeciis gynoeciem superantibus; disjuncte simplici-pistillis glabris, stylis stigmatibusque pallide cinerei-albis, stylis revolutis; pedicellis glabris apice annulari-villosis ablis.

Arbor decidua. Ramuli hornotini flavo-virides primo pubescentes post glabri. Yulani-labastra terminata ovoidea 2.5~3.0 cm longa diam. 1.2~1.5 cm, peruli-stipulis 3~5, extus dense longe villosis cinerei-brunneis. Folia late obovati-elliptica 8.5~13.0 cm longa et 7.5~10.5 cm lata supra viridia nitida, costis et nervis lateralibus initio sparse pubescentibus post glabris subtus pallide viridia initio sparse pubescentibus post glabris costis et nervis lateralibus sparse pubescentibus, apice obtusa, basi cuneata margine integra interdum undulate integra; petioli 1.5~2.0 cm longi. glabri, cicatricibus stipulis 3~5 mm longi. Flores terminatrici, ante folia aperti, diam. 12.0~15.0 cm; tepala 6~12 in quoque flore, variantibus, late spathulati-ellipticis 6.5~10.5 cm longa et 3.5~4.8 cm lata, apice obtusa basi angusti-ungues, extus supra medium pallide persicinis infra medium laete persicinis. Digynandriumis: ① androeciis gynoecum aequantibus vel paulo breviorobus; ② androeciis gynoeciem superantibus; Stamina numerosa 1.5~1.7 cm longa atro–purple–rubris, anthera 1.1~1.5 cm longis dorsaliter purpurascenti–rubris, thecis lateraliter longitudinali-dehiscentiis, filamentis 3~4 mm longis subovoideis atro–purple–rubris, connetivis apice trianguste mucronatis 1 mm longis; disjuncte simplici-pistillis numerosis ovariis ovoideis flavo-virentibus, stylis stigmatibusque pallide cinerei-albis, stylis revolultis. androeciis gynoecia carpelligeris superantibus vel aequalibus; pedicelli grossi 5~10 mm longis diam. 8~10 mm glabri apice annulari-villosisablis. Aggregati-folliculi cylindrici 7.0~10.0 cm longi diam. 3.5~4.5 cm; folliculis ovoideis supra lenticellis; pedicellis fructibus viridibus dense verrucosis brunneis. Soutai-ramuli grossi purpureo-brunnei.

Henan: Zhengzhou City. 26-03-2005. T. B. Zhao et Z. X. Chen, No.200303268 （flos，holotypus hic disignatus，HNAC）.

30. **美丽玉兰**（世界玉兰属植物资源与栽培利用）（2013）

Yulania concinna（Law et R. Z. Zhou）T. B. Zhao et Z. X. Chen，sp. transl. nov.，赵天榜、田国行等主编. 世界玉兰属植物资源与栽培利用. 259~260. 2013。

Species Yulania liliflora（Desr.）D. L. Fu similis，sed arboribus deciduis. Gremmis foliis，Yulani-alabasratis cum petiolis pubrescentibus adpressi-albis. foliis ellipticis subtus costis et nervis lateralibus pubescentibus adpressi-albis. Floribus ante folias apertis vel synanthis；tepalis 12 in quoque folre，exterius 3 sepaliodeiis lanceolatis intra 9 petaloidiis extus basi purpurascentibus supra medium nervis buris；staminibus albis，filamentis et gynoeciis carpelligeris buris；ovariis disjuncte simplici-pistillis et pedicellis pubrescentibus adpressi-albis.

Arbor decidua. cortex cinerei-brunnei. Gemmis foliis pubrescentibus adpressi-albis. Yulani-alabastra pubrescentibus adpressi-albis. Folia chartacea elliptica，ovati-elliptica 11.0~19.0 cm longa et 5.0~9.0 cm lata supra viridia nervis lateralibus depressis subtus cinerei-viridia nervis lateralibus depressis costis et nervis lateralibus elevatis pubrescentibus adpressi-albis nervis lateralibus 11~13-jugis，apice obtusa vel breviter acuminata，basi late cuneata margine integra；petioli 1.5~3.0 cm longi pubrescentibus adpressi-albis cicatricibus stipularum longitudine 1/3 petiolorum partem aequantibus. Flores ante folia aperti vel synanthi. tepala 12 in quoque folre，extus 3 sepaloidea membranacea lanceolata viridula caduca，intus 9 petaloidea elevata obovati-elliptica，obovati-spathulata carnosa 8.0 cm longa 3.5 cm lata，apice obtusa extus basi pallide rubris supra middle nerviis atro-purple-rubris. stamina numerosa alba 1.4 cm longa，antheris 9 mm longis，thecis lateraliter longitudinali-dehiscentibus，connectivis flavidis apice trianguste mucronatis 1~1.5 mm longis filamentis 4 mm longis rubris；Gynoecia carpelligera cylindrica rubra 1.0~1.5 cm longa；disjuncte simplici-pistillis numerosis ovariis pubrescentibus adpressi-albis. pedicelli villosi cinerei-flavi. Aggregati-folliculi cylindrici vel longe ellipsoidei 5.0~10.0 cm longi pallide brunnei; folliculis subglobosis apice breviter rostyis.

Fujian：Wuyishan. Trypus：Gather No. and Collector not detailed enough（flos，holotypus hic disignatus，IBSC）。

31. **安徽玉兰**（中国农学通报）

Yulania anhuiensis T. B. Zhao，Z. X. Chen et J. Zhao，sp. nov.，赵天榜、田国行等主编. 世界玉兰属植物资源与栽培利用. 302. 2013。

Species *Yulania cylindrica*（Wils.）D. L. Fu similis，sed foliis ellipticis chartaceis supra sparse pubescentibus；petiolis sine angusti-sulcis，cicatricibus stipularum longitudine 1/3 petiolorum partem aequantiaus. Yulani-alabastris terminatis et axillaris ovoideis nigri-brunneis dense villosis nigri-brunneis. tepalis sepaliodeis majoribus 3.0~3.5 cm longis 7~10 mm latis late ovati-spathulatis extus infra medium laete purple-rubris costis laete purpurei-rubris basi sine unguibus；thecis，filamentis dorsualibas purpure-rubris；rare androeciis gynoecum aequantibus, stylis ovariism 2-plo longioribus. Soutai-ramulis et pedicellis dense pubescentibus.

Arbor deciduas. Ramuli anniculi cinerei-brunnei spasre pubsentes sine nitidi, in juventute cinerei-flavo-virentes, cinerei-flavi dense pubescentes. Folia elliptica vel naviculi-elliptica saepe pendulia chartacea 9.0~18.0 cm longa 6.5~10.5 cm lata apice obtusa cum acumine basi saepe rotundata rare late cuneata supra atro-viridia spasre pubescentes costis et nervis lateralibus spasre pubescentibus, subtus cinerei-viridula spasre pubeseentes costis et nervis lateralibus elevates manifestis pubescentibus margine repandi-integra; petioli 1.9~2.0 cm longi sine minute salcati spasre pubesentes, cicatricibus stipularum lingritudine 1/3 petidorum partem aequantibus. gemmae foliae ellipsoideiae 1.0~1.3 cm longae cinerei-brunneae pubescentes. Yulani-alabastra terminata et axillares ovoidea 1.5~2.0 cm longa diam. 1.0~1.3 cm, peruli-stipulis 3~4, extus primus nigri-brunneis dense pubescentibus, intus dense villosis. Flores ante folia aperti, diam. 10.0~15.0 cm; tepala 9 in quoque flore extus 3 sepaliodea membranacea lanceolata 3.0~3.5 cm longa 7~10 mm lata supra medium purpurascentes caducias, interna 6 petaloidea late ovati-spathulata 6.0~8.5 cm longa 2.0~4.0 cm lata apice obtusa rare mueronata extus supra medium laete purple-rubris prope apicem costis laete purpureis-rubras basi cuneata sine ungua; stamina numerosa 1.2~1.5 cm longa filamentis 2~3 mm longis purpule-rubris antheris dorsualibus purpureis intus pallide flavo-albis, thecis lateraliter longitudineli-dehiscentibus, connectivis apice trianguste mucrionatis purpureis ca. 1.5 mm longis; rare androeciis gynoecum aequantibus; Gynoecia disjuncte carpelligera cylindrica 1.3~1.5 cm longa; disjuncte simpilici-pistillis numerosis glabris, stylis ovariis 2-plo longioribus. Ovariis dorsualibus et stylis cum stig-matibus purpureis; soutai-rumuli et pediceli dense pubesentes. Aggregati-folliculi non visi.

Henan: Xinzheng City. 30-03-2005. T. B. Zhao et Z. X. Chen, No. 200503301 (flos, holotypus hic disignatus, HNAC). 20-03-2004. T. B. Zhao et J. Zhao, No. 200403201 (folia, ramulum et simili-albastrum); 18-08-2004. T. B. Zhao et D. L. Fu, No. 2004081814. No. 2004081810. Jigongshan. 15-08-2001. T. S. Dai, No. 200108151.

32. 具柄玉兰（中国农学通报）

Yulania gynophora T. B. Zhao, Z. X. Chen et J. Zhao, sp. nov., 赵天榜、田国行等主编. 世界玉兰属植物资源与栽培利用. 288~289. 2013。

Species Yulania cylindrical (Wils.) D. L. Fu similis, sed foliis ellipticis in medio latissimis supra prope basin costiaque pubescentibus margine minute revolutis cicatricibus stipularum longitudine 1/3~1/2 petiolorum partem aequantiaus. Yulani-alabastris terminatis et axillaris. Ante anthesin ciciduis peruli-stipulis petaliodeis extus infra medium laete purple-rubribus sime ungulibus; Gymoecis disjuncte carpelligeris gymophoris 8~10 mm longis, gynoecis androecis circumdais; disjuncte simplici-pistillis ovodeis sparse pubescentibus albis; pedicellis gracilibus non aucti-grossis dense villosia laete albis. Soutai-ramulis dense villosia laete albis.

Arbor deciduas. Ramuli in juventute flavo-virescentes dense pubescentes demumflavo-brunnei glabri vel persistetes. Folia elliptica chartacea 6.0~11.5 cm longa 5.5~7.5 cm lata apice obtusa basi cuneata margine integra anguste marginatis revolutis，in medio latissimis supra atro-viridia nitida glabra prope basin et costis pubescentibus，subtus viridulialba spasre pubeseentes，costis et nervis lateralibus manifeste elevates ad et nervos lateralibus sparse pubescentibus；petioli 2.0~2.3 cm longi pubesentes；stipulis membranacies flavo-albis caducis，cicatritibus stipularum lingritudine 1/3~1/2 petidorum partem aequantibus. Yulani-alabastra terminata axillaresque ovoidea vel ellipsoidei-ovoidea 1.8~4.5 cm longa diam. 8~18 mm，peruli-stipulis 4，extus primus tenuiter coriaceis nigri-brunneis dense villosis nigri-brunneis，manifeste petiolulis，ante anthesin caducis，alter non petiolatis manifestis chartaceis extra dense villosis nigri-brunneis，tertius membranaceis viridulis villosis denioribus nigri-brunneis，intra juventi-gemmatis et juventi-simili-alabastris cum juventi peruli-stipulis omnino dense villosis nigri-brunneis，quartus membranceis viridalis grabris circunexi-junenti-simili-alanastro. Flores ante folia aperti，eo apice Soutai-ramuli crescentes. Tepala 9 in quoque flore extus 3 triangustis 1.2~2.0 cm longis 1~3 mm latis flavo-albis sepaliodeis membranaceis caducis intus 6 petaloideis late spathulati-ovatis 7.0~7.5 cm longa 4.0~4.5 cm latis apice obtusis vel obtusis cum acumine plerumque involutis albis extus infra medium laete arto-purple-rubris saepe 4~5-nervis apicem；stamina numerosa 1.0~1.2 cm longa thecis 8~10 mm longis laterliter lonhitudinali-dehiscentibus dorsrsaliter purpule-rubris in medio oni-loratis atro-purple-rubris，connectivis apice trianguste macronatis ca. 1.5 mm longis，filamentis 2 mm longis dorsaliter laete atro-purple-rubris；Gynoecia disjuncte carpelligera cylindrica flavo-alba 1.0~1.5 cm longa，gynophoris 8~12 mm longis glabris；disjuncte simpilici-pistillis numerosis ovoideis pallide albis sparse albo-pubescentibus albis，stylis 2~3 mm longis dorsaliter purple-rubris，gynoecis androecia circumdatas；Soutai-rumuli et pediceli graciles non aucti-grossi dense villosi laete albi. Aggregati-folliculi non visi.

Henan：Xin Xian. Mt. Dabieshan. 2002-03-13. T. B. Zhao et J. Zhao，No. 200203131（flos，holotypus hic disignatus，HNAC）. ibid. T. B. Zhao et J. Zhao，No. 200108235，No. 200309187.

33. **莓蕊玉兰**（中国农学通报）

Yulania fragarigynandria T. B. Zhao，Z. X. Chen et H. T. Dai，sp. nov.，赵天榜、田国行等主编. 世界玉兰属植物资源与栽培利用. 236~238. 2013。

Species Yulania cyliadrica（Wils.）D. L. Fu similis，sed foliis obvati-ellipticis subtus cinerei-viridulis basi cordatis，rotundatis rare cuneatis. Yulania-alabastris terminatis vel axillaris maximis turbiantis vel ovoideis（basi breviter cylinaricis 8~12 mm longis）2.0~3.0 cm longis，diam. 2.0~2.5 mm. peruli-stipulis ante anthesin deciduis. tepalis 9~18 in qouque flore petaliodeis extus infra medium in medio laete purple-ruberis，insuper 1~3 sarco-tepalis lanceolatis laete purpureo-rubidis；gynanariis fragariformibus propriis diam. 1.8~2.3 cm，interdum 2~5 gynoecia in qouque flore.

Arbor decidua. Ramuli brannei juveniles flavo-virentes dense pubescentes post glabri vel sparse pubescentes; cicatricibus stipulis manifestis. Folia obovati-elliptica 10.0~15.6 cm longa 6.0~8.5 cm lata apice longe acuminata rare obtusa cum acumine basi cordata rare cuneata supra viridia saepe sine pubescentes rare pubescentes costis planis sparse pubescentibus subtus cinerei-viridula sparse pubescentes costis et nervis lateralibus manifeste elevatis ad costam sparse pubescentibus, margine integra; petioli 1.5~2.5 cm longi sparse pubescentes; cicatricibus stipularum longetudine 1/3 petiolorum partem aequantibus. Yulania-alabastra terminata et axillires magna turbinata 2.0~3.0 cm longa diam. 2.0~2.5 cm lata vel longe ovoidea 2.5~3.0 cm longa diam. 1.0~15 cm (basi breviter cylindrica 8~12 mm longa), peruli-stipulis 4~6 in qouque simili-alabastro extrinsecus 1 tenuiter coriaceis extus dense pubescentibus atro-brunneis, ante anthesin deciduis, cetero peruli-stipulis membranaceis extus dense villosis. Tepala 9~18 in qouque flore spathuli-elliptica 6.5~7.0 cm longa 2.0~3.5 cm alba apice obtusa extus infra medium in medio laete purple-rubra, nervis purple-rubra ad apicem, insuper 1~3 sarco-tepalis lanceolatis laete purpureo-rubidis; stamina numerosa 1.3~1.6 cm longa extus laete purpurea filamentis 3~4 mm longis grossis dorsaliter purple-rubris, thecis 1.0~1.3 cm longis lateraliter longitudinali-dehiscentibus, connectivis apice trianguste mucronatis laete purpureo-rubris; Gynoecia disjuncte carpelligera cylindrica 1.3~2.0 cm longa; disjuncte simplici-pistillis numerosis viridulis vel flavo-albis stylis et stigmatibus ca. 3 mm longis flavidi-albis stylis revolutis; Gynandria fragariformes propria 2.0~2.5 cm longa diam. 1.8~2.3 cm, interdum 2~5 gynoecia; pedicelli in medio spathacei-stipulo 1; pedicelli dense villosi albi. Soutai-ramuli graciles dense villosi alabi vel cinerei-brunnei. Aggregati-folliculi non visi.

Henan: Chang yuan Xian. Cult. 04-04-2005. T. B. Zhao et Z. X. Chen, No. 200504041 (flos, holotypus hic disighnatus, HNAC)、No. 200504045 (flos).

34. **异花玉兰**（世界玉兰属植物资源与栽培利用）（2013）

Yulania varians T. B. Zhao, Z. X. Chen et Z. F. Ren, sp. nov., 赵天榜、田国行等主编. 世界玉兰属植物资源与栽培利用. 289~292. 2013。

Species Yulania fragarigynandria T. B. Zhao, Z. X. Chen et H. T. Dai similis, sed verni-floribus 5-formis: ① tepalis 9 in qouque flore, spathuli-elliptica; ② tepalis 9 in qouque flore, extus 3 calycibus ca. 3 mm, ca. 2 mm latis; ③ tepalis 9 in qouque flore, extus 3 calycibus anguste lanceolatis membranaceis; ④ tepalis 12 in qouque flore, extus 3 calycibus lanceolatis membranaceis, 1.5~2.5 cm longis, 2~3 mm; ⑤ tepalis 11 in qouque flore, extus 3 calycibus lanceolatis membranaceis maximi-variantibus 0.3~6.5 cm longis 0.2~2.0 cm latis. Tepalis floribus 5-formis spathulati-ellipticiis vel spathulati-oblongis apice obtusis cum acumine vel acuminates basi cuneatis extus infra medium medietatibus laete purpureo-rubidis; disjuncte simplici-pistillis numerosis ovariis flavo-albis sparse pilosis. interdum 2-gynoeciis appositis in qouque flore, vel in staminibus disjuncte simplici-pistillis et staminis mixtis, vel filamentis laete rubellis et thecissubaequilongis. Gynandriis 2-formis: ① androeciis gynoecium aequantibus; ② gynoeciis androeciem superantibus. aestivi-floribus 3-formis: tepalis 5, 9, 12 in qouque flore, anguste spathuli-lanceolatis, involutis, carnosis. 3-floribus disjuncte simplici-pistillis ovariis glabris.

Arbor decidua. Ramuli brannei, cinerei-brannei, in juveniles flavo-virentes dense pubescentes post glabri vel sparse pubescentes. Folia elliptica vel obovati-elliptica 10.0~15.6 cm longa, 6.0~8.5 cm lata apice obtusa cum acumine vel obtusa rare basi cuneata supra viridia saepe sine pubescentes rare pubescentes costis sparse pubescentibus subtus cinerei-viridula sparse pubescentes costis et nervis lateralibus manifeste elevatis ad costam sparse pubescentibus; petioli 1.0~2.0 cm longi sparse pubescentes; cicatricibus stipularum longetudine 1/3 petiolorum partem aequantibus. Yulani-alabastra terminata longe ovoidea 1.8~2.5 cm longa diam. 2.0~2.5 cm lata; peruli-stipulis 3~4 in qouque, extrinsecus 1 extus dense pubescentibus atro-brunneis, tenuiter coriaceis, ante anthesin deciduis, cetero peruli-stipulis membranaceis extus dense villosis. Flores ante folia aperti. floribus 5-formis: ① tepalis 9 in qouque flore, spathuli-elliptica; ② tepalis 9 in quoque flore, extus 3 calycibus ca. 3 mm, ca. 2 mm latis; ③ tepalis 9 in quoque flore, extus 3 calycibus anguste lanceolatis membranaceis; ④ tepalis 12 in quoque flore, extus 3 calycibus lanceolatis membranaceis, 1.5~2.5 cm longis, 2~3 mm; ⑤ tepalis 11 in qouque flore, extus 3 calycibus lanceolatis membranaceis maximi-variantibus 0.3~6.5 cm longis 0.2~2.0 cm latis. Floribus 5-formis extus 3 tepalis habitibus, magnitudonibus et consistentiis magnopere variationibus, intus tepalis habitibus, magnitudonibus et consistentiis similaribus; spathulati-ellipticiis vel spathulati-oblongis apice obtusis cum acumine vel acuminates basi basi cuneata extus infra medium medietatibus laete purpureo-rubidis; stamina numerosa 1.0~1.3 cm longa extus purpurea filamentis 2~3 mm longis purpureis, thecis 1.0~1.3 cm longis lateraliter longitudinali-dehiscentibus, connectivis apice trianguste mucronatis purpureis. Gynoecia disjuncte carpelligera 2.0~2.5 cm longa, interdum 2-gynoeciis appositis in qouque flore, vel in staminibus disjuncte simplici-pistillis et staminis mixtis, vel filamentis laete rubellis et thecissubaequilongis; disjuncte simplici-pistillis numerosis ovariis flavo-albis sparse pilosis, stylis pallide purpureis; pedicelli et Soutai-ramuli dense villosi alabi. gynandriis 2-formis: ① androeciis gynoecium aequantibus; ② gynoeciis androeciem superantibus. aestivi-floribus 3-formis: ① tepalis 5 in qouque flore, anguste spathuli-lanceolatis, involutis 3.0~5.5 cm longis 4~6 mm latis, carnosis; ② tepalis 9 in quoque flore, petalioideis involutis 5.0~7.0 cm longis 4~16 mm latis, carnosis; ③ tepalis 12 in quoque flore, petalioideis involutis 5.0~7.0 cm longis 4~16 mm latis, carnosis; 3-floribus disjuncte simplici-pistillis ovariis glabris. Aggregati-folliculi non visi.

Henan: Zhengzhou. 22-03-2013. T. B. Zhao et Z. X. Chen, No. 201303222 (flos, holotypus hic disighnatus, HNAC).

35. **大别玉兰**(中国农学通报)

Yulania dabieshanensis T. B. Zhao, Z. X. Chen et H. T. Dai, sp. nov., 赵天榜、田国行等主编. 世界玉兰属植物资源与栽培利用. 306~308. 2013。

Species Yulania honanensi (B. C. Ding et T. B. Zhao) D. L. Fu similis, sed floribus solitariis terminatis. tepalis 9 in quoque flore, floribus 4-formis: ① tepalis 9 in quoque folre, extus 3 membranaceis sepaliodeis flavo-virentibus caducis; ② tepalis 9 extus 3 carnosis sepaliodeis persistentibus multiformibus extus apice carneis vel purple-rubris nitidis extus infra medium atro-purple-rubris intus purpurascentirubris; ③ tepalis 9 in quoque folre, extus 3 petaloideis carnosis longitudine ca. 2/3 intus tepalorum partem aequantibus, formibus et coloribus aeque intus tepalis; ④ tepalis 9 in quoque folre, petaloideis apice obtusis vel obtusis cum acumine in medio latissimis extus supar medium purparascenti-rubris costis et nervis atro-purple-rubris extus infra medium atro-purple-rubris intus carneis, nervis manifeste depressionibus supra rugatis, antheris et filamentis atro-prurple-rubris; stylis stigmatibusque purpurascenti-rubris.

Arbor decidua. cortex cinerceo-brunnei levigati. Ramuli hornotini viridia glabri, lenticellis ellipticis albis elevatis ruris, cicatricibus stipulis. Yulani-alabastra solitaria terminata ovoidea 1.5~2.0 cm longa diam. 7~13 mm apice obtusa cum acumine, peruli-stipulis 3~4, extus dense villosis cinere-brunneis. Folia ovata rare elliptica 9.0~1.50 cm longa 3.5~5.5 cm lata supra atro-viridia nitida, costis et nervis lateralibus initio sparse pubescentibus post glabris subtus pallide viridia costis et nervis lateralibus dense pubescentibus, apice acuta vel acuminata, basi cuneata margine integra interdum undulati-integra ciliata; petioli 1.5~2.0 cm longi. Flores ante folia aperti, diam 12~15 cm; tepala 9 in quoque folre, 4 formae; ① tepala 9 in quoque folre, extus 3 sepaliodeas membranacea triangula vel longe triangula 5~15 mm longa 3~5 mm lata flavo-viridula caduca, apice acuta vel acuminata intus petaloidea aeque ④ flores; ② tepala 9 in quoque folre, extus 3 sepaliodeas carnosa multiformia 1~1.5 cm longa ④ flores; ③ tepala 9 in quoque folre, extus 3 petaloidea 2.5~3.5 cm longa 1.2~2.5 cm lata, ea longitudine ca. 2/3 intus tepalorum partem aequantibus, formibus et coloribus aeque intus tepalis; ④ tepala 9 in quoque folre, petaloldea spathuli-oblonga vel spathuli-lati ovata 5.5~9.0 cm longa 2.5~4.5 cm lata, apice obtusa vel obtusa cum acumine, prope apicem latissima, extus supra medium purpurascenti-rubra nerviis atro-purple-rubris, infra medium atro-purple-rubra intus carnea nervis valde depressionibus rugosis. stamina numerosa 1.2~1.5 cm longa, antheris 9~11 mm longis, doraliter purpurascenti-rubris, thecis lateraliter longitudinali-dehiscentibus, connectivis apice trianguste mucronatis 1~1.5 mm longis filamentis subovatis 2.5~3.0 mm longis atro-purple-rubris; disjuncte simplici-pistillis numerosis flavo-virentibus, stylis stigmatibusque minute purpurascenti-ruberis, stylis minute involutis.

Henan: Mt. Jigongshan. 24-02-1999. T. B. Zhao et Z. X. Chen, No. 992241 (flos, holotypus hic disignatus, HNAC). Jigongshan. 18-07-1999. T. B. Zhao, No. 997181 (folia).

36. 两型玉兰（安徽农业科学）

Yulania dimorpha T. B. Zhao et Z. X. Chen，戴慧堂、李静、赵天榜等 河南《鸡公山木本植物图鉴》增补（Ⅱ）——河南玉兰两新种. 信阳师范学院 自然科学版，25（4）：482~485，489. 2012；赵天榜、田国行等主编. 世界玉兰属植物资源与栽培利用. 312. 2013。

Species Yulania wugangensis （T. B. Zhao，W. B. Sun et Z. X. Chen） D. L. Fu affinis, sed foliis 2 formis：① late ob-triangulatis，② subrotundatis，nervis lateralibus 5~6-jugis. Yulani-alabastris solitariis terminaticus，2 formis：① longe conoidei-ellipsoideis，② ovoideis. floribus 2 formis：① tepalis 9 in quoque flore，extus 3 sepaliodeis，intus 6 petaloideis apice rostellis marginantibus conspicue repandis，② tepalis 9 in quoque flore，petaloideis apice a-rostellis marginantibus minute repandis.

Arbor decidua. Ramuli cinerei-brunnei saepe glabri，in juventure flavo-virentes nitidi dense pubescentes post glabri. Folia crasse chartacea vel tenuiter coriacea，2 formae：① late ob-triangula 10.0~25.0 cm longa 11.0~15.0 cm lata supra atro-viridia nitida saepe glabra，costis minute recavis glabris subtus pallide viridia sparse pubescentibus costis et nervis lateralibus conspicue elevatis sparse villosis，nervis lateralibus 5~6-jugis，prope apicem latissimia，apice obtusa cum acumine basi late cuneata margine integra，in juventute dense pubescentes post glabra；petioli 1.0~3.0 cm longi flavo-virentes primo dense pubescentes post glabri vel persistentes；② subrotundata 10.0~25.0 cm longa 11.0~20.5 cm lata apice obtusa cum acumine basi cuneata，ceterum cum foliis late ob-triangulis aequantibus，stipulis dense villosis helvolis，cicatricibus stipularum longitudine 1/3 petiolorum partem aequantibus. Yulani-alabastra solitaria terminata，2 formae：① longe conoidei-ellipsoidea magna supra medium gradatim parva，longe acuminata minute curva 3.5~4.1 cm longa diam.1.3~1.5 cm apice obtusa prope basin abrupte minuta；② ovoidea parva 1.2~1.5 cm longa diam. 1.0~1.2 cm apice obtusa；peruli-stipulis 3~4（~5） extux dense cinerei-glandacei-villosis. Tepala 9 in qouque flore，2 formae：① tepala 9 in quoque flore，extus 3 sepaliodeia membranacea lanceolata deciduas 6~12 mm longa 2~3 mm lata rare 1.5~2.0 cm longa 4~6 mm lata intus 6 petaloidea spathuli-elliptica vel spathuli-rotundata 4.0~4.5 cm longa 3.5~4.5 cm lata rare 1.5~2.5 cm lata apice obtusa rostrato basi cuneata prope basin abrupte contracti-petioliformibus latis margine integra marginantia conspicue repanda extus basi pallide persicina；② tepalis 9 in quoque flore，petaloildea spathuli-elliptica vel spathuli-subrotundata 4.0~4.5 cm longa 3.5~4.5 cm lata rare 1.2~1.5 cm lata intus 6 petaloildea apice obtusa a-rostellato basi cuneata margine integra marginantia minute repanda extus basi sine pallidi-rubescentes；Stamina numerosa 1.2~1.5 cm longa filamentis 2~3 mm longis persicinis antheris 8~12 mm longis，thecis lateraliter longitudinali-dehiscentibus，connectivis apice purpurasceentibus triangusti-mucronatis；Gynoecia carplligera longe ovoidea virida 1.5~2.0 cm longa；simplici-pistillis numerosis ovariis glabris stylis et stigmatibuis cum thecis persicinis. Aggregati-folliculi cylindrici 15.0~20.0 cm longi diam. 3.0~5.0 cm glabri； Soutai-ramuli et pedunculi fructus villosis；folliculis subglobsis 1.2~1.5 cm longis diam. 8~12 mm glabris.

Henan：Xinyang Xian. Mt. Dabieshan. 25. 04. 1994. T. B. Zhao et Z. X. Chen，No.944251（flos，holotypus hic disignatus HEAC）.

37. 多型叶玉兰（世界玉兰属植物资源与栽培利用）（2013）

Yulania multiformis T. B. Zhao，Z. X. Chen et J. Zhao，sp. nov.，赵天榜、田国行等主编. 世界玉兰属植物资源与栽培利用. 314~316. 2013。

Species Yulania cyliadrica （Wils.） D. L. Fu similis，sed foliis multiformibus：

ob-ovatis, ovoideis, ovati-ellipicis, ellipicis, subobtriangustatis, supra viridiis glabris subtus cinerei-viridulis dense guttulis cinereis spasre pubeseentes costis et nervis lateralibus pubescentibus densioribus; foliis ellipticis in longe ramulis, apice saepe dimidiis obtusa alii-dimidiis tri-angustatis, foliis juvenilibus atro-purpureis. Floribus 2-formis: ① tepalis 9 in quoque flore, extus 3 sepaliodeis, intus 6 petaloideis basi truncatis; staminibus numerosis, thecis extus et apice pallide flavidi-albis; ② tepalis 11~12 in quoque flore, petaloildeis intus 3 anguste lanceolatis arcuatis involutis. staminibus thecis extus et apice pallide susroseis.

Arbor decidua. Ramuli cinerei-brunnei in juventure flavo-virentes dense pubescentes post glabri. Folia chartacea, multi-typi: ① ob-ovata 9.0~12.0 cm longa et 3.0~5.0 cm lata supra viridia saepe glabra, subtus pallide viridia dense guttula cinerea sparse pubescentibus costis et nervis lateralibus conspicue elevatis sparse villosis, nervis lateralibus 5~6-jugis, apice saepe dimidiis obtusa alii-dimidiis triangustatis basi cuneata margine integra, in juventute dense pubescentes post glabra; petioli 1.0~2.0 cm longi flavo-virentes primo dense pubescentes post glabri vel persistentes; ② ovoidea parva 1.2~1.5 cm longa et 1.0~1.2 cm tala apice obtusa; ③ ovati-ellipica, saepe dimidiis ellipica alii-dimidiis rotundata basi rotundata margine integra; ④ ellipica apice bipartita, bilobis half-ovatis apice obtusis; ⑤ subobtriangustata apice bipartita bilobis longe triangustata, 1 magnis, 1 parvis, lobis folium 1/2 longis subaequantibus, basi cuneata. Yulani-alabastra solitaria terminata, ellipsoidea 2.3~3.0 cm longa diam. 1.3~1.6 cm apice obtusa; primus peruli-stipulis extus dense cinerei-brunneis pubescentibus; secundus~tertius extus dense cinerei-albis villosis, interdum minime foliolis; spathacei-stipulis cinerei-fusci-brunneis extus laxe cinereis villosis. Yulani-alabastra 2-formae. Flores terminatrici, ante folia aperti. 2-flori-formae: ① tepala 9 in quoque flore, extus 3 sepaliodeia membranacea lanceolata deciduas 8~12 mm longa et 2~3 mm lata intus 6 petaloidea spathuli-elliptica vel spathuli-rotundata 6.0~10.0 cm longa et 3.5~4.5 cm lata alba apice obtusa basi cuneata margine integra extus basi pallide persicina; Stamina numerosa 8~15 mm longa pallide flavidi-alba filamentis 2~3 mm longis purpureo-rubrubris; Gynoecia carplligera cylindrica pallide virida 2.0~2.5 cm longa; disjuncte simplici-pistillis numerosis stylis et stigmatibuis minine subroseis. ② tepalis 11~12 in quoque flore, petaloildea intus verticillis spathuli-elliptica vel spathuli-subrotundata 6.0~10.0 cm longa et 3.5~4.5 cm lata apice obtusa vel obtusa cum acumine intus verticillis anguste lanceolata 3.0~7.0 cm et 1.2~1.5 cm lata arcuata involuta, apice triangusta basi unguibus, alba extus basi in medio laete purpuratis. Stamina numerosa 8~12 mm longa pallide flavidi-alba filamentis atro-purpureis antheris dorsalibus et apice minine pallide subroseis trimucronatis; Gynoecia carplligera longe cylindrica pallide virida 2.2~2.5 cm longa; disjuncte simplici-pistillis numerosis, stylis et stigmatibuis viriduli-albis; Soutai-ramula flavidi-viridibus dense cinerei-albisis sparse pubeseentes. Aggregati-folliculi ovoidea 7.0~10.0 cm longi diam. 4.0~5.5 cm subroseis; folliculis subglobsis 8~11 mm longis, flavo-virentibus.

Shandong: Qingdao. Henan Xinzheng. 25-04-2008. T. B. Zhao et Z. X. Chen, No.200804253 (fols, holotypus hic disignatus, HNAC). ibdim. 20-08-1997. T. B. Zhao et

Z. X. Chen，No.978201（folia，Yulani-alabastrum et Aggregati-follicule）.

四、玉兰属植物亚种拉丁文描述（5 亚种）

1. 玉兰属一新亚种（舞钢玉兰）　（1991）

Magnolia denudata Desr. subsp. *wugangensis* T. B. Zhao，J. Y. Chen et G. Y. Zhang，subsp. nov.，赵天榜等. 河南科技，增刊：41，1991.

Species M. denudate Desr. recedit floribus axillaribus solitariis niveis. tepalis：extus 3，lanceolitis，2~3.5 cm，longis，3~6 mm atis，apice acuminates；intus 6 spathulate longi-oblongis，7~9 cm longis，3~4 cm latis，apice obtusis，basi subrotundatis，margine interis，stamnibus flavidis，fiamentuis pallide punrreis.

Henan：Wugang. 23. 3. 1991. T. B. Zhao et al.，No.913232（Flos）. Typus in Herb. HAUC；15. 10. 1990. T. B. Zhao et al.，No. 9010152（fructus et folia）.

2. 肉萼罗田玉兰亚种（世界玉兰属植物资源与栽培利用）　（2013）

Yulania pilocarpa（Z. Z. Zhao et Z. W. Xie）D. L. Fu subsp. **carnosicalyx** T. B. Zhao et Z. X. Chen，subsp. nov.，fig. 9-33-1，赵天榜、田国行等主编. 世界玉兰属植物资源与栽培利用. 294~295. 2013。

Subspecies Yulania pilocarpa（Z. Z. Zhao et Z. W. Xie）D. L. Fu similis，sed Yulani-alabastris ad apicem. Floribus albis. tepalis 9~12 in quoque folre，exterius 3 sepaliodeia 8~13 mm longis rotundatis，non aeguilongis，carnosis intra tepalis majoribus supra minute sulcatis apice obtusis；stamina antheris flavidi-alabis，filamentis atro-purpureis，disjuncte simplici-pistillis glabris.

Arbor decidua. Ramuli rubri-brannei vel cinereo-brannei cylindrici pubescentes vel glabri，in juveniles pubescentes. Folia chartacei late ovata，ob-ovata vel longe ob-ovata 5.0~13.5 cm longa 4.0~7.5 cm lata apice retusa mucronata basi cuneata supra viridia costis basi frequenter pubescentibus，subtus viridula sparse pubescentes margine integra；petioli 1.0~2.0 cm longi pubescentes. Yulani-alabastra terminata. Flores ante folia aperti. Tepala 9~12 in quoque flore，3 sepaliodeas 8~13 mm rotundatis non aeguilongis，carnosis，intra tepalis majoribus spathulati-eiilpticis vel spathulati-ovatis 5.0~9.0 cm longa 3.5~7.0 cm lata extus alba basi pallide purpuple-rubri supra minute sulcatis apice obtusis；stamina numerosa 8~13 mm longa，antheris flavidi-alabis apice trianguste mucronatis filamentis atro-rubris. Gynandria cylindrica ca. 2.5 cm longa，disjuncte simplici-pistillis numerosa，ovariis glabris，stylis viridibus. Aggregati-folliculi non visi.

Henan：Zhengzhuo City. 10.04.2011. T. B. Zhao et Z. X. Chen，No.20080070411（folia et Aggregati-follicule，holotypus hic disignatus，HNAC）.

3. 毛舞钢玉兰亚种（世界玉兰属植物资源与栽培利用）　（2013）

Yulania wugangensis（T. B. Zhao，W. B. Sun et Z. X. Chen）D. L. Fu subsp. **pubescens** T. B. Zhao et Z. X. Chen，subsp. nov.，赵天榜、田国行等主编. 世界玉兰属植物资源与栽培利用. 310~311. 2013。

Subspecies Yulania wugangensi（T. B. Zhao，Z. X. Chen et W. B. Sun） D. L. Fu affinis，Yulani-alabastris solitariis terminaticus. Floribus 2 formis：① longe conoidei-ellipsoideis，② ovoideis. floribus 2 formis：① tepalis 9 in quoque flore，petaloideis extus infra medium pallide carneis，② tepalis 9 in quoque flore，petaloideis extus 1~3 anguste lanceolatis albis；simplici-pistillis ovariis dense pubescentibus.

Henan：Zhengzhou City. 28-03-2012. T. B. Zhao et Z. X. Chen，No.201203285（flos，holotypus hic disignatus，HNAC）.

4. **多变舞钢玉兰亚种**（世界玉兰属植物资源与栽培利用）　（2013）

Yulania wugangensis（T. B. Zhao，W. B. Sun et Z. X. Chen）D. L. Fu subsp. **varians** T. B. Zhao et Z. X. Chen，subsp. nov.，赵天榜、田国行等主编. 世界玉兰属植物资源与栽培利用. 311. 2013。

Subspecies Yulania wugangensi（T. B. Zhao，Z. X. Chen et W. B. Sun） D. L. Fu affinis，Yulani-alabastris solitariis terminaticus. Floribus multiformis：tepalis 9 in quoque flore，extus basi purple-rubris，extus 3 multivarintibus lanceolatis non aequilongis；simplici-pistillis ovariis glabis.

Henan：Zhengzhou City. 12-04-2010. T. B. Zhao et Z. X. Chen，No.20100413（flores，holotypus hic disignatus，HNAC）.

5. **白花鸡公玉兰**（世界玉兰属植物资源与栽培利用）　（2013）

Yulania jigongshanensis（T. B. Zhao，D. L. Fu et W. B. Sun）D. L. Fu subsp. **Alba** T. B. Zhao，Z. X. Chen et L. H. Song，subsp. nov. ，赵天榜、田国行等主编. 世界玉兰属植物资源与栽培利用. 297~298. 2013。

Subspecies Yulania jigongshanensis（T. B. Zhao，D. L. Fu et W. B. Sun）D. L. Fu subsp. Jigongshanensis similis，sed Foliis：① obovatis supra medium latissimis apice obtusis cum acumine vel accisis basi cuneatis；② obtriangulariis apice obtusis cum acumine infra medium anguste cuneatis；③ rotundatis apice obtusis cum acumine vel retusis basi rotundatis；④ foliis valde variis apice obtusis，obtusis cum acumine，accisis vel mucronatis basi late cuneatis vel subrotundatis. Yulani-alabastris terminatis ovoideis peruli-stipulis 4~5，extus dense villosis fulvi-brunneis. tepalis 9 in quoque folre，exterius 3 sepaliodeia 1.0~1.3 cm longis 3~5 mm，albis membranaceis lanceatis，intus 6 petaloideis late spathulati-ovatis 7.0~9.0 cm longis 4.0~5.0 cm latis apice obtusis albis，vel obtusis cum acumine plerumque involutis albis extus infra medium laete arto-purple-rubris saepe 4~5-nervis apicem；disjuncte simpilici-pistillis glabris.

Henan：Zhengzhou City. 2013-03-15. T. B. Zhao et Z. X. Chen，No. 201303155（flos，holotypus hic disignatus，HNAC）. ibid. T. B. Zhao et al.，No. 201306233.

五、玉兰属植物变种、变型拉丁文描述（49 变种、1 变型）

1. **长叶玉兰**（1911）

Magnolia denudata，Desr. var. elongata Rehder & Wilson，n. var. in C. S. Sargent，

Plantae Wilsonianae. Vol. I. 402. 1911.

Arbor 12~15-metralis, trunco ambitu 1~2 m., ramis erecto-patulis. Folia glabra, oblongo-obovata, breviter subito acuminata, basi cuneata, 12~15 cm. longa et 4.5~6 cm. lata. Flores albi, fragrantes, sepala petalaque oblongo-obovata v. spathulato-oblonga, 7~9 cm. longa et 2~4 cm. lata; stamina 1.5~1.8 cm. longa, filamentis 4~6 mm. longis rubris, connective apice elongate acuto; gynaecium cum parte staminifera 3~3.5 cm. longum, stigmatibus quam in typo longioribus. Fructus ut in typo.

Western Hupeh: Chagyang Hsien, woodlands and open country, alt. 1 000~1 200 m., April and September 1907（No.345, type）; same locality, April 1901（Veitch Exped. No.444）.

2. 塔形玉兰（河南农学院学报）（1983）

Magnolia denudata Desr. var. ***pylamidalis*** T. B. Zhao et Z. X. Chen, var. nov., 丁宝章、赵天榜等. 河南木兰属新种和新变种. 河南农学院学报，4：11. 1983。

A typo recedit pyramidali, ramis a trunco sub angulis 25~30 divergentibus. Tepalis 9, extuspurpurscentibus intus albis, basi angustatis.

Henan（河南）：Zheng-Zhou-Shi（郑州市）. 30. Ⅻ. 1983, T. B. Zhao et al.（赵天榜等）, 838715、83872, Typus of Herb. Henan College of Agriculture Conservatus.

3. 窄被玉兰（河南农业大学学报）（1985）

Magnolia denudata Desr. var. ***angustitepala*** T. B. Zhao et Z. S. Chun, var. nov., 丁宝章、赵天榜等. 中国木兰属植物腋花、总状花序的首次发现和新分类群. 河南农业大学学报，19（4）：363. 1985。

A typo recedit floris albis, tepalis 1.0~2.0 cm latis, margine undulates.

Henan（河南）: 15. VI. 1984. T. B. Zhao et al., No. 8843151、843512 flores. Typus in Herb. Henan Agricultural Conservatus（模式标本，存河南农业大学）.

4. 毛玉兰（武汉植物学研究）（2004）

Yulania denudata（Desr.）D. L. Fu var. *pubescens* D. L. Fu, T. B. Zhao et G. H. Tian, var. nov., Fig. 1：1~2，田国行、傅大立、赵天榜等. 玉兰属一新变种. 武汉植物学研究，24（3）：261~262：2004。

A typo recedit disjuncte simplici-pistillia[3] dense vel sparse pubescentibus; folliculis dense cinerascentibus variolis.

Henan: Mt. Funiushan and Dabieshan. Zhengzhou. 08. 03. 2001. T. B. Zhao et al., No.200103081（flos, holotypus hic disignatus, HNAC）. Loco dicto. 08. 28. 2001. T. B. Zhao et al., No.200108281（folia, simili-alabastrum et syncarpium）.

5. 毛被玉兰（世界玉兰属植物资源与栽培利用）（2013）

Yulania denudata（Desr.）D. L. Fu var. **maobei** T. B. Zhao et Z. X. Chen, var. nov., 赵天榜、田国行等主编. 世界玉兰属植物资源与栽培利用. 203. 2013。

A typo recedit extra tepalis infra medium pubescebtibus albis.

Henan: Xinzheng City. 26-03-2003. T. B. Zhao et al., No.200303268（flos, holotypus hic disignatus, HNAC）.

6. **多被玉兰**（安徽农业学报）（2008）

Yulania denudata（Desr.）D. L. Fu var. **multitepala** T. B. Zhao et Z. X. Chen，var. nov.，赵天榜、田国行等主编. 世界玉兰属植物资源与栽培利用. 201. 2013；孙军等. 玉兰种质资源与分类系统的研究. 安徽农业学报，36（5）：1826. 2008。

A typo recedit tepalis 12~18 in quoque flore，albis vel extra infra medium purpureis，purple-rubris vel striatis purple-rubris.

Henan：Zhengzhou City. 05-04-2003. T. B. Zhao et al.，No.200304051（flos，holotypus hic disignatus，HNAC）.

7. **鹤山玉兰**（世界玉兰属植物资源与栽培利用）（2013）

Yulania denudata（Desr.）D. L. Fu var. **heshanensis**（Law et R. Z. Zhou）T. B. Zhao et Z. X. Chen，var. transl. nov.，赵天榜、田国行等主编. 世界玉兰属植物资源与栽培利用. 201~202. 2013；*Magnolia heshanensis* Law et R. Z. Zhou ined. 刘玉壶主编. 中国木兰. 72~73. 彩图（绘）. 彩图 4 幅. 2004；孙军等. 玉兰种质资源与分类系统的研究. 安徽农业学报，36（5）：1826. 2008。

A typo recedit gemmis villosis albis. supra ad costam sparse curvi-villosis，subtus sparse curvi-villosis.

Hunan：Baiyunshan. Holotypus：?（flos，holotypus hic disignatus，SCIB）.

8. **白花玉兰**（世界玉兰属植物资源与栽培利用）（2013）

Yulania denudata（Desr.）D. L. Fu var. **alba** T. B. Zhao et Z. X. Chen，var. nov.，赵天榜、田国行等主编. 世界玉兰属植物资源与栽培利用. 202. 2013。

A typo recedit tepalis 9 in quoque flore，albis；simplici-pistillis laete viridibus glabris.

Henan：Zhengzhou City. T. B. Zhao et D. L. Fu，No.200704231（flos，holotypus hic disignatus，HNAC）.

9. **黄花玉兰**（植物研究）（2006）

Magnolia denudata Desr. var. ***flava*** T. B. Zhao et Z. X. Chen，var. nov.，田国行等. 玉兰新分类系统的研究. 植物研究，26（1）：35. 2006。

A typo recedit floribus flavis vel flavudis. tepalis 9 in quoque flore，tepalis spathuli-ovatis apice obtusis.

Henan：Nanzhao Xian. 15-04-1999. T. B. Zhao，No.19910415（flos，holotypus hic disignatus，HNAC）.

10. **豫白玉兰**（安徽农业学报）（2008）

Yulania denudate（Desr.）D. L. Fu var. **yubaiyulan** T. B. Zhao et Z. X. Chen，var. nov.，赵天榜、田国行等主编. 世界玉兰属植物资源与栽培利用. 202. 2013；孙军等. 玉兰种质资源与分类系统的研究. 安徽农业学报，36（5）：1827. 2008。

A typo recedit tepalis 9 in quoque flore，albis；simplici-pistillis ovariis laete viridibus dense pubescebtibus albis，stylis et stigmatibus pallide albia minute purpurascentibus revolutis.

Henan：Zhengzhou City. T. B. Zhao et D. L. Fu，No.200504051（flos，holotypus hic disignatus，HNAC）.

11. **白花紫玉兰**（世界玉兰属植物资源与栽培利用）（2013）

Yulania liliflora（Desr.）D. L. Fu var. **alba** T. B. Zhao et Z. X. Chen，var. nov.，赵天榜、田国行等主编. 世界玉兰属植物资源与栽培利用. 253~254. 2013。

A typo recedit tepalis 9 in quoque flore，6 petalis albis extus basi pallide persicis.

Henan：Jigongshan. T. B. Zhao，No. 8 （flos，holotypus hic disignatus，HNAC）.

12. **小蕾望春玉兰**（河南木兰属新种和新变种）（1983）

Magnolia biondii Pamp. var. ***parvialabastra*** T. B. Zhao，Y. H. Ren et J. T. Gao，var. nov.，丁宝章、赵天榜等. 河南木兰属新种和新变种. 河南农学院学报，18（4）：8. 1983。

A typo recedit planta dense ramulosa et foliis dense ramilis dillergentibus. ramulis juvenilibus pubscentibus. Gamma parvis，apice sinistroris，parvialabastro ovatis minoribus 1.64 cm longis，apice acuminates dense sericee villosis. Foliis alternis submembranaceis oblongo-elliptilis 6.1~12.5 cm longis，4.0~5.8 cm latis，apice acutis vel acuminates，basi cuneatis，potiolis dense pubescentibus.

Henan（河南）：Nanzhao-Xian（南召县）. 10. VI. 1983. T. B. Zhao et al.（赵天榜等），83671、83672，Typus in Herb. Henan College of Agriculture Conservatus（模式标本，存河南农学院）；……

13. **桃实望春玉兰**（河南农学院学报）（1983）

Magnolia biondii Pamp. var. ***ovata*** T. B. Zhao et T. X. Zhang，var. nov.，丁宝章、赵天榜等. 河南木兰属新种和新变种. 河南农学院学报，18（4）：9~10. 1983。

A typo recedit gammis oblongis majoribus，apice alternatim siniseteris et volubilibus；alabastro majoribus 2.5~3.0 cm longis，late ovatis. foliis alternis longe oblongis 12.0~19.5 cm longis et 3.7~8.6 cm latis；petiolis dense pubescentibus. floriis dam. 11.4~20.2 cm，petalis 9，3 exterioris minoribus，intrinsceum 2-serielus petaliodeis，extus purpureis，intus albis.

Henan（河南）：Lushan-Xian（鲁山县）. 10. VI. 1983. T. B. Zhao et al.（赵天榜等），83815、838162，Typus of Herb. Henan College in Agriculture Conservatus（模式标本，存河南农学院）.

14. **紫色望春玉兰**（河南农学院学报）（1983）

Magnolia biondii Pamp. var. ***purpura*** T. B. Zhao，S. Y. Wang et Y. C. Qiao，var. nov.，丁宝章、赵天榜等. 河南木兰属新种和新变种. 河南农学院学报，18（4）：10.1983。

A typo recedit foliis roridceis，obovatis vel oblongis. Tepalis 9，3-exferioris minoribus linearibus，6 interioris obovatis majoribus purpurscentibus，Staminis et gynoeciis purpurscentibus.

Henan（河南）：Lushan-Xian（鲁山县）. Y. C. Qiao et al.，0005、0006，Typus in Herb. Henan College of Agriculture Conservatus（模式标本，存河南农学院）.

15. **紫望春玉兰**（植物研究）（1984）

Magnolia biondii Pamp. f. ***purpurascens*** Law et Gao，f. nov.，刘玉壶、高增义. 河南木兰属新植物. 植物研究，1984，4（4）：192。

A typo tepalis purpuris differt.

Henan: Nanzhao Xian. Yunyang in sylvis. alt. 400~800 m. Mart. 12. 1983, Gao Zeng-yi 0122（Typus in Herb. Henan Inst. Bio.）; eod. loco, Sept. 8. 1981, Gao Zeng-yi Mart. 1981. 003，0022; eod. Loco Sept. 5. 1983. Tang Shi-an 0597.

16. 黄花望春玉兰（植物研究）（1985）

Magnolia biondii Pamp. var. ***flava*** T. B. Zhao，J. T. Gao et Y. H. Ren，var. nov.，丁宝章、赵天榜等. 中国木兰属植物腋花、总状花序的首次发现和新分类群. 河南农业大学学报，19（4）: 362~363. 1985。

A typo recedit tepalis flavis.

Henan（河南）: 15. VI. 1985. T. B. Zhao et al.，No. 855207，855208，84019. flores. Typus in Herb. Henan Agricultural University Conservatus（模式标本，存河南农业大学）.

17. 平枝望春玉兰（河南农学院学报）（1983）

Magnolia biondii Pamp. var. ***planities*** T. B. Zhao et Y. C. Qiao，var. nov.，丁宝章、赵天榜等. 河南木兰属新种和新变种. 河南农学院学报，18（4）: 10~11，1983。

A typo recedit palnta sparse ramulosa et foliosa，ramisao trnco sub 80°~90° divergentibus. Ramulis et foliis sparis，subplanis.

Henan（河南）: Yu-Xian（禹县）. 10. XI. 1983，T. B. Zhao et al.（赵天榜等），83815、838162，Typus of Herb. Henan College of Agriculture Conservatus.

18. 宽被望春玉兰（河南农业大学学报）（1985）

Mgnolia biondii Pamp. var. ***llatitepala*** T. B. Zhao et J. T. Gao，var. nov.，丁宝章、赵天榜等. 中国木兰属植物腋花、总状花序的首次发现和新分类群. 河南农业大学学报，19（4）: 363. 1985。

A typo recedit tepalis majoribus late obovatis，3~4 cm latis subtus purpuris.

Henan（河南）: 7. VI. 1985. T. B. Zhao et J. T. Gao，No. 85471，85472. flores，Typus of Herb. Henan Agriculture Conservatus（模式标本，存河南农业大学）.

19. 狭被望春玉兰（植物研究）（2007）

Yulania biondii（Pamp.）D. L. Fu var. ***angutitepala*** D. L. Fu，T. B. Zhao et D. W. Zhao，var. nov.，傅大立、赵天榜等. 河南玉兰属两新变种. 植物研究，27（4）: 16~17. 2007。

A var. recedit foliis elllipticis apiceobtusis cum acumine. tepalis 9 in quoque flore，extus 3 sepaliodeis caducis intus 6 lanceolatis 5.0~6.5 cm longis 0.8~1.3(~1.5)cm latis albis extyra prope basin minute purpurascentibus.

Henan: Mt. Dabieshan. Jigongshan. 20. 03. 2001. T. B. Zhao，No.200103201（flos，holotypus hic disignatus，HNAC）. ibid. 21. 09. 2002. T. B. Zhao，No.200209211（folia et Yulanı-alabastrum）（non peruli-alabastrum）.

20. 健凹叶玉兰（1911）

Magnolia Sargentiana，var. ***robusta*** Rehder & Wilson，n. var. in C. S. Sargent，Plantae Wilsonianae. Vol. I. 399. 1911.

A typo recedit foliis longioribus et angustioribus oblongo-obovatis 14~21 cm. longis et 6~8.5 cm. latis. fructu majore 12~18 cm. longo, carpellis ytrinque breviter rotratis 15~18 mm. longis.

Western Szech'uan: Wa-shan, woodlands and open country, alt. 2300 m., September 1908 (No. 923[a]; tree 12 m. tall, 1.30 m. girth).

21. 富油望春玉兰（世界玉兰属植物资源与栽培利用）（2013）

Yulania biondii (Pamp.) D. L. Fu var. ***fuyou*** D. L. Fu et T. B. Zhao, var. nov., 赵天榜、田国行等主编. 世界玉兰属植物资源与栽培利用. 262~263. 2013。

A var. recedit foliis obovati-elllipticis, basi cuneatis utrinque obliquis. floribus poculiformibus; tepalis 9~11 in quoque flore, extus sepaliodeis intus tenuiter carnosis spathuli-ellipticis.

Henan: Zhengzhou. 06-03-2001. D. L. Fu, No.0103061(flos, holotypus hic disignatus, HNAC).

22. 拟莲武当玉兰（世界玉兰属植物资源与栽培利用）（2013）

Yulania sprengeri (Pamp.) D. L. Fu var. ***pseudonelumbo*** T. B. Zhao, Z. X. Chen et D. W. Zhao, var. nov., 赵天榜、田国行等主编. 世界玉兰属植物资源与栽培利用. 189. 2013。

A typo recedit foliis ob-ovatis parvioribus apice obtusis cum acumine basi cuneatis. tepalis 12~17 in quoque flore, anguste ellipticis apice bveviter acuminatis extus laete persicinis intus albis lacteis, staminibus et filamentis purpureo-rubris; disjuncte simplici-pistillis stylis et stigmatibus persicinis.

Henan: Zhengzhou. 15-04-2003. T. B. Zhao et al., No. 200304151 (flos, holotypus hic disignatus, HNAC).

23. 多被多花玉兰（世界玉兰属植物资源与栽培利用）（2013）

Yulania multiflora(M. C. Wang et C. C. Min) D. L. Fu var. ***multitepala*** D. L. Fu et T. B. Zhao, var. nov., 赵天榜、田国行等主编. 世界玉兰属植物资源与栽培利用. 234~235. 2013。

A var. foliis ellpticis. vel ob-ovatis.Yulani-alabastris parvis termmatis axillaribusque, peruli-stipulis 4~5 extremum 1 nigri–brunneis extus pubescentibus densioribus intus extus dense villosis flavidi-albis. tepalis 9~14 in quoque flore, extremam peruli-stipulis extus basi dense villosis flavidi-albis; ovariis disjuncte simplici-pistillis sparse pubescentibus.

Sichuan: Chengdou City. 9-10-2000. D. L. Fu, No. 2000904。Anqing: 3-03-2001. D. L. Fu, No. 2000 9104 (fols, holotypus hic disignatus, HNAC).

24. 变异日本辛夷（世界玉兰属植物资源与栽培利用）（2013）

Yulania kobus (DC.) Spach var. ***variabilis*** T. B. Zhao et Z. X. Chen, var. nov., 赵天榜、田国行等主编. 世界玉兰属植物资源与栽培利用. 272. 2013。

A typo recedit tepalis 9 in quoque flore, extus 3 sepaliodeis membranceis anguste lanceolatis 0.8~1.2 cm longis et 2 mm latis, intra 6 petaloideis tenuiter carnosis albis interdum extus basin purpureo-rubris ad costas purpureo-rubris prope apicem; androeciis gynoecia carpelligeris superantibus；pedicellis glabris apicem 1 annulatim villosis albis. Soutai-ramulis glabris.

Henan：Xinzheng City. 26-03-2008. T. B. Zhao et al.，No. 200803267（flos，holotypus hic disignatus，HNAC）.

25. **白花黄山玉兰**（世界玉兰属植物资源与栽培利用）（2013）

Yulania cylindrica（Wils.）D. L. Fu var. ***alba*** T. B. Zhao et Z. X. Chen，var. nov.，赵天榜、田国行等主编. 世界玉兰属植物资源与栽培利用. 286. 2013。

A typo recedit Yulani-alabastris majoribus，peruli-stipulis secundis et intus peruli-stipulis extus dense villosis nigri-brunneis. tepalis 12 in quoque flore，tepalis albis，basi extus rare dilute subreseis.

Henan：Jigongshan. 020-03-2001. T. B. Zhao et Z. X. Chen，No.200103205（folia，holotypus hic disignatus，HNAC）.

26. **狭叶黄山玉兰**（世界玉兰属植物资源与栽培利用）（2013）

Yulania cylindrica（Wils.）D. L. Fu var. ***angustifolia*** T. B. Zhao et Z. X. Chen，var. nov.，赵天榜、田国行等主编. 世界玉兰属植物资源与栽培利用. 287. 2013。

A var. cylindrica deffert ramulis juvenilibus pubescentibus. foliis anguste ellipticis 10.3~17.3 cm longis 5.3~8.0 cm latis apice acuminatis basi cuneatis；petiolis 1.5~2.5 cm longis. tepaloideis albis extus basi in medio purpurascentibus，non unguibus.

Henan：Mt. Dabieshan. Jigongshan. 10-09-2000. T. B. Zhao，No.200009105（folia，holotypus hic disignatus，HNAC）.

27. **狭被黄山玉兰**（世界玉兰属植物资源与栽培利用）（2013）

Yulania cylindrica（Wils.）D. L. Fu var. ***angustitepala*** T. B. Zhao et Z. X. Chen，var. nov.，赵天榜、田国行等主编. 世界玉兰属植物资源与栽培利用. 287. 2013。

A var. cylindrica deffert tepalis 10~15 in qouque flore，petaloideis 7~12 ellipticis et lanceolatis，variantibus，rugosis 3.0~6.5 cm longis 4~25 mm latis albis extus basi carneis；androeciis gynoecum subaequantibus.

Henan：Zhengzhou. 31-03-2012. T. B. Zhao et Z. X. Chen，No.201203311（fos，holotypus hic disignatus，HNAC）.

28. **白花宝华玉兰**（世界玉兰属植物资源与栽培利用）（2013）

Yulania zenii（Cheng）D. L. Fu var. ***alba*** T. B. Zhao et Z. X. Chen，var. nov.，赵天榜、田国行等主编. 世界玉兰属植物资源与栽培利用. 223. 2013。

A var. recedit foliis ovatis apice obtusis cum acumine basi rotundatis. tepalis 9 in quoque flore，albis apice obtusis basi cuneato-angustatis.

Henan：Jigongshan. 28-03-2001. T. B. Zhao et al. No. 200103281（flos，holotypus hic dısıgantus，HNAC）.

29. **紫基伏牛玉兰**（河南农业大学学报）（1985）

Magnolia funiushanensis T. B. Zhao，J. T. Gao et Y. H. Ren var. ***purpurea*** T. B. Zhao et J. T. Gao，var. nov.，丁宝章、赵天榜等. 中国木兰属植物腋花、总状花序的首次发现

和新分类群. 河南农业大学学报，19（4）：362~363. 1985。

A typo recedit tepalis prope basin purpureis.

Henan（河南）：15. VI. 1985. T. B. Zhao et al.. No. 855218，855219. flores. Typus in Herb. Henan Agricultural University Conservatus（模式标本，存河南农业大学）.

30. 腋花望春玉兰（河南农学院学报）（1983）

Magnolia biondii Pamp. var. ***axilliflora*** T. B. Zhao，T. X. Zhang et J. T. Gao，var. nov.，丁宝章、赵天榜等. 中国木兰属植物腋花、总状花序的首次发现和新分类群. 河南农学院学报，4：8~9. 1983。

A typo recedit foliis alternis，coriaceis，ellipticis usque ad oblongis，8~24 cm longis et 3~10 cm latis，petiolis dense pubescentibus. alabastris axillaris et apicalibus majoribus ovatis，majoribus. Floribus majoribus 10~19 cm，tepalis 9，raro 8，10，11，3 exterioris，minoribus 1~1.5 cm longis，inaequabiibus，intrinsecum 2-seiebus petaloideis，4.9~9.0 cm longis，1.6~3.0 cm latis，extus purpureis，intus albis.

Henan（河南）：Nanzhao-Xian（南召县）. 15. VIII. 1983. T. B. Zhao et al.，83815，838162. Typus in Herb. Henan College of Agriculture Conservatus（模式标本，存河南农学院）；……

31. 猴背子望春玉兰（河南农学院学报）（1983）

Magnolia biondii Pamp. var. ***multialabastra*** T. B. Zhao，J. T. Gao et Y. H. Ren，var. nov.，丁宝章、赵天榜等. 中国木兰属植物腋花、总状花序的首次发现和新分类群. 河南农学院学报，4：8~9. 1983。

A typo recedit foliis alternis，coriaceis，oblongis usque ad oblongo-ellipticis，apice acutis vel acuminates，basi rotundatis raro cuneatis，petiolis dense pubescentibus. alabastro ovatis majoribus initio in bractea spathoidea uniea indluso，bractea ad peduneulo intervallo manifesto sub flore insertum，interior 1-gemmi-florali，intime 2~4-gemmi-floralibus.

Henan（河南）：Nanzhao-Xian（南召县）. Tian-Qiao. 10. VI. 1982. T. X. Zhang et al.（张天锡等），82910、82911. Typus in Herb. Henan College of Agriculture Conservatus（模式标本，存河南农学院）.

32. 白花腋花玉兰（河南农学院学报）（1985）

Magnolia axilliflora（T. B. Zhao，T. X. Zhang et J. T. Gao）D. L. Fu var. ***alba*** T. B. Zhao，Y. H. Ren et J. T. Gao，丁宝章、赵天榜等. 中国木兰属植物腋花、总状花序的首次发现和新分类群. 河南农业大学学报，19（4）：360~361. 1985。

A typo recedit patelis albis.

Henan（河南）：15. III. 1985. T. B. Zhao，J. T. Gao et al.，No. 854151， 854152. flores（花）. Typus in Herb. Henan Agriculture Conservatus（模式标本，存河南农业大学）.

33. 多被腋花玉兰（河南农业大学学报）（1985）

Magnolia axilliflora（T. B. Zhao. T. X. Zhang et J. T. Gao）T. B. Chao var. ***multitepala*** T. B. Zhao，Y. H. Ren et J. T. Gao，var. nov.，丁宝章、赵天榜等. 中国木兰属植物腋花、总状花序的首次发现和新分类群. 河南农业大学学报，19（4）：361. 1985。

A typo recedit axilliflores，tepalis 9~12.

Henan（河南）：T. B. Zhao，Y. H. Ren et J. T. Gao. 20. vi. 1985. No. 855201，855471. flores. Typus in Herb. Henan Agricultural University Conservatus（模式标本，存河南农业大学）.

34. 椭圆叶罗田玉兰（河南玉兰属两新变种）（2007）

Yulania pilocarpa（Z. Z. Zhao et Z. W. Xie）D. L. Fu var. ***ellipticifolia*** D. L. Fu，T. B. Zhao et J. Zhao，var. nov.，Plate 1：C，D.，傅大立、赵天榜等. 河南玉兰属两新变种. 植物研究，27（4）：16~17. 2007。

A typo recedit ramulis gracilibus flexuosis dense pubescentibus post glabris. Foliis parvis ellipticis rare ob-triangulis subtus pubescentibus densioribus. Floribus parvis intra tepalis 6 petaloidibus albis 5.0~7.0 cm longis 2.0~3.2 cm latis.

Henan：Mt. Funiushan. Xinzheng City. 23. 03. 2002. T. B. Zhao et al.，No.200203231（flos, holotypus hic disignatus, HEAC）; ibid. 21. 09 2002. T. B. Zhao et al., No. 200209211（folia，ramulus et peruli-alabastrum（Yulani-alabastrum）（non peruli-alabastrum）.

35. 宽被罗田玉兰（世界玉兰属植物资源与栽培利用）（2013）

Yulania pilocarpa（Z. Z. Zhao et Z. W. Xie）D. L. Fu var. ***latitepala*** T. B. Zhao et Z. X. Chen，var. nov.，赵天榜、田国行等主编. 世界玉兰属植物资源与栽培利用. 293. 2013。

A typo recedit floribus albis. tepalis 9 in quoque flore，extus 3 calyciformibus，intus petalioideis albis late spathuli-ovatis vel spathuli-rotundatia 4.5~5.0 cm longis et 3.0~4.0 cm latis.

Henan：Changyuan Xian. 02-04-2008. T. B. Zhao，No.200804025（flos，holotypus hic disignatus，HNAC）.

36. 紫红花肉萼罗田玉兰（世界玉兰属植物资源与栽培利用）（**2013**）

Yulania pilocarpa（Z. Z. Zhao et Z. W. Xie）D. L. Fu subsp. ***purpule-rubra*** T. B. Zhao et Z. X. Chen var purpureo-rubra T. B. Zhao et Z. X. Chen，var. nov.，赵天榜、田国行等主编. 世界玉兰属植物资源与栽培利用. 295~296. 2013。

A typo recedit foliis ob-ovatis. floribus purpule-rubris. tepalis 9 in quoque flore，extus 3 calyciformibus carnosis purpureo-rubidis longis 1.0~1.5 cm.

Henan：Changyuan Xian. 07-04-2007. T. B. Zhao et Z. X. Chen，No.200704075（flos，holotypus hic disignatus，HNAC）.

37. 白花肉萼罗田玉兰（世界玉兰属植物资源与栽培利用）（2013）

Yulania pilocarpa（Z. Z. Zhao et Z. W. Xie）D. L. Fu subsp. ***alba*** T. B. Zhao et Z. X. Chen var alba T. B. Zhao et Z. X. Chen，赵天榜、田国行等主编. 世界玉兰属植物资源与栽培利用. 296. 2013。

A typo recedit foliis ob-ovatis. floribus albis. tepalis 9 in quoque flore，extus 3 calyciformibus carnosis vel inaequalibus albis longis et latis 1.0 cm，intus 6 petaloideis albis spathulati-oblongis；ovariis glabris.

Henan：Changyuan Xian. 07-04-2007. T. B. Zhao et Z. X. Chen，No.200704078 （flos，holotypus hic disignatus，HNAC）.

38. 多被多花玉兰（世界玉兰属植物资源与栽培利用）（2013）

Yulania multiflora（M. C. Wang et C. C. Min）D. L. Fu var. ***multitepala*** D. L. Fu et T. B. Zhao，var. nov.，赵天榜、田国行等主编. 世界玉兰属植物资源与栽培利用. 234~235. 2013。

A var. foliis ellpticis. vel ob-ovatis.Yulani-alabastris parvis termmatis axillaribusque，peruli-stipulis 4~5 extremum 1 nigri-brunneis extus pubescentibus densioribus intus extus dense villosis flavidi-albis. tepalis 9~14 in quoque flore，extremam peruli-stipulis extus basi dense villosis flavidi-albis；ovariis disjuncte simplici-pistillis sparse pubescentibus.

Sichuan：Chengdou City. 10-9-2000. D. L. Fu，No. 009104. Anqing：3-3-2001. D. L. Fu，No. 200103032（fols，holotypus hic disignatus，HNAC）.

39. 玉灯玉兰（广西植物）（1993）

Magnolia denudata Desr. var. ***pyriformis*** T. D. Yang et T. C. Cui，var. nov.，杨廷栋等. 玉兰的一新变种. 广西植物，13（1）：7. 1993。

Differt haec varietas a var. dendata foliis majoribus，crassis，rotundis，flore pyriforme，tepalis 12~20（~28）.

Shannxi：Xian City. Xian Botanical Garden. alt. 450 m. July 4. 1990. T. C. Cui 1249（Typus，Herbarium of Xan Botanical Garden）.

40. 多油舞钢玉兰（世界玉兰属植物资源与栽培利用）（2013）

Yulania wugangensis（T. B. Zhao，W. B. Sun et Z. X. Chen）D. L. Fu var. ***duoyou*** T. B. Zhao，Z. X. Chen et D. X. Zhao，var. nov.，赵天榜、田国行等主编. 世界玉兰属植物资源与栽培利用. 309. 2013。

A var. recedit Yulani-alabastris terminatricis，axillarybus et caespitosis. Florentibus facile laesis frigidis. volatili-oleis continentibus 10.0% in Yulani-alabastris.

Henan：Changyuan Xian. 10. 04. 2007. T. B. Zhao et D. X. Zhao，No.200704106（Yulani-alabastra，holotypus hic disignatus HNAC）.

41. 三型花舞钢玉兰（世界玉兰属植物资源与栽培利用）（2013）

Yulania wugangensis（T. B. Zhao，W. B. Sun et Z. X. Chen）D. L. Fu var. ***triforma*** T. B. Zhao et Z. X. Chen，var. nov.，赵天榜、田国行等主编. 世界玉兰属植物资源与栽培利用. 309~311. 2013。

A var. recedit floribus，3-formis：① tepalis 6 in quoque flore，extus 3 sepaliodeis carnosis inordinatis intus 6 petaloideis late spathuli-ovatis albis；② tepulis 9 in quoque flore，petalioideis late elliptici-ovatis albis apice obtusis cum acumine extus basi in medio minime subroseis；③ tepulis 9 in quoque flore，petalioideis late elliptici-ovatis albis apice obtusis cum acumine.

Henan：Changyuan Xian. 10. 04. 2007. T. B. Zhao et Z. X. Chen，No.200704108（flores，holotypus hic disignatus，HNAC）.

42. 紫花舞钢玉兰（世界玉兰属植物资源与栽培利用）（2013）

Yulania wugangensis（T. B. Zhao，W. B. Sun et Z. X. Chen）D. L. Fu var. ***purpurea***

T. B. Zhao et Z. X. Chen，var. nov.，赵天榜、田国行等主编. 世界玉兰属植物资源与栽培利用. 310. 2013。

A typo recedit floribus dichroantnis：① tepalis 9 in quoque flore，extus 3 lancedatis membranaleis sepaliodeis，purpurascentibus 1.2~1.7 cm longis，intus 6 rare 7 petalioideis anguste ellipticis purpurascentibas extus infra medium atro-purpureis intus pallidi-purpureis vel purpureis；② tepulis 9 rare 8 in quoque flore，petalioideis anguste ellipticis pallidi-purpureis vel purpureis. Staminis，filamentis et stylis purpurascentibus.

Henan：Xinyang Xian. 25-04-1994. T. B. Zhao et al.，No.944251（flora，holotypus hic disignatus，HNAC）.

43. 燕尾奇叶玉兰（世界玉兰属植物资源与栽培利用）（2013）

Yulania mirifolia D. L. Fu，T. B. Zhao et Z. X. Chen var. ***bifurcata*** D. L. Fu，var. nov.，赵天榜、田国行等主编. 世界玉兰属植物资源与栽培利用. 240. 2013。

A typo recedit foliis oblongis apice bifurcates similiter caudatis Hirundo rustica Linnaeus.

Sichuan：Chengdu City. 09-10-2000. D. L. Fu，No.20009108（folia，holotypus hic disignatus，HEAC）.

44. 琴叶青皮玉兰（世界玉兰属植物资源与栽培利用）（2013）

Yulania viridula D. L. Fu，T. B. Zhao et Z. X. Chen var. ***pandurifolia*** T. B. Zhao et D. W. Zhao，var. nov.，赵天榜、田国行等主编. 世界玉兰属植物资源与栽培利用. 227~228. 2013.

A typo recedit foliis panduratis apice obtusis basi subrotundatis；petiolis gracilibus saepe pendulis. foliis juvenilibus laete purpureis subtus caespitosi-villosis albis in nerve-axillis. tepalis 18 in quoque flore，tepalis et staminibus cum ovariis laete persicinis.

Henan：Xinzheng City. 20-04-2003. T. B. Zhao et Z. X. Chen，No.200304201（flos，holotypus hic disignatus，HNAC）.

45. 多瓣青皮玉兰（世界玉兰属植物资源与栽培利用）（2013）多瓣木兰（中国木兰）

Yulania viridula D. L. Fu，T. B. Zhao et Z. X. Chen var. ***multitepala***（Law et Q. W. Zeng）T. B. Zhao et Z. X. Chen，赵天榜、田国行等主编. 世界玉兰属植物资源与栽培利用. 228~229. 2013；*Magnolia glabrata* Law et R. W. Zhou var. *multitepala* Law et Q. W. Zeng ined.，刘玉壶主编. 中国木兰. 62. 彩图 2 幅. 2004。

A typo recedit gemmis et Yulani-alabastris villosis albis. foliis juvenilibus purple-rubris ellipticis vel obvatiiellpticis. 24~30 in quoque flore，extus basi purple-rubris supra medium neveris purpurscebtibus intus albis. stylis longioribus ovarium aequantibus.

Locus natalis：Hunan，Hubei. Locus classicus，collector and numerus ignota（holotypus hic disignatus，SCIB）.

46. 多瓣红花玉兰（植物研究）（2006）

Magnolia wufengensis I. Y. Ma et L. R. Wang var. ***multitepala*** L. Y. Ma et L. R. Wang， var. nov.，fig. 1，马履一、王罗荣等. 中国木兰科木兰属一新变种. 植物研究，26（5）：516~519. fig. 1. 3. 彩片. 2006。

Affine var. wufengensi sed tepalis 12，15，18，vel 24，late obovato-cochleariformis，obovato-cohleariformis vel anguste obovato-cochleariformis，flori-bus versioloribus，cinnabarinis，rubellis vel rutilis，inter individua diversis. Individual fera fecunda fructis multiseminis.

Hubei（湖北）：Wufeng（五峰）. L. Y. Ma（马履一），L. R. Wang（王罗荣），He Sui Chao（贺随超）et Liu Xin（刘鑫）.（Flos）. No. 45627，（Hobtypus，BJFC）；No.45628，No.45629 No.45630（Paratypus，BJFC）.

47. 狭被信阳玉兰（世界玉兰属植物资源与栽培利用）（2013）

Yulania xinyangensis T. B. Zhao，Z. X. Chen et H. T. Dai var. ***angutitepala*** T. B. Zhao et Z. X. Chen，var. nov.，赵天榜、田国行等主编. 世界玉兰属植物资源与栽培利用. 242. 2013。

A var. recedit foliis ob-ovatis. Yulani-alabastris 2-formis. Flores terminati，ante folia aperti. tepalis 6~9 in quoque flore，2-flori-formis：① tepalis 6 in quoque flore；② tepulis 9 in quoque flore，petalioideis anguste elliptici-spathulatis 10.0~12.5 cm longis 2.5~3.5 cm latis apice obtusis vel obtusis cum acumine basi ca. 1.0 cm latis purpurascentibis；staminibus numerosis filamentis 5~6 mm longis antheris 5~7 mm longis；disjuncte simplici-pistillis numerosis ovariis cinereo-viridulis 2~3 mm longis sparse pubescentibus，stylis 5~7 mm longis retortis vel revolutis；pedicellis viridulis dense pubescentibus apicem annulatim villosis；Soutai-ramulis dense villosis.

Henan：Zhengzhou Xian. 01. 04. 2004. T. B. Zhao，No.200404011（fols，holotypus hic disignatus HNAC）. ibdin. 15. 09 2004. T. B. Zhao et al.，No.200409153（folia，Yulani-alabastrum）.

48. 变异莓蕊玉兰（世界玉兰属植物资源与栽培利用）（2013）

Yulania fragarigynandria T. B. Zhao，Z. X. Chen et H. T. Dai var. ***variabilis*** T. B. Zhao et Z. X. Chen，var. nov.，赵天榜、田国行等主编. 世界玉兰属植物资源与栽培利用. 238. 2013。

A var. recedit tepalis（6~）9~11 in quoque flore，petaliodeis 5.0~7.0 cm longis，2.0~3.5 cm latis，extus infra medium in medio laete purple-ruberis vel costas et nervis purple-ruberis prope apicem；Staminibus propriis 1~2 in quoque flore，laete purple-rubris. Pedicellis et Soutai-ramulis dense villosis albis.

Henan：Changyuan Xian. 24-03-2009. T. B. Zhao et al.，No.200903245（flos，holotypus hic disignatus，HNAC）.

49. 白花多型叶玉兰（世界玉兰属植物资源与栽培利用）（2013）

Yulania multiformis T. B. Zhao，Z. X. Chen et J. Zhao var. ***alba*** T. B. Zhao et Z. X. Chen，var. nov.，赵天榜、田国行等主编. 世界玉兰属植物资源与栽培利用. 316. 2013。

A var. recedit foliis ob-ovatis vel ellipticis，subtus dense guttula. Yulani-alabastris 2-formis. tepalis 6 vel 9 in quoque flore，2-formis：① tepalis 6 in quoque flore，extus 3 sepaliodeis，intus 6 petaloideis；② tepulis 9~10 in quoque flore，petalioideis elliptici-spathulatis apice obtusis vel obtusis cum acumine basi cuneata. Petaloideis albis extus basi minine subroseis.

Henan：Jigongshan. 010. 04. 2001. T. B. Zhao，No.200104101 （fols，holotypus hic disignatus HNAC）. ibdin. 10. 09 2001. T. B. Zhao et Z. X. Chen，No.200109103 （folia，Yulani-alabastrum）.

50 簇花怀宁玉兰（世界玉兰属植物资源与栽培利用）（2013）

Yulania huainingensis D. L. Fu，T. B. Zhao et S. M. Wang var. ***caespes*** D. L. Fu，var. transl. nov.，赵天榜、田国行等主编. 世界玉兰属植物资源与栽培利用. 221. 2013；傅大立. 2001. 辛夷植物资源分类及新品种选育研究（D）. 中南林学院博士论文。

A typo recedit 1~4-floribus caespitosis terminatis vel axillaribus，pedcellis et ovariis glabris，minime pubescentibus.

Anhui：Huaining Xian. 03-03-2001. D. L. Fu，No. 200103032（flos，holotypus hic disignatus，HNAC）.

附录

附录1 玉兰属、亚属、组、亚组、系名称、学名索引

（异学名斜体及名称附后）

朱砂玉兰亚属 subgen. × Zhushayulania （W. B. Sun et T. B. Zhao） Z. B. Zhao et Z. X. Chen　3，6，16

朱砂玉兰组 sect. × Zhushayulania （W. B. Sun et T. B. Zhao） D. L. Fu　2，3，4，16

朱砂玉兰亚组 subsect. × Zhushayulania （W. B. Sun et T. B. Zhao） T. B.Zhao et Z. X. Chen　4，16

多亲本朱砂玉兰亚组 subsect. × multiparens T. B. Zhao et Z. X. Chen　4，17

不知多亲本玉兰组 sect. × ignotimultiparens T. B. Zhao et Z. X. Chen　4，18

Magnolia Linn.　1，11

Yulania Spach sect. *Carnosa* D. L. Fu（北川玉兰组）　9

Magnolia Linn. subgen. *Yulania* （Spach） Reichenbach 木兰属玉兰亚属　1，2，6

sect. *Yulania* （Spach） Dandy 玉兰组　1，2，8

sect. *Yulania* （（Spach） Dandy） W. B. Sun et Zhao 玉兰组　2，8

sect. *Yulania* Y. L. Wang 亚洲组 白玉兰组　3，7，8，9

subsect. *Yulania* Y. L. Wang 玉兰亚组 白玉兰亚组　3，7

subsect. *Mutitepala* Y. L. Wang 武当玉兰亚组　3，7

Magnolia Linn. subgen. *Pleurochasma* Dandy 玉兰属　6，1

Lassonia Buc'hoz 玉兰属　1

Kubus Kaempfer ex Salisury　玉兰属　1

Tulipastram Spach 渐尖玉兰属　1

Magnolia Linn. sect. *Tulipastrum* Y. L. Wang 美洲组　3，6~7，12

Magnolia Linn. sect. *Tulipastrum* （Spach） Dandy 渐尖玉兰组 紫玉兰组 木兰组　2，11，12

sect. *Tulipastrum* （（Spach） Dandy） Sun et Zhao 渐尖玉兰组　2，12

subsect. *Tulipastrum* （Spach） Dandy 渐尖玉兰亚组　1，12

sect. *Buergeria* （Sieb. & Zucc.） Dandy 望春玉兰组　1

sect. *Buergeria* （Sieb. & Zucc.） Baillon 望春玉兰组　13

subsect. *Buergeria* （Sieb. & Zucc.） Dandy 望春玉兰亚组　2

Y. L. Wang　3，7，13

Yulania Spach sect. *Buergeria* （Sieb. & Zucc.） D. L. Fu 望春玉兰组　2，13

sect. *Buergeria* （Sieb. & Zucc.） Dandy 望春玉兰组　2

Buergeria Sieb. & Zucc.　1，13

Buergeria （Sieb. & Zucc.） Dandy 望春玉兰组　1，13

Yulania Spach sect. Axilliflora （B. C. Ding et T. B. Zhao） D. L. Fu　腋花玉兰亚组　2，14

Magnolia Linn. sect. *Axilliflora* B. C. Ding et T. B. Zhao 腋花玉兰组　腋花玉兰派　1，2，14，111

Magnolia Linn. Subgen. *Magnolia* Linn. sect. *Cylindrica* S. A. Spongbr. 黄山玉兰组　1，15

subsect. *Cylindrica* （S. A. Spongbr.） Noot. 黄山玉兰亚组　2，15

黄山玉兰亚组 subsect. Cylindraca Y. L.Wang　3，7，15

Yulania Spach subsect. *Trimophaflora* （B. C. Ding et T. B. Zhao） D. L. Fu，T. B. Zhao 河南玉兰亚组　2，15

Magnolia Linn. sect. *Trimophaflora* B. C. Ding et T. B. Zhao 河南玉兰组　河南玉兰派　2，15，111

Yulania Spach sect. *Wugangyulaniae* T. B. Zhao，D. L. Fu et Z. X. Chen 舞钢玉兰组　2

附录2　玉兰属植物种、亚种、变种名称索引

附录3　玉兰属植物种、亚种、变种名称与学名索引

（按学名种加词词首 a b……顺序，亚种、变种学学名名称）

附录 4　玉兰属植物种、亚种、变种异学名、名称索引

（按异学名种加词词首 a、b、c……顺序排列）

附录5 玉兰属植物种、亚种、变种名称、学名、异学名索引

（按笔画进行种的名称排列，亚种、变种名称纳入其内，种、亚种、变种学名正体排列，其异名斜体排列）

var. *pyramidalis* T. B. Zhao et Z. X. Chen 塔形玉兰　31，142

'Sawadas Pink'　96

Magnolia conspicua Spach var. *purpurascens* Maxim. 淡紫玉兰　31

var. *purpurascens* sensu Bean 淡紫玉兰　31

Magnolia sperengeri Pamp. var. *elongata*（Rehd. & Wils.）Johnstone 白花湖北木兰　31

var. *elongata*（Rehd. & Wils.）A. W. Hiller 白花湖北木兰　31

var. *elongata*（Rehd. & Wils.）Stapf 白花湖北木兰　32

Magnolia elongata Millais　白花湖北木兰　32

Magnolia heshanensis Law et R. Z. Zhou 鹤山玉兰　32

Gwillimia Yulan（Desf.）C. de Vos 白玉兰　30

Yulania conspicua（Salisb.）Spach 白玉兰　30

Yulania sprengeri（Pamp.）D. L. Fu var. *elongata*（Rehd. & Wils.）D. L. Fu et T. B. Zhao 白花玉兰

Lassonia heptapeta Buc'hoz 白玉兰 玉兰　30

石人玉兰 Yulania shirenshanensis D. L. Fu et T. B. Zhao　75，127

北川玉兰 Yulania carnosa D. L. Fu et D. L. Zhang　38，126

凹叶玉兰 Yulania sargentiana（Rehd. & Wils.）D. L. Fu　22

凹叶玉兰 var. sargentiana　23

健凹叶玉兰 var. robusta（Rehd. & Wils.）T. B. Zhao et Z. X. Chen　23

Magnolia sargentiana Rehd. & Wils. 凹叶木兰　23，114

var. *robusta* Rehd. & Wils. 健凹叶玉兰　23，146

Magnolia denudata Desr. var. *emarginata* Pamp. 凹叶木兰　23

Magnolia emarginata（Finet & Gagnep.）Cheng 凹叶木兰　23

Magnolia conspicua Salisb. var. *emarginata* Finet & Gagnep. 凹叶木兰　23

伊丽莎白玉兰 Yulania × elizabeth（E. Sperber）D. L. Fu　94

Magnolia × elizabeth E. Sperber 伊丽莎白玉兰　94

Magnolia 'Elizabeth' 伊丽丽莎白玉兰

红花玉兰 Yulania wufengensis（L. Y. Ma et L. R. Wang）T. B. Zhao et Z. X. Chen　27

红花玉兰　var. wufengensis　28

多瓣红花玉兰 var. multitepala（L. Y. Ma et L. R. Wang）T. B. Zhao et Z. X. Chen　28

Magnolia wufengensis L. Y. Ma et L. R. Wang 红花木兰　27，124

var. *multitepala* L. Y. Ma et L. R. Wang 多瓣红花玉兰　28，152

红鹳玉兰 Yulania × flamingo（Ph. J. Savage）T. B. Zhao et Z. X. Chen　94

Magnolia 'Flamingo' 红鹳玉兰　94

安详玉兰 Yulania × serene（F. Jury）T. B. Zhao et Z. X. Chen　97

Magnolia 'Serene' 安详玉兰　97

安徽玉兰 Yulania anhueiensis T. B. Zhao，Z. X. Chen et J. Zhao　78，132

托德玉兰 Yulania × todd's-forty-niner（B. Dodd）T. B. Zhao et Z. X. Chen　102

Magnolia 'Todd's Forty Niner'. 托德玉兰　102

参考文献

二画

丁宝章，王遂义，高增义. 1981. 河南植物志（第一册）[M]. 郑州：河南人民出版社.

丁宝章，赵天榜、陈志秀，等. 1983. 河南木兰属新种和新变种[J]. 河南农学院学报，4：6~11.

丁宝章，赵天榜、陈志秀，等. 1985. 中国木兰属植物腋花、总状花序的首次发现和新分类群[J]. 河南农业大学学报，19（4）：356~363.

丁宝章，赵天榜. 1985. 辛夷良种——腋花望春玉兰[J]. 科普田园，8：16~17.

三画

马惠芬，司马永康，项伟. 2001. 天目木兰的挥发性化学成分[J]. 云南林业科技，4：65~67.

马履一，王罗荣. 2006. 中国木兰科木兰属一新种[J]. 植物研究，26（1）：4~6.

马履一，王罗荣，贺随超，等. 2006. 中国木兰科木兰属一新变种[J]. 植物研究，26（5）：516~519.

四画

中华人民共和国卫生部药典委员会. 1992. 中华人民共和国药典（一）[M]. 北京：人民卫生出版社.

中国林业科学研究院主编. 1983. 中国森林昆虫[M]. 北京：中国林业出版社.

中国科学院西北植物研究所编著. 1974. 秦岭植物志（第一卷）. 种子植物（第二分册）[M]. 北京：科学出版社.

中国科学院中国植物志编辑委员会. 1996. 中国植物志（第三十卷 第一册）[M]. 北京：科学出版社.

中国科学院植物研究所主编. 1983. 中国高等植物图鉴（第一册）[M]. 北京：科学出版社.

中国科学院昆明植物研究所主编. 2006. 云南植物志（第十六卷）[M]. 北京：科学出版社.

中国科学院武汉植物研究所编著. 1976. 湖北植物志（第一卷）[M]. 武汉：湖北人民出版社.

中国树木志编辑委员会. 1987. 中国主要树种造林技术[M]. 北京：农业出版社.

中国科学院西北植物研究所主编. 1989. 中国珍稀濒危植物[M]. 上海：上海教育出版社.

中岛淳子. 1983. 辛夷的抗变态反应作用成分. 国外医学•中医中药分册[M]. 5（3）：184.

王飞罡. 1986. 一年多次开花的长春二乔玉兰[J]. 植物杂志，4：29.

王飞罡. 2000. 红运玉兰. 品种权号 20000007.

王飞罡. 2000. 华夏木兰，美化全球——木兰属花木新品种选育推广简介[J]. 中国花卉，87~89.

王志卉. 1998. 玉兰溢清香[J]. 中国花卉报，1998（59）.

王亚玲. 2006. 玉兰亚属的研究[J]. 西北农林科技大学学报，21（3）：37~41.

王亚玲，杨廷栋. 1999. 玉兰育种研究初报[J]. 西北植物学报，19（50）：14~16.

王亚玲，崔铁成，王伟，等. 1998. 西安地区木兰属植物引种、选育与应用[J]. 植物引驯化集刊，12：34~38.

王亚玲，马延康，张寿洲，等. 2002. 玉兰亚属植物形态变异及种间界限探讨[J]. 西北林学院学报，21（3）：37~40.

王亚玲. 2003. 玉兰亚属的研究[D]. 西北农林科技大学硕士论文.

王明昌，闵成林. 1992. 陕西木兰属一新种[J]. 西北植物学报，12（1）：85~86.

王意成主编. 2007. 最新图解木本花卉栽培指南[M]. 南京：江苏科学技术出版社.

王遂义主编. 1974. 河南树木志[M]. 郑州：河南科学技术出版社.

王建勋，杨歉，赵杰，等. 2008. 朱砂玉兰品种资源及繁育技术[J]. 安徽农业学报，36(4)：1424~1425.

王聚平主编. 2009. 河南适生树种栽培技术[M]. 郑州：黄河水利出版社.

王守正主编. 1994. 河南省经济植物病害志[M]. 郑州：河南科学技术出版社.

五画

卢颖. 2007. 药用花卉——玉兰花[J]. 中华养生保健，6：45.

卢炯林，余学友，张俊朴主编. 1998. 河南木本植物图鉴[M]. 北京：新世纪出版社.

丛生. 1987. 北京几株古老的二乔玉兰[J]. 植物杂志，4：8~9.

冯志丹，杨绍增，王达明. 1998. 云南珍稀树木[M]. 北京：中国世界语出版社.

冯述清等主编. 1989. 名花栽培[M]. 郑州：中原农民出版社.

田国行，傅大立，赵东武，等. 2006. 玉兰属植物资源与新分类系统的研究[J]. 中国农学通报，22（5）：405~411.

田国行，傅大立，赵天榜. 2004. 玉兰属一新变种[J]. 武汉植物学研究，24（3）：261~262.

田国行，傅大立，赵天榜，等. 2006. 玉兰新分类系统的研究[J]. 植物研究，26（1）：35~36.

《四川植物志》编辑委员会编. 1981. 四川植物志（第一卷）[M]. 成都：四川科学技术出版社.

史作宪，赵体顺，赵天榜，等主编. 1988. 林业技术手册[M]. 郑州：河南科学技术出版社.

六画

华北树木志编写组主编. 1984. 华北树木志[M]. 北京：中国林业出版社.

朱长山，杨好伟. 1994. 河南种子植物检索表[M]. 兰州：兰州大学出版社.

朱光华译. 杨亲二，俸宇星校. 2001.《国际植物命名法规》（圣路易斯法规 中文版）[M]. 北京：科学出版社.

刘玉壶主编. 2004. 中国木兰 Magnolias of China[M]. 北京：科学技术出版社.

刘玉壶，周仁章. 1987. 中国木兰科植物及其濒危种类引种繁育研究初报[C]//中国植物学会植物园协会.植物引种驯化集刊，5：39~41.

刘玉壶. 1984. 木兰科分类系统的初步研究[J]. 植物分类学报，22（2）：89~109.

刘玉壶，夏念和，杨惠秋. 1995. 木兰科（Magnoliaceae）的起源、进化和地理分布[J]. 热带亚热带植物学报，3（4）：1~12.

刘玉壶，高增义. 1984. 河南木兰属新植物[J]. 植物研究，4（4）：189~194.

刘秀丽. 2011. 中国玉兰种质资源调查及亲缘关系的研究[D]. 北京林业大学博士论文.

刘荷芬. 2008. 玉兰属植物起源与地理分布[J]. 河南科学，26（8）：924~927.

刘运爱，周长山，高增义. 1984. 望春玉兰花蕾和嫩枝挥发油的成分研究[J]. 中草药，15（4）：23.

闫双喜，赵天榜，刘国彦. 1998. 河南木兰属玉兰亚属植物数量分类的研究[J]. 河南林业科技，18（4）：5~10.

江苏植物研究所编. 1982. 江苏植物志（下册）[M]. 南京：江苏科学技术出版社.

祁棠才. 1996. 渐危树种——凹叶玉兰[J]. 植物杂志，1：封三.

祁振声. 1985. 莹洁清丽的玉兰树[J]. 云南林业，1：30.

孙士元，任宪威主编. 1997. 河北树木志[M]. 北京：中国林业出版社.

孙军，赵东武，赵东欣，等. 2008. 望春玉兰品种资源与分类系统的研究[J]. 安徽农业学报，36(22)：9492~9493,9501.

孙军，赵东欣，傅大立，等. 2008. 玉兰种质资源与分类系统的研究[J]. 安徽农业学报，36（22）：1826~1829.

孙卫邦，周俊. 2004. 中国木兰科植物分属新建议[J]. 云南植物研究，26（2）：139~147.

邢福武主编. 2008 中国的珍稀植物[M]. 长沙：湖南教育出版社.

任海主编. 2006. 珍奇植物[M]. 乌鲁木齐：新疆科学技术出版社.

向其柏，臧德奎，孙卫邦翻译. 2006. [M]7. 国际栽培植物命名法规. 北京：中国林业出版社.

西南林学院，云南省林业厅编著. 1988. 云南树木图志（上册）[M]. 昆明：云南科技出版社.

七画

张子明，乔应常. 1982. 紫玉兰[J]. 植物杂志，4：25.

张启泰，冯志舟，杨增宏. 1988. 奇花异木[M]. 北京：中国世界语出版社.

张启翔主编. 2007. 中国观赏园艺研究进展（2007）[M]. 北京：中国林业出版社.

张宝贵. 2007. 北京的玉兰[J]. 大自然，2：61.

张宝棣编著. 2006. 木本花卉栽培与养护图说[M]. 北京：金盾出版社.

张绍波. 1985. 宜威东山乡古木兰[J]. 云南林业，4：23.

张冀，姜卫兵，翁忙玲. 2009. 论玉兰属树种及其在园林绿化上的应用[J]. 中国农学通报，25(11)：128~132.

张鑫，毛多斌，张峻松，等. 2008. 辛夷不同部位化学成分的对比研究[J]. 郑州轻工业学院学报，14（3）：24~26.

张晓芳. 2003. 望春玉兰的研究[D]. 河南农业大学硕士毕业论文.

陈涛，张宏达. 1996. 木兰科植物地理学分析[J]. 武汉植物学研究，14（2）：141~145.

陈汉斌，郑亦津，李法曾主编. 1997. 山东植物志（下册）[M]. 青岛：青岛出版社.

陈封怀主编. 1987. 广东植物志（第一册）[M]. 广州：广东科技出版社.

陈嵘著. 1937. 中国树木分类学[M]. 南京：京华印书馆.

陈植. 1981. 观赏树木学[M]. 北京：中国林业出版社.

陈建业，安利波，赵天榜，等. 2013. 木兰属等 3 属植物的芽种类、结构与成枝规律研究[J]. 中国农学通报，22（5）：405~411.

李书心主编. 1988. 辽宁植物志（上册）[M]. 沈阳：辽宁科学技术出版社.

李时珍. 1957. 本草纲目[M]. 北京：人民卫生出版社影印.

李秀生等主编. 1990. 药用和观赏植物病虫害防治[M]. 北京：气象出版社.

李恒，郭辉军，刀志灵主编. 2000. 高黎贡山植物[M]. 北京：科学出版社.

李淑玲，戴丰瑞主编. 1996. 林木良种繁育学[M]. 郑州：河南科学技术出版社.

吴其濬（清）. 1959. 植物名實圖考長編[M]. 上海：商务印书馆.

吴其濬（清）. 1959. 植物名實圖考[M]. 上海：商务印书馆.

吴征镒主编. 1985. 西藏植物志（第一卷）[M]. 北京：科学出版社.

吴征镒，路安民，汤彦承，等. 2003. 中国种子植物科属综论[M]. 北京：科学出版社.
汪宁，武祖发，朱荃. 2005. 玉兰花蕾最佳采收期[J]. 中药材，28（12）：1054.
宋留高，陈志秀，傅大立，等. 1998. 河南木兰属特有珍稀树种资源的研究[J]. 河南林业科技，18（13）：3~7.
宋留高，傅大立，赵镇萍，等. 1991. 紫花玉兰两新栽培变种[J]. 河南科技，增刊：41~42.
杨廷栋，崔铁成. 1996. 珍稀木兰科植物的引种及新品种选育研究. [M]//：秦巴山区生物资源开发利用及保护研究[M]. 西安：陕西科学技术出版社.
杨廷栋，崔铁成. 1993. 玉兰的一新变种[J]. 广西植物，13（1）：7.
杨廷栋，崔铁成. 1996. 珍稀木兰科植物的引种及新品种选育研究[M]//秦巴山区生物资源开发利用及保护研究[M]. 西安：陕西省科学技术出版社.
八画
国家林业局国有林场和林木种苗工作总站. 2001. 中国木本植物种子[M]. 北京：中国林业出版社.
河北植物志编辑委员会. 1986. 河北植物志（第 1 卷）[M]. 石家庄：河北科学技术出版社.
武全安主编. 1999. 中国云南野生花卉[M]. 北京：中国林业出版社.
郑万钧主编. 1983. 中国树木志（第一卷）[M]. 北京：科学出版社.
郑万钧. 1934. 凹叶玉兰 *Magnolia emarginata*（Finet & Gagnep.）Cheng[J]. 中国植物学杂志，1：298.
郑万钧. 1933. 宝华玉兰 *Magnolia zenii* Cheng[J]. 中国科学院生物研究所丛刊，8：291，fig 20.
郑万钧. 1934. 天目玉兰 *Magnolia amoena* Cheng[M], in Biol. Lab. Science Soc. China, Bot. Ser. [J] 9：280~281.
和继祖供稿. 1987. 玉兰二次开花[J]. 植物杂志，6（10）：封三.
金红，郭保生，刘彬. 2005. 河南省玉兰属新分布记录[J]. 中国农学通报，9：613~614.
赵天榜，孙卫邦，陈志秀，等. 1999. 河南木兰属一新种[J]. 云南植物研究，2（2）：170~172.
赵天榜，陈志秀，傅大立，等. 1994. 河南木兰属 9 种植物过氧化物同工酶分析[J]. 生物数学学报，9（3）：85~92.
赵天榜，陈志秀，曾庆乐，等编著. 1992. 木兰及其栽培[M]. 郑州：河南科学技术出版社，8~45.
赵天榜，陈志秀，杨凯亮. 1990. 望春玉兰幼龄树体结构规律[J]. 河南林业科技，2：16~20.
赵天榜，陈建业，张贯银，等. 1991. 玉兰一新亚种[J]. 河南科技，增刊：41.
赵天榜，陈志秀，张万庆，等. 1991. 望春玉兰叶面积公式测算的研究[J]. 河南科技，增刊：82~88.
赵天榜，陈志秀，焦书道，等. 1993. 河南辛夷新优品种及快繁技术[J]. 河南林业科技，3：21~23.
赵天榜，陈志秀，焦书道，等. 1993. 河南辛夷优良无性系简介[J]. 河南科技，8：32~34.
赵天榜，陈志秀，戴丰瑞，等. 1991. 河南辛夷良种推广技术经验[J]. 河南科技，增刊：90~92.
赵天榜，陈志秀，焦书道. 1993. 河南辛夷种质及品种资源的研究. [C]//中国植物学会. 中国植物学会六十周年年会学术报告及论文摘要汇编. 北京：中国科技出版社.
赵天榜，郑同忠，李长欣，等主编. 1994. 河南主要树种栽培技术[M]. 郑州：河南科学技术出版社.
赵天榜，傅大立，孙卫邦，等. 2000. 中国木兰属一新种[J]. 河南师范大学学报，26（1）：62~65.
赵天榜，高炳振，傅大立，等. 2003. 舞钢玉兰芽种类与成枝成花规律的研究[J]. 武汉植物学研究，21（1）：81~90.

赵天榜，田国行，傅大立，等. 2013. 世界玉兰属植物资源与开发利用[M]. 北京：科学技术出版社.

赵中振，谢万宗，沈节. 1987. 药用辛夷一新种及一变种的新名称[J]. 药学学报，22(10)：777~780.

赵东武. 2005. 河南玉兰亚属植物的研究[D]. 河南农业大学硕士毕业论文.

赵东武，赵东欣. 2008. 河南玉兰亚属植物种质资源与开发利用的研究[J]. 安徽农业科学，36(22)：9488~9491.

赵东欣，孙军，赵东武. 2008. 玉兰属植物特异特征的新发现[J]. 安徽农业学报，36(16)：6737~6739.

赵东欣，赵文杰，卢奎. 2008. 玉兰属 20 种. 植物过氧化物同工酶的研究[J]. 河南师范大学学报，36（5）：139~142.

赵东欣，卢奎. 2010. 两产地伊丽莎白玉兰的辛夷挥发油化学成分[J]. 信阳师范大学学报，23(1)：72~74.

赵东欣，傅大立，赵天榜. 2008. 玉兰属 35 种植物形态特征性状的排序研究[J]. 安徽农业科学，22（4）：327~328.

赵东欣，卢奎. 2011. 黄花玉兰辛夷挥发油的化学成分分析[J]. 应用化学，28 增刊：330~331.

赵东欣，卢奎. 2011. 腋花玉兰辛夷挥发油的化学成分分析[J]. 应用化学，28 增刊：332~333.

周长山，唐世安，崔波，等. 1984. 河南辛夷主产区辛夷资源考察研究[J]. 河南科学，4：84~92.

九画

南京林学院树木学教研组编. 1956. 树木学（上册） [M]. 北京：农业出版社.

贺士元，邢其华，尹祖堂. 1989. 北京植物志（上册） 修订版[M]. 北京：北京出版社.

贺善安主编. 1989. 中国珍稀植物[M]. 上海：上海科技出版社.

贺随超. 2008. 红花玉兰形态变异居群与种间关系研究 [D]. 北京林业大学博士论文.

胡先骕著. 1995，经济植物手册 上册 第二分册 [M]. 北京：科学出版社.

十画

徐来富主编.2006. 贵州野生木本花卉[M]. 贵阳：贵州科技出版社.

郭春兰，黄蕾蕾. 1992. 湖北药用辛夷一新种[J]. 武汉植物学研究，10（4）：325~327.

浙江植物志编辑委员会编. 1992. 浙江植物志 第二卷. 木麻黄科—樟科[M]. 杭州：浙江科学技术出版社，327~334.

高炳振. 2002. 二乔玉兰品种资源初报[J]. 河南林业科技，22（4）：32.

十一画

黄山风景区管理委员会. 2006. 黄山珍稀植物[M]. 北京：中国林业出版社.

黄桂生，焦书道，陈志秀，等. 1991. 河南辛夷品种资源的调查研究[J]. 河南科技，增刊：28~33.

黄海欣. 1991. 望春玉兰形态变异观察研究[J]. 武汉植物学研究，19（4）：395~387.

龚洵，数跃芝，杨志云. 2001. 木兰科植物的杂交亲和性[J]. 云南植物研究，23（3）：339~344.

十二画

傅大立. 2001. 玉兰属的研究[J]. 武汉植物学研究，19（3）：191~198.

傅大立，田国行，赵天榜. 2004. 中国玉兰属两新种[J]. 植物研究，24（3）：261~264.

傅大立，Dong-Lin ZHANG，李芳文，等. 2010. 四川玉兰属两新种[M]. 植物研究，30(4)：385~389.

傅大立，赵天榜，赵东武，等. 2007. 河南玉兰属两新变种[J]. 植物研究，27（5）：525~526.

傅大立. 2001. 辛夷植物资源分类及新品种选育研究[D]. 中南林学院博士论文.

傅大立，赵天榜，孙卫邦，等. 1999. 关于木兰属玉兰亚属分组问题的探讨[J]. 中南林学院学报，19（2）：23~28.

傅大立，赵天榜，陈志秀，等. 2010. 湖北玉兰属两新变种[J]. 植物研究，27（5）：641~644.

傅立国主编. 1992. 中国植物红皮书——珍稀濒危植物（第一册）[M]. 北京：科学出版社.

傅立国，陈潭清，郎楷永，等主编. 2000. 中国高等植物（第三卷） [M]. 青岛：青岛出版社.

曾庆文编著. 2005. 观赏木兰 98 种[M]. 北京：北京科学技术出版社.

裘宝林，陈征海. 1989. 浙江木兰属一新种[J]. 植物分类学报，27（1）：79~80.

彭春良，颜立红，廖肪林. 1995. 湖南木兰科新分类群[J]. 湖南林专学报，试刊 1：14~17.

十三画

新华社供稿. 1985. 千年玉兰树[J]. 植物杂志，2：封三.

裴鉴，单人骅，周志类，等. 1959. 江苏南部种子植物手册[M]. 北京：科学出版社.

十四画

熊文愈，汪计珠，石同岱，等. 1993. 中国木本药用植物[M]. 上海：上海科技教育出版社.

十五画

潘志刚. 漩应天等编著. 1994. 中国主要外来树种引种栽培[M]. 北京：中国科学技术出版社.

十七画

戴天澍，敬根才，张清华，等主编. 1991. 鸡公山木本植物图鉴[M]. 北京：中国林业出版社.

戴慧堂，李静，赵天榜，等. 2011. 鸡公山木本植物图鉴增补（I）. [J]. 信阳师范学院学报：自然科学版，24（1）：476~479.

戴慧堂，赵东武，李静，等. 2012. 鸡公山木本植物图鉴增补－Ⅱ. 河南玉兰两新种[J]. 信阳师范学院学报：自然科学版，24（1）：482~485，489.

戴慧堂，李静，赵天榜，等. 2012. 河南玉兰二新种[J]. 信阳师范学院学报 自然科学版，25（3）：333~335.

日文

工藤佑舜. 日本有用樹木學（第三版）. 東京：丸善株式会社，昭和八年

大井次三郎. 日本植物誌（第二版）. 東京：株式会社 至文堂，昭和三十一年

白泽保美. 複製 日本森林樹木図譜 上册. 東京：成美堂书店，明治四十四年

编集最新園芸大辞典編集委员会. 最新園芸大辞典 第七卷 L · M. 東京: 株式会社 誠文堂新光社，昭和五十八年

東京博物学研究会. 植物圖鑑. 東京：北隆馆书店，明治四十一年

浅山英一著. 太田洋愛，二口善雄画. 園芸植物圖譜. 東京：株式会社 平凡社，1986

牧野富太郎. 牧野 新日本植物圖鑑. 地球出版株式会社（改订版発行）. 東京：北隆馆，昭和五十四年 第 35 版

仓田 悟. 原色 日本林業樹木図鑑 第 1 卷. 東京：地球出版株式会社，1971 年改订版発行

仓田 悟. 原色 日本林業樹木図鑑 第 3 卷. 東京：地球出版株式会社，1971

朝日新闻社编. 朝日園芸植物事典. 東京：朝日新闻社，1987.

野门省一. 談社園芸大百科事典. I. 早春の花. 東京：株式会社，昭和五十五年（1980）発行

渡边和夫 他. 14 次和薬会论文摘要. 国外医学·中医中药分册，1981，（1）：51

英文

A

Ashe W. W. Notes on Magnolia and other woody plants[J]. Torreya，1931，31：37 ~ 41.

B

Bairey L H，Magnolia Stellata[J]. Addisonia，1921，6（3）：37 ~ 38. Plate 211.

Bean W J. *Magnolia* × *veitchii* Bean in Veitch Journ[J]. Roy. Hort. Soc.，1921，46：321. fig. 190.

Blackburn B C. *Magnolia kobus* forma stellata[J]. Popular Garelening，1954，5（3）：73.

Blackburn B C. A question about shidekobushi：a reexanination of Magnolia stellata [J] . Amatores Herbarii，1955，17：1 ~ 2.

Blackburn B C. Magnolia acuminata var. subcordata[J]. in S. Tucher，Trminal Ideoblmsts in Magnolia ceous leaves Amerian Journal of Botany，1964，51（10）：1051 ~ 1062.

Bllackburn B. C. *Magnolia* × *loebneri* Kache（*Magnolia kobus* DC. × *M. kobus* DC. var. *stellata*（Sieb. & Zucc.）B. C. Bllackburn[J]. in Garten Shonh，1920，1:20.

Blackburn B. C. *Magnolia kobus* DC. var. *stellata*（Sieb. & Zucc.）Blachburn 'Rubra' [J] in D. J. Callaway. The wolrd of Magnolias[M]. 1994，160. Plate 51.

C

Callaway D J. The World of Magnolias[M]. Oregen：Timber press. 1994.

Chen Bao Ling, Nooteboom H P. Notes on Magnoliaceae Ⅲ: Magnoliaceae of China[J]. Ann. Miss. Bot. Gard.，1994，80（4）：999 ~ 1104.

Cheng. *Magnolia zenii* Cheng in Contr[J]. Biol. Lab. Sci. Soc. China Bot.，1933，8：291. F20.

Chen Zhong-yi, Wang Xiang-xu, Wang Rui-jiang, et al. . Chromosome data of magnoliaceae[M]. Proc. Internat. Sym. Fam. Magnoliaceae. pp. 192 ~ 201. 2000

Chen B L，Nooteboom H P. Notes on Magnoliaceae Ⅲ：Magnoliaceae of China[J]. Ann. Miss. Bot. Gard.， 1993，80（4）：999 ~ 1104.

Chen Zhong-yi，Huang Xiang-xu，Wang Rui-jiang，et al.. Chromosome data of Magnoliaceae[M] in Liu Yu-hu et al.，Proc. Internat. Symp. Fam. Magnoliceae 2000. 192 ~ 201.

D

Dali Fu，Tianbang Zhao. Magnolia cathayana New Species from China[J]. Nature and Science，2003，Vol. 1 Number 1：49.

Dandy J E. The Genera of Magnoliace[J]. Bull. of Miso. Inform. Kew. 1927，（7）：257 ~ 264.

Dandy J E. The identity of Lassania Buc'hoz[J]. J. Bot.，1934，72：101 ~ 103.

Dandy J E. Magnolia acuminata var. subcordata[J]. in：S. Tucker，Terminal idcoblasts in Magnoliaceae leaves American D Journal of Botany，1964，51（10）：1051~1052.

de Spoelberch Ph. Magnolia campbellii var. alba in Bhutan[J]. Journal of the Magnolia Society，1988，24（1）：13 ~ 17.

Domoto T. Magnolia × Soulangiana hyrrids[J]. Journal of the California Horticultural Socety，1962，

23（1）：45～57.

Dudley T R. Magnolia zenii：a rare magnolia recently introduced into eultivatien[J]. Journal of the Magnolia Society，1903，19（1）：20～22.

F

Figlar R B. Proleptic branch initiation in Machelia and Magnolia Subgen. Yulania provides basis for combinations in Subfamily Magnoliaceae[M]. in Liu Yu-hu et al.，Proc. Internat. Symp. Fam. Magnoliceae 2000. 2000， 14～25.

G

Gosser J. Magnolia Sprengeri 'Diva' [J]. The Americam Horticulturist，1915，54（1）：14.

H

Hardin J W. An analy sis of variation within Magnolia acuminata[J]. Journal of the Elisha Mitchell Scientific Society，1954，70：298~312.

Hooker J D. Magnolia campbellii[M]. Curtiss Botanical Magazine，1885，III：6973.

I

Inami K. Distribution of Magnolia stellata[J]. Amatores Herbarii，1959，20（1）：10～14.

K

Kalmbacher G. Magnolia × brooklynensis G. Kalmbacher[J]. in New. Am. Magnolia Soc.，1972，8（2）：7～8.

Kalmbacher G. Magnolia × brooklynensis G. Kalmbacher 'Evamaria'[J]. in Journ. Magnolia Soc.，1972，8（2）：7～8.

Kalmbacher G. Magnolia × brooklynensis G. Kalmbacher 'Evamaria'[J]. in Journ. Magnolia Soc.，1973，9（1）：13～14.

Kalmbacher G. Magnolia × brooklynensis G. Kalmbacher 'Golden Girl'[M]. in D. J. Callaway. The world of Magnolias. 1994，202.

Kalmbacher G. Magnolia × brooklynensis G. Kalmbacher 'Hattie Carthan'[M]. in D. J. Callaway. The world of Magnolias. 1994，202.

Kalmbacher G. Magnolia × brooklynensis G. Kalmbacher 'Woodsman'[M]. in D. J. Callaway. The world of Magnolias. 1994，202. Plates 86～87.

King G. The Magnoliaceae of British India[J]. Annals of the Royal Botanic Garden，Calcutta，1891，3：197～223.

Keng H. The delimination of the genus Magnolia（Magnoliaceae）[J]. Gard. Bull. Singapore，1978，31：127～131.

Kurz H，Robert K G. Magnolia[M]. In Trees of Northern Florida. Gainesville[M]. FL：University of Florida Press. Pp. 1962，123～131.

L

Law，Zhou R Z， Zhang R J. Magnolia polytepala Law，R. Z. Zhou et R. J. Zhang[J] in Bot. Journ. of the Linnean Soc.，2006，151：289~292. f. 1.

Linnaeus C. Magnolia'Elizabeth' L. Koerting. in Journ Magnola Soc.，1977，13（2）：21～22. Plate

115 ~ 116.

M

Magnolia acuminata[J]. Curtis's Botanical Magazine，1823，50：2427.

Magnolia kobus[J]. Curtis's Botanical Magazine，1912，8（138）：8428.

Magnolia liliiflora and Magnolia sargwentiana[J]. Icones Plantarus Omeiensium，1944，1（2）：plate 67 ~ 68.

Magnolia purpurea[J]. Curtis's Botanical Magazine，1797，II：390.

Magnolia salicifolia[J]. Curtis's Botanical Magazine，1913，139：8483.

Magnolia 'Elizabeth'[M]. in D. J. Callaway The world of Magnolias. 1994，215. Plates 115 ~ 116.

Magnolia × kewensis Bean 'Parson's Clone'[M]. in D. J. Callaway. The world of Magnolias. 1994, 203.

Magnolia × kewensis Pearce 'Wada's Memory'[M]. in Mulligan. Arb. Bull. Univ. Wash.，1959，22: 20. fig. 7.

Magnolia 'Todd Gresham' in Magnolia[J]. Issue 1984，37，20（1）：20.

Magnolia 'Todd Gresham'[M]. D. J. Callaway. The world of Magnolias. 1994，230. Plate 141.

Magnolia × veitchii Bean 'Helen Fogg'[J]. in Magnolia. Issue 1989，46，24（2）：9.

McDaniel J C. Magnolia biondii at last[J]. Journal of the Magnolia Society，1976，12（2）：3 ~ 6.

McDaniel J C. Magnolia cylindrica，a Chinese puzzle[J]. Jour nal of the Magnolia Society，1974，10（1）：3~7.

McDaniel J C. Some selection of Celtis laevigata and Magnolia acuminata[J]. Proceedings of the International Plant Propagators Society，1971，21：477~479.

N

Nooteboom H P. Different looks at the classification of Magnoliaceae[M]. in Liu Yu-hu et al.，Proc. Intemat. Symp. Fam. Magnoliaceae 2000. Beijing. Science press，2000，26 ~ 37.

Nooteboom H P. Notes on Magnoliaceae Ⅰ [J]. Blumea，1985，31：65 ~ 121.

Nooteboom H P. Notes on Magnoliaceae Ⅱ [J]. Blumea，1987，32：343 ~ 382.

P

Pan Jingxing，Hensens O D，Zink D L. et al.. Lignans with platelet activating factor antagonist avtivity from Magnolia biondii[J]. Phutochemistry，1987，26（5）：1377 ~ 1379.

Pearce S A. Magnolia kewensis[J]. Gardeners Chronicle，1952，3（132）：154.

Q

Qiu Y L，Chase M W，Psrks C R. A Molecular divergence in the eastem Asia-eastern North America disjunct section Rytidospermum of Magnolia（Magnoliaceae）[J]. Amer. J. Bot. 1995，82：1589 ~ 1598.

R

Rehder A. Magnolia proctoriana. New species，varieties and combinationsd from the collection of the Arnold Arboretum[J]. Journalof the Arnold Arboretum，1939，20：412 ~ 413.

Rehder A. Magnolia × proctoriana Rehd. [J]. in Journ. Arn. Arb.，1939，20：412.

Rehder A. Magnolia × proctoriana Rehd. [J]. in Bull. Morr. Arb.，1961，12（2）：19.

Rehder A. Magnolia × proctoriana Rehd. [J]. in B. Harkness, Nat. Hort. Magazine, 1954, 33: 118 ~ 120.

Rehder A. Magnolia × proctoriana Rehd. [N]. in D. J. Callaway[M]. The world of Magnolias.[M] 1994, 203 ~ 204. Plate 89.

Rehder A. Magnolia × proctoriana Rehd. 'Slavins Snowy' in D. J. Callaway[J]. The world of Magnolias[M]. 1994, 204.

S

Santamour F S. Hybrid sterility in Magnolia × thompsoniana[J]. Bulletin of the Morris Arboretum, 1966, 17 (2) : 29 ~ 30.

Santamour F S. Recent hybridizations with Magnolia acuminata at the National Arboretun[J]. Journal of the Magnolia Society, 1976, 12 (1) : 3 ~ 9.

Santamour F S. Cytology of Magnolia × soulangiana hybrids[J]. Bulletin of the Morris Arboretum, 1970, 21 (3) : 58 ~ 61.

Sargent C S. Plantae Wilsonianae. Vol. I. [M]. Cambridge: The Cambridge University Press. 1913, 391~409.

Savage Ph. J. Magnolia × gossleri Ph. J. Savage[J]. in Journ. Magnolia. Soc., 1989, 23 (1) :5 ~ 10.

Spach E. Yulania Spach[J]. Hist. Nat. Vég. Phan., 1839, 7: 462.

Sperber E. Magnolia × elizabeth E. Sperber[J]. in Journ. Magnolia Soc., 1977, 13 (2) : 21 ~ 22.

Spongberg S A. Magnolia × kewensis Pearce[J] in Arn. Arb., 1976, 36 (4) : 129 ~ 145.

Spongberg S A. Magnolia kobus DC. var. loebneri (Kache) Spongberg[J]. in Journ. Am. Arb., 1976, 57 (3) : 287.

Sun Weibang, Zhao Tianbang. The History of Cultivation and Use of Mediconal Xinyi in Henan. China. Magnolia[J]. Journal of the Magnolia Society, 1999, 66 (2) : 78

T

Treseder N G. Magnolias Faber & Faber [M]. London & Boston. 1978.

U

Ueda K. A nomenclatural revission of the Japanese Magnolia species together with two long-cultivated Chinese species: Ⅱ. Magnolia tomentosa and Magnolia praecocissima[J]. Taxon, 1986, 25 (2) : 344 ~ 347.

Ueda K. A nomenclatural revission of the Japanese Magnolia species together with two long-cultivated Chinese species: III[J]. Magnolia heptapeta and Magnolia quinquepeta[J]. Acta Phytotaxonomica et Geobotanica, 1985, 36: 149 ~ 158.

X

Xu Feng-xia, Wu Qi-gen. Morphology of chalazal region on endotesta of seeds in genera magnolia, parakmeria and kmeria. in Liu Yu hu et al., Proc. Internat. Symp. Fam. Magnoliaceae 2000[M]. Beijing. Science press, 2000, 129 ~ 142.

Z

Zhao Tian-bang, Chen Zi-xiu, Sun Wei-bang. On the section division of Subgenus Yulania based on the variability of Magnoliain Henen. in：Liu Yu-hu et al.，Proc. Internat. Symp. Fam. Magnoliceae[M]. 2000，52 ~ 57

Zhao Dong-xin，Zhao Dong-wu，Sun Jun. The New Discoveries of Specific Characteristics of Yulania Spach[J]. A GRICULTURAL SCIENCE & TECNNOLOGY，2008，9（1）：54 ~ 57.

Zhao D X. Chemical Compositions of Volatile Oils of Xinyi Growing in Henan[J]//International Confernce on Agricultural and Nstural Rewsoures Enginering Advances in Biomedical Engineering，2011，3：87~90.

Zhao D X，Zhao T B，Fu D L. A New Species of Yulania Spach and Chemical Components of Xinyi Essential Oil of the New Species[J]//International Confernce on Agricultural and Nstural Rewsoures Enginering Advances in Biomedical Engineering，2011，3：91~94.

Zhao D X，Lu K. Essentia Oil Constituents of Flower Buds of Yulania biondii（Pamp.）Growing in Different Areas[J]//. International Conference on Agricultural and Biosystems Engineering Advances in Biomedical Engineering. 2011，1~2：23~24.

Zhao W T，Fan G，Chat Y，et al. Isolation and purification of lignans from Magnolia biondii Pamp[J]// by isocratic recersed-phase twodimensional liquid chromatography following microwave-assisted extraction. J Sep Sci.，2007，30：2370~2381.

Zhao D X. Chemical Compositions of Volatile Oils of Xinyi Growing in Henan[J]// International Confernce on Agricultural and Nstural Rewsoures Enginering Advances in Biomedical Engineering，2011，3：87~90.

Zhao D X，Lu K. Chemical Compositions of Volatile oils from Flower Buds of Four Yulania biondii（Pamp.）Cultivated Species[J]// International Conference on Agricultural and Biosystems Engineering Advances in Biomedical Engineering. 2011，1~2：25~26.